AUTOMATION

FROM STEAM AGE TO ARTIFICIAL INTELLIGENCE

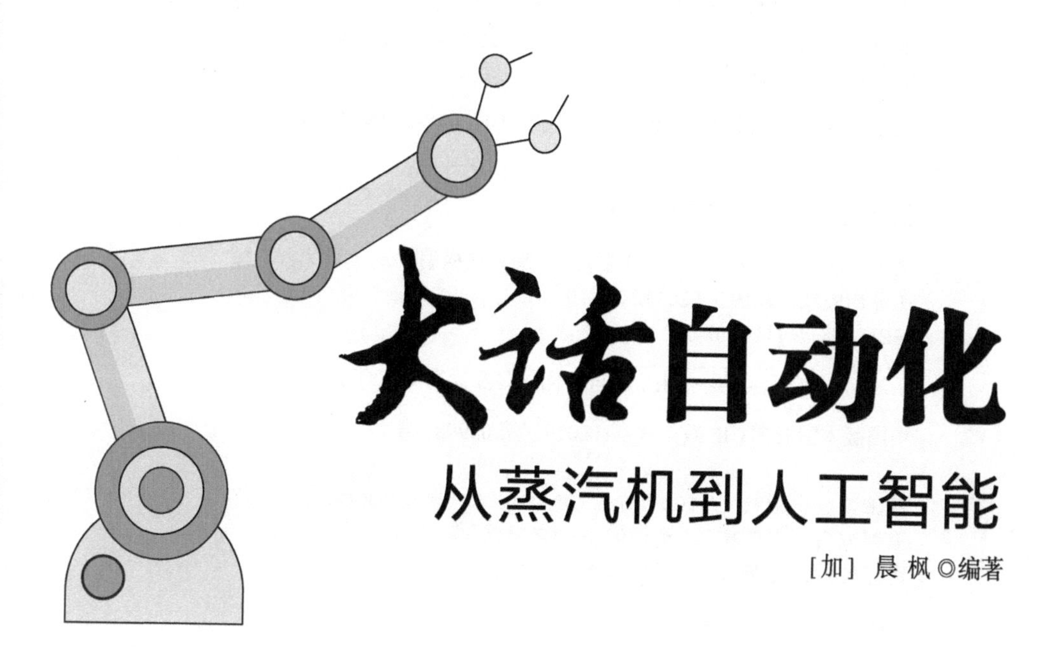

大话自动化

从蒸汽机到人工智能

[加] 晨 枫◎编著

机械工业出版社
CHINA MACHINE PRESS

从电饭煲到核电站，从汽车到航天飞机，从蒸汽机到人工智能，自动化贯穿于科技与生活的各个层面。更重要的是，人工智能和机器人是自动化的延伸，正在根本性地改变经济、社会和就业前景。因此，关注自动化不仅是“有关人员”的事，也是千家万户的事。自控理论虽建立在数学基础之上，但自控概念实际上贯穿于生活的各个层面。真正的科学是可以用大白话说明白的。本书避开了抽象的数学公式，用深入浅出的语言引入各种自控理念，内容从基本的反馈、动态和回路控制开始，延伸到先进控制、最优化、控制系统 IT，并涉及人工智能和自动化与社会、就业的话题。本书力求只需要高中文化程度就能阅读和理解，同时确保相关专业的本科生、研究生乃至从业人员依然会发现有足够的营养。此外，本书还结合大量工业实际经验，破解一些常见的迷思。

北京市版权局著作权合同登记　图字：01-2018-3638 号。

图书在版编目（CIP）数据

大话自动化：从蒸汽机到人工智能 /（加）晨枫编著．—北京：机械工业出版社，2019.3（2024.10 重印）
ISBN 978-7-111-62040-2

Ⅰ.①大…　Ⅱ.①晨…　Ⅲ.①自动化－普及读物　Ⅳ.①TP1-49

中国版本图书馆 CIP 数据核字（2019）第 029981 号

机械工业出版社（北京市百万庄大街 22 号　邮政编码 100037）
策划编辑：李馨馨　　责任编辑：李馨馨　陈文龙
责任校对：张艳霞　　责任印制：郜　敏

中煤（北京）印务有限公司印刷

2024 年 10 月第 1 版・第 9 次印刷
169mm×239mm・18.5 印张・356 千字
标准书号：ISBN 978-7-111-62040-2
定价：69.00 元

前言

自动化是很有意思的事情，而且正在成为越来越有意思的事情；自动化也不再是高高在上的东西，而是深入寻常百姓家的东西。上下楼坐个电梯，上下班坐个地铁，甚至电热壶烧水泡茶、电冰箱冰镇西瓜，都离不开自动化。但自动化不是自己就能动，其实也是人在指挥着动，只是人“关照”好了，就不用再手把手地指挥了，接下去就“自己会动”了。不过人怎么“关照”，这有点讲究，否则“自己会动”有可能变成“自己乱动”。

前些年，笔者写了一篇文章——《自动控制的故事》，得到一些好评。本来也就到此为止了，但受到友人鼓励，希望把《自动控制的故事》扩充、完善，包含进更广义的自动化，并增加如何学好自动化和如何干好自动化的内容，于是著成此书，希望对有志于自动化行业的莘莘学子或者有兴趣的自动化从业工作者有点用处。在写作中，特意避开数学理论，力图做到只要具有高中文化水平就能读下去，但对于从事专业的人士也不乏味。差一点做到一个数学公式也没有，但功亏一篑，还是有两三个示意性的公式，只好请读者原谅了。

本书分为三篇：上篇“自动控制的故事”从反馈、动态和稳定性开始，介绍传统自动控制(包括简单与复杂控制回路)，并延伸到现代控制理论(线性控制、最优控制、模型与辨识、自适应控制、模型预估控制等)；中篇“计算机与控制”着重介绍计算机时代自动控制的特点，以及计算机为自动化世界带来的新的可能性和新的挑战，小到自控网络特点和人机界面设计，大到互联化、信息化和实时最优化，这是当前和可预见的将来非常活跃的领域；下篇“自动化与我们”走出传统的自动化范畴，探讨自动化、人工智能和机器人的时代里人与社会的问题，尤其是为什么自动化程度越高，对人的要求越高，以及如何在自动化、人工智能和机器人的大潮到来时，做弄潮儿，而不是被潮水淹没，当然，人的问题还包括如何学好自动化、干好自动化。

这是根据本人十年纸上谈兵加二十五年的工业实战经验写就的，不乏一己之见，肯定有疏漏和谬误，并不打算作为严谨的学术著作，只是作为科普加经验之谈。如能供茶余饭后一笑，就不枉笔墨了。如能对读者有所启迪，则幸莫大焉。如有错误之处，更是欢迎多加指正。

作　者

目录

Contents

大话自动化
从蒸汽机到人工智能

引子

Introduction

自动化是一个好东西，不用去管它，自己就动上了。更加高级一点，还会揣摩人的心思，还没使唤，就知道应该去干什么了。在迪士尼卡通电影《机器人总动员》里，人们衣来伸手，饭来张口，什么都是自动的，省心省事，这确实符合一些人对自动化的期望。

图 0-1：自动化是什么？就是衣来伸手、饭来张口吗

从电饭煲到核电站，从汽车到航天飞机，自蒸汽机到人工智能，自动化贯穿于科技与生活的各个层面。自动化并非自己就能动，且自动化并不神秘。自动化的世界充满了故事，在造福人类的同时还富有趣味，这是数学、计算机、电子、机械、化工和其他领域的融汇。自动化应用的成功还取决于设计与使用的互动，自动化的很多概念更是可以推广到其他领域，其他领域的概念也可以延伸到自动化领域中来。

有人考证，古代就有自动化的实例，但现代意义上的自动控制开始于瓦特的蒸汽机。蒸汽机的原理并不复杂，用煤炭的火力把锅炉里的水烧开，产生高压蒸汽，进入汽缸后，推动活塞往复运动，然后就可以通过曲轴转化为转轴的旋转运动，这就可以带动各种机械了。问题是，受到煤质和鼓风风力的影响，锅炉的火力忽大忽小，产生的蒸汽压力也随之变动；另一方面，机械负载也时大时小，对于蒸汽供应量的需求也随之变化，导致蒸汽压力变动。除非有人时时刻刻盯着压力，随时调整汽阀，否则转速可能忽高忽低，甚至失控，造成机械损坏甚至人身伤亡。托马斯·纽考门比詹姆士·瓦特先发明蒸汽机，但瓦特临门一脚，不仅改进了蒸汽机的热力学循环，大大提高了蒸汽机的热效率，还首先研制成实用的离心调速器，使得蒸汽机实现持续可靠的运作，把英国真正推入工业革命的时代。

图 0-2：严格来说，蒸汽机在瓦特之前已经发明了，但缺乏有效控制的蒸汽机容易过热过压引起爆炸

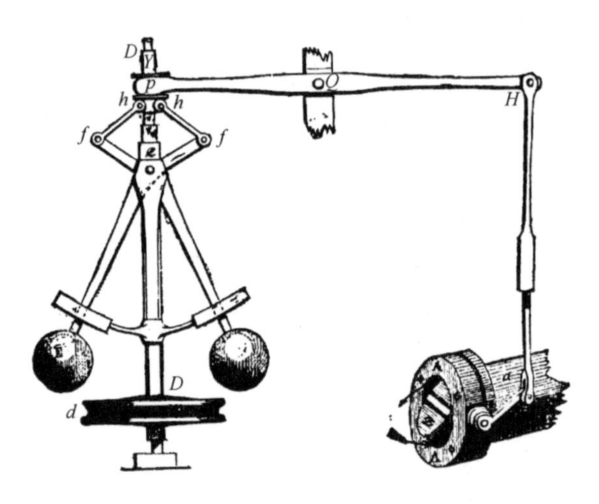

图 0-3：瓦特蒸汽机在热力学上有改进，但成功的核心在于离心调速器

瓦特在蒸汽机的转轴上安装了一根小棍，小棍的一端与转轴相连，另一端是一个小重锤。转轴转动时，重锤在离心力的作用下扬起升高，带动小棍挥起。小棍通过连杆、提环和杠杆系统控制汽阀开度，自动调节进入汽缸的蒸汽流量。这样，在正常情况下，重锤、小棍、汽阀都处在平衡位置，转速保持在要求的数值。如果转速意外升高，重锤挥舞得更高，小棍就通过支点和连杆把汽阀关小，使得蒸汽流量降低，转速下降；如果转速太低，重锤垂下来，汽阀就被开大，蒸汽流量增加，转速回升。这样，蒸汽机不需要人的照看，就可以自动保持稳定的转速，既保证安全，又方便使用。也就是因为这个小小的离心调速器（转速调节器），瓦特的名字和工业革命连在一起，而纽考门的名字就要到历史书里去找了。

类似的巧妙设计在机械控制系统里有很多，家居必备的抽水马桶是另一个例子。放水冲刷后，水箱里水位降低，浮子随水位下降，通过杠杆将进水阀打开。随着水位的升高，浮子通过杠杆将进水阀逐渐关闭。水位达到规定高度时，进水阀正好完全关闭，水箱水位不再升高，储水正好准备下一次使用。这是一个非常简单但非常巧妙的水位控制系统，是一个经典的设计，但不容易用经典的控制理论来分析，不过这是题外话了。

这些机械系统构思巧妙、工作可靠，实在是巧夺天工。但是在实用中，如果每次都需要这样的创造性思维，那就太累了，最好有一个系统的方法，可以解决“所有”的自动控制问题，这就是控制理论的由来。

上篇
自动控制的故事

自动控制还有故事？当然有，还有好多。这个故事很长、很大，而且越来越精彩。故事是从能工巧匠的奇思妙想开始的，然后在数学家手里，自动控制从灵机一动和不断试错中走出来，规范化了、科学化了。从此，控制理论与数学紧密相连。但数学只是工具，自动控制的基本理念来自生活和常识，而不是从深奥的数学里推导出来的，更不是从抽象的思辨里臆想出来的。也就是说，貌似深奥的自动控制理念基本上都可以用大白话说明白。另一方面，数学是盲目的，数学是放之四海而皆准的，但数学作为工具，就好像画风、画笔一样，也是要看题材和场合的。工笔画用来画黛玉葬花或许很好，但画孙二娘卖包子就不一定合适了；另一方面，泼墨用来画荷塘映月或者武松打虎都没问题，但用来冒充毕加索就有点别扭了。这就是这里要讲的故事。

走路要看路

从小大人就教导我们，走路要看路。为什么呢？要是走路不看路，走歪了也不知道，结果就是东撞西撞的。要是走路看着路呢，走歪了，马上就可以看到，赶紧调整脚步，走回正道上来，就不会东撞西撞了。这里有自动控制里的第一个重要概念：反馈（feedback）。

图 1-1-1：看路走路是一个反馈过程

反馈与动态

反馈是一个过程：

1）设定目标：以小朋友走路的例子来说，就是规定好前进的路线。

2）测量状态：小朋友的眼睛看着路，就是在测量自己的前进方向。

3）将测量到的状态和设定的目标比较：把眼睛看到的前进方向和心里想的前进方向做比较，判断前进方向是否正确；如果不正确，确定相差有多少。

4）调整行动：在心里根据实际前进方向和设定目标的偏差，决定调整的量。

5）实际执行：也就是实际挪动脚步，重回正确的前进方向。

在整个走路的过程中，这个反馈过程周而复始、不断进行，这样，小朋友就不会走得东倒西歪了。但是，这里有一个问题：如果所有的事情都是在瞬时同时发生的，那这个反馈过程就无法工作了。要使反馈工作，一定要有一个过渡、渐变的过程，要有一定的反应时间。还好，世上之事都有这样一个过程，这就为反馈赢得了所需要的时间。这就是动态的概念。

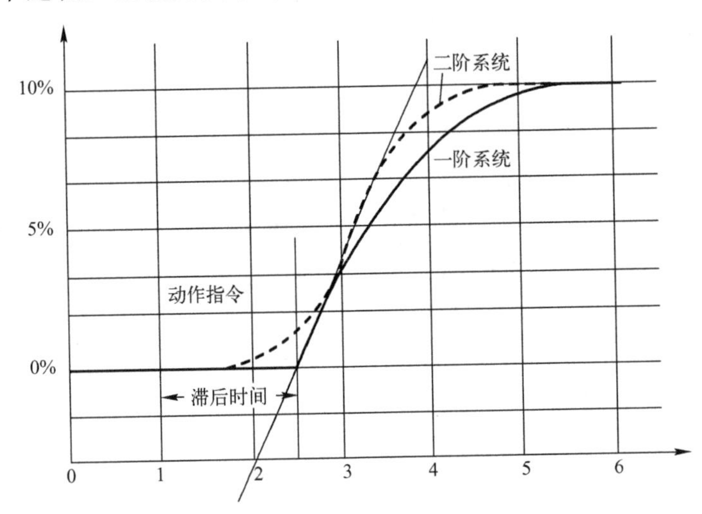

图 1-1-2：动态过程的变化有一个过程，一开始有一个滞后，然后开始上升（或者下降），升到一定程度后，上升速度慢下来，最终稳定在新的状态。一阶过程（粗实线）在滞后之后直接上升，二阶过程（粗虚线）有一个加速过程，然后转入迅速上升，最终上升速度放慢，稳定在新的状态。二阶过程除了这样单调上升（正式称呼为过阻尼），还可以振荡（也就是欠阻尼）

俗话说，心急吃不了热豆腐。这是说，滚热的豆腐不等凉下来就急着吃，那是要烫嘴的。但要是耐心等一会儿，豆腐就凉下来了。到底需要等多久，取决于豆腐的块儿有多大，豆腐有多热，还有就是房间里有多通风、多凉快。豆腐凉下来是一个逐渐降温的过程，这就是动态过程（Dynamic Process）。这里面有两个东西很关键：一个是降温的过程有多快；另一个是最终的温度可以降到多少。这就是时间常数和增益。要是知道了这两个参数，知道一开始豆腐有多烫，同时又知道自己舌头的耐受温度，理论上就可以计算出热豆腐需要凉多久才能吃了不烫嘴。

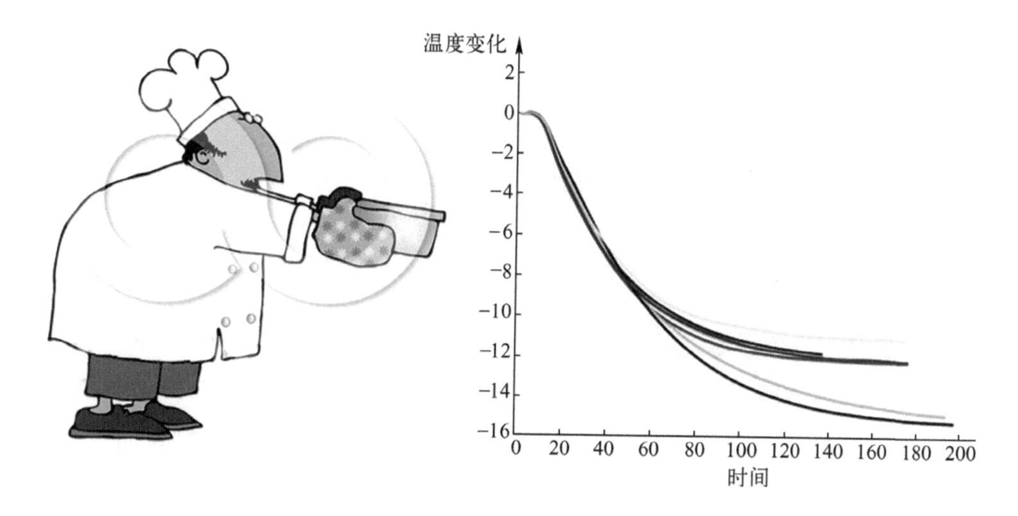

图 1-1-3：豆腐的降温过程（豆腐大小、房间温度及通风情况、锅子保温能力，都影响豆腐的降温速度）

时间常数有长有短。电网波动是分分秒秒的事情，要是有个三长两短，瞬息之间停电就可以波及很大一片地区；但全球暖化却是一两百年甚至更长远的事情。船小好掉头也是一样的道理。“泰坦尼克”号看到冰山已经来不及避让了，但要是小快艇，可能一扭身就让过去了。

图 1-1-4：船小好掉头，是因为转向的时间常数较短

增益有大有小：点一堆篝火在理论上增加了全球暖化，但实际上对全球暖化的作用微乎其微，这就是微小增益的情况；但是，一堆篝火对烧开一壶水的作用却很大，这时的增益很大。增益也可正可负：一把火加上去，温度是上升的，这就是正增益；一桶冷水浇下去，温度是下降的，这就是负增益。

通常，动态系统的响应是一路上升或者一路下降的，但复杂系统可以在上升或者下降的过程中还晃荡几下。比如说，给一个弹簧秤吊上一只鸡，最后肯定是把弹簧拉下去。但弹簧不是老老实实地直接被拉下去，而是上下来回弹几下，最后才稳定在较低的位置。这里，上下反弹的幅度和频率与弹簧的“松”或者“紧”有关，或者说与弹簧的阻尼因子有关，阻尼因子其实是时间常数的特殊表现。

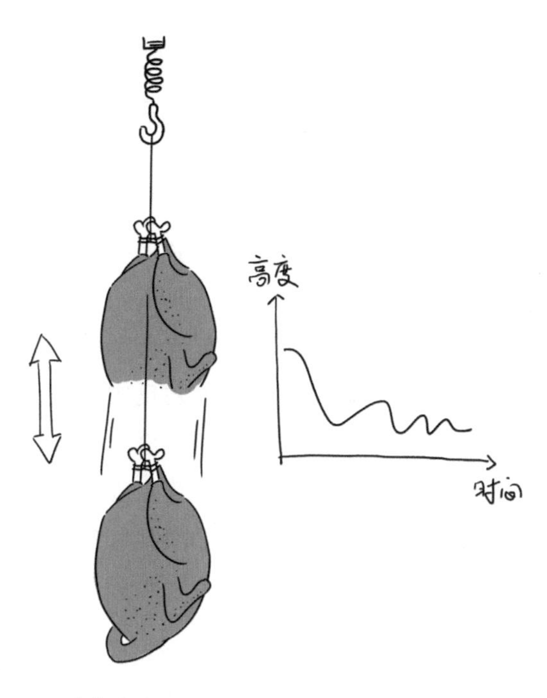

图 1-1-5：动态响应不仅可以单调上升下降，还可以振荡几下

更加复杂一点的动态过程还可以曲里拐弯绕两下，才最后上升到顶点或者下降到底点。比如说，烧水时水开了往水壶里加水后，水壶里的水位在开始的时候可能出现暂时的反向响应。一般说来，往水壶里加水，水位应该是上升的。但水壶里的水是热的，还可能因为沸腾泡沫造成水位虚高而漫出来。另一方面，新加的水是冷的，刚加入时，反而“压”住热水，尤其是压掉了泡沫，造成水位下降的表象。但水壶里的水毕竟是比先前多了，继续加水的话，最终是会缓过来的，水位会重新开始上升。这就是典型的暂态反向响应的例子，最初的响应方向与最终的响应方向是反的。煮饺子时也一样，煮开了，加点冷水把沸水“压”下去，在短时间里，锅里的水位不是上升，而是下降了。加水不是使水更容易漫出来吗？加太多了当然还是会漫出来，但加得刚好把沸水“压”住，还是可以不使其漫出来的。这就是巧妙利用沸水水位反向响应的例子。

还有一种逆天的响应是非对称响应。比如说，烧一壶水，猛开煤气，水温很快上升；但关掉煤气，水温要靠自然散热才能降下来，水温变化就要慢得多。另一种特别逆天的响应会随过程条件而改变响应的方向，也就是说，根据系统状态的不同，正的增益可能变成负的增益，或者反过来。比如说，用引自山洞里的恒温泉水在室外玻璃暖房的水池里养殖珍贵鱼，水池一头注水、一头出水，所以水位保持不变。注入的泉水温度是固定的，但玻璃暖房里的温度随季节而变：冬天泉水温度高于池水温度，注水导致池内升温；夏天泉水温度低于池水温度，注水则导致池内降温。这样，用泉水控制池水温度就有趣了，池水温度太高的话，冬天要减少新加泉水的流量，但夏天则要增加新加泉水的流量。春秋换季的时候，池水温度可能反复与泉水温度错肩而过，控制增益就要随之反向，否则该加泉水的时候反而减少，该减少的时候反而增加，池水温度就要失控，珍贵鱼就要死掉了。实际中，这样的过程很罕见，即使对于泉水养鱼这样的问题，我们更可能通过夏天通风和冬天取暖来保持室温，间接使得池水恒温，而不是浪费稀缺的泉水资源。但真要是碰上了这样可以增益反向的过程，就要异常小心了。

动态系统不光出现在自然过程中，也出现在社会和人文过程中。经济危机时政府出手救市，这就是一个典型的动态过程。有的措施很给力，立刻可以产生很大的效果，这就是高增益的情况；有的措施要很长时间才能体现效果，这就是大时间常数的情况。2009 年世界性经济危机时，中国政府 4 万亿砸下去，要过几年才逐渐显示出全部效果；2015 年中国央行调整人民币汇率时，隔夜就在全世界各大金融市场引起强烈反应。这就是不同经济过程具有不同时间常数的例子。

动态过程是一个很有用的概念。很多时候，心不能太急，换句话说，要是做法对头，要给点时间才能看到效果，这就是动态系统的概念。世界市场原油价格下跌，加油站汽油价格要好一阵子才跌下来，说是石油公司现有库存还是高价原油时买进来的，要等到降价原油逐渐顶替掉高价原油库存后，加油站的汽油价格才能降下来。说起来，这倒也是动态系统的概念。不过原油涨价的时候，汽油价格立刻涨上去了，尽管库存原油还是低价时买进来的。动态系统可不带这么玩的，这是滥用动态系统概念了。

有了动态过程，反馈就“玩”得起来了。反馈过程也叫作闭环（Closed Loop）过程。既然有闭环，那就有开环（Open Loop）。说起来挺绕口，闭环其实是睁着眼睛的，开环反而是盲目的，一厢情愿的。

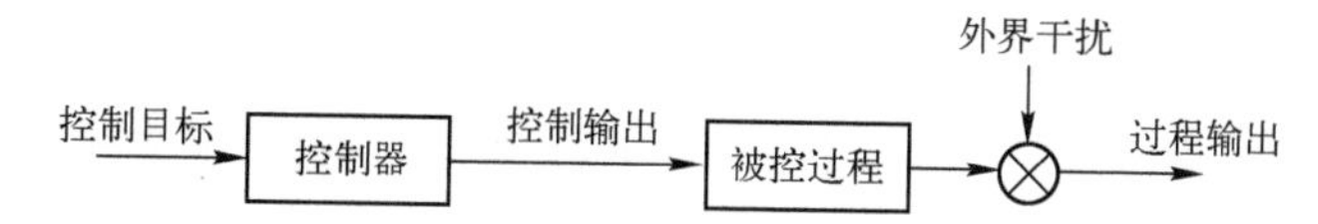

图 1-1-6：开环控制就是只有愿望、不看实际的“我下命令、你执行”，执行结果到底怎么样，对于下一步命令没有影响，这对于结果只要差不多就行了的简单过程是够用的

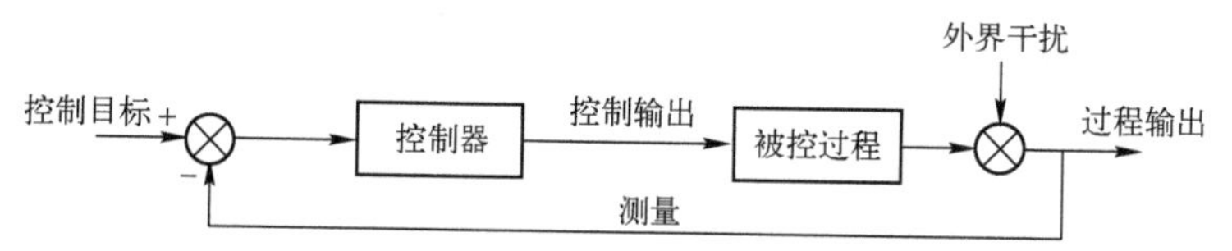

图 1-1-7：闭环控制不光根据愿望下命令，还要看执行结果，并根据观察到的执行结果调整下一步的命令，这个过程循环反复，最终逐渐使得结果与愿望相符

开环是没有反馈的控制过程，只设定一个控制作用，然后就执行，不看实际结果到底怎么样，不根据实际测量值进行校正。

对于简单过程，开环控制是有效的，比如洗衣机和烘干机按定时控制，到底衣服洗得怎么样，烘得干不干，完全取决于开始时的设定。对于洗衣机、烘干机这样的简单问题，凭经验设定一般无大错，否则多设一点时间就是了，稍微浪费一点，但可以保证效果。但要是换了空调，就不能不顾房间温度，简单地设一个开 10min、关 5min 的循环，而应该根据实际温度做闭环控制，否则房间里的温度天知道到底会达到多少。对于政府行为，更不能只顾计划不顾变化，盲目瞎指挥。

在 20 世纪 80 年代时，报告文学很流行。作家徐迟写了一个《哥德巴赫猜想》，于是全国人民都争当科学家，小说家也争着写科学家。成就太小不行，所以要语不惊人死不休。某大家写了一篇《无反馈快速跟踪》，据说可以消除反馈过程的本质滞后，革命性地再造自控。不过从头看到尾，也没有看明白到底是怎么无反馈快速跟踪的。现在想想，小说就是小说，不过这无良作家也太扯了，无反馈还要跟踪，不看着目标，不看着自己跑哪了，这跟的什么踪啊，这和永动机差不多了，怎么不挑一个好一点的题目，冷聚变、暗能量什么的，至少在理论上还是可能的（这是题外话了）。

反馈本身分正反馈和负反馈。在平常日子里，正面的事情总是比负面的强，正能量总是比负能量给力。但在反馈世界里，倒是负反馈通常是好孩子，正反馈是坏孩子。说到底，反馈就是根据观察到的偏差修正控制量，修正的控制量使得偏差减少，这就是负反馈；修正的控制量使得偏差变大，这就是正反馈。

自然界和社会上不乏负反馈的例子。肉食动物和猎物的生态平衡就是典型的负反馈：肉食动物太多了，猎物不够吃，肉食动物自然减员；肉食动物减员太多了，猎物繁殖一发不可收拾，肉食动物又有吃的了，也繁殖增速；然后开始新的循环。正常的股市也是一个负反馈：股票价格低了，买家大买，推高股值；股值高了，卖家出手，股值回跌；如此往复。

通常控制系统都是负反馈，要是进入正反馈，那就糟糕了，无轨电车一开起来就一发不可收拾了。不过跳出狭义的自动控制的话，有时候正反馈也可以是好事情。比如说，在经济领域里，有一个良性循环的说法，说的就是一旦条件建立好了，发展会像滚雪球一样，越来越快，自己给自己加劲，这就是正反馈了，这时就是好事。但要是青少年叛逆，做了错事，告诉他们不能这么做，还偏拧着干，变本加厉，这样的正反馈就不好了。

稳定性

现实世界里的过程大多是自然稳定的。给弹簧挂上沙袋，弹簧无论是松是紧，弹跳几下后，总是要稳定下来的，不会永远弹跳下去，也不会越弹越欢。不过不稳定的过程也是有的，原子裂变反应要是达到临界质量，什么也不动它，也会继续裂变下去，而且愈演愈烈，这就是原子弹链式反应的原理。

另一个开环不稳定的例子就是山尖上的皮球：如果放得正好，皮球是有可能端坐在山尖上就是不滚下来的；但只要一有风吹草动，皮球就会从山坡上滚下来，从哪一面坡滚下来就要看风是怎么吹的、草是怎么动的了。皮球端坐山尖是不稳定的平衡态。

另一方面，山谷底就是稳定平衡态。皮球在谷底端坐着，即使有风吹草动把皮球弄到山坡上去了，皮球依然会滚回谷底，顶多在两边山坡上来回滚几次，最后还是端坐谷底。

图 1-2-1：不稳定的平衡态好比山尖的皮球，理论上有可能刚好放好不滚动，但一有风吹草动，就会滚下坡，而且不会回到原位；稳定的平衡态像谷底的皮球，被风吹草动吹离谷底后，会自然滚回到原位

这里有一个动态过程的重要概念——渐进。谷底的皮球如果弄到山坡上去了，每次来回滚动的幅度都会减小，但理论上是可以永远滚下去的，只是幅度越来越小，一直到无穷小。实际上，小到一定程度，到底是不动了，还是幅度无穷小的滚动，这差别已经没有实际意义了，一般就认为这是稳定了、不动了。这种逐渐趋向稳定的特性称为渐进稳定性，差不多可算自控世界的理想境界了。

但是，山里的世界很奇妙。如果山峰不够高，谷底的皮球一脚踢上去，没有踢过山顶的话，自然滚回来，来回滚几次，还是稳定在谷底。问题是，要是一脚的力道太大，而山顶不够高，皮球是可以踢到隔壁山谷里的，那样最后稳定的地方就是隔壁的山谷。换句话说，一个系统是可以有多个不同的稳定态的。简单系统只有一个稳定态，但特殊系统可以有多个稳定态，这样的特殊系统在数学上属于非线性系统。

图 1-2-2：一个系统可以有不止一个稳定的平衡态，皮球到底滚到哪一个谷底，要看落点在哪里了

线性是一个数学概念。严格定义还是留给教科书吧，本书只是从概念上简单叙述。线性的最简单的表述大体就是：挥一分汗水，得一分收获；挥十分汗水，得十分收获。这是数学上最简单的关系，也是现代工程科学里最常用的数学关系。

工程科学是从古时候工匠手艺的科学化发展而来的。工匠的手艺没有科学依据，全凭经验。至少工匠对手艺中包含的科学道理缺乏系统的理解，难以有效地抽象、归纳和推广。

现代科学用数学工具和实验归纳，总结出系统的工程科学道理。但自然世界太复杂了，很多事情还是需要简化、分解才能进行科学研究和分析。线性数学关系（不管是静态的还是动态的）的相关方法在数学里最为成熟，自然成为工程科学的数学基础主体。问题是，现实世界里，很多关系不是线性的。比如说，在有限的土地面积上，挥一分汗水，得一分收获；挥十分汗水，得十分收获；但挥洒十万分汗水，未必就能得到十万分收获，因为播种密度、土地肥力、水分、阳光都是有限的，到了一定程度，更多的汗水已经不能得到更多的收获了。另一个例子是购物：商品都是有单价的，但购买的批量大了，有时有批量折扣，批量进一步增加的话，折扣幅度不再明码标价，而是面议，批量越大，折扣越多。这时因果关系不再是一直线，而是逐渐改平甚至是封顶的曲线。另一种封顶的情况是硬性封顶：煤气开关打开得越大，火力越大；但煤气开关开到顶了，就再也开不大了，火力也就到顶了。这种封顶（或者保底）现象在数学上称为约束问题，即使中间部分的关系是线性的，两头加上约束后，整体上的关系也成为非线性的了。常规的数学方法在线性段依然适用，但碰到约束的话，就失灵了，需要另想办法。

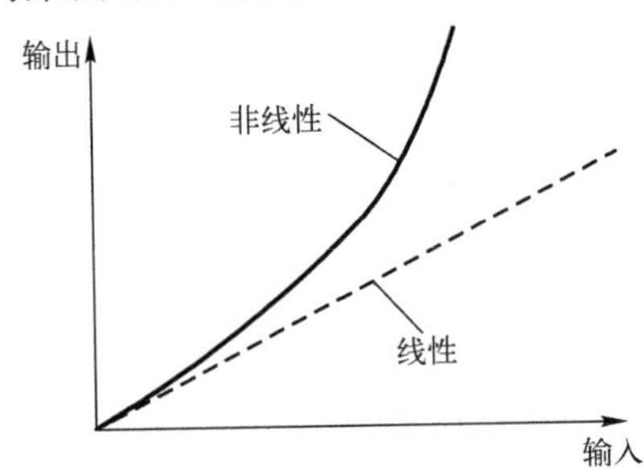

图 1-2-3：线性是最简单的，一分钱一分货，两分钱两分货；非线性就没有那么简单，一句骂招惹一个人揍一顿，两句骂可能一群人暴揍。实际上，非线性的特性可以多种多样，只要不是线性的，就都是非线性的

这些只是比较简单的非线性问题，数学上还有更复杂的非线性问题，有些简直匪夷所思。系统一旦非线性了，稳定性也翻出了新花样。除了前面所说的多稳态现象外，还可以有所谓极限环现象。也就是说，稳态不再是一个不动的点，而是一个稳定的模式。这东西数学上说起来很麻烦，套定义能把人套晕了，但用现实世界里的实际例子一说就明白了。呼啦圈必须不停地转，一停下来就要掉下来了。但一直转动的呼啦圈确实是稳态的，一直在那里稳定地转动。

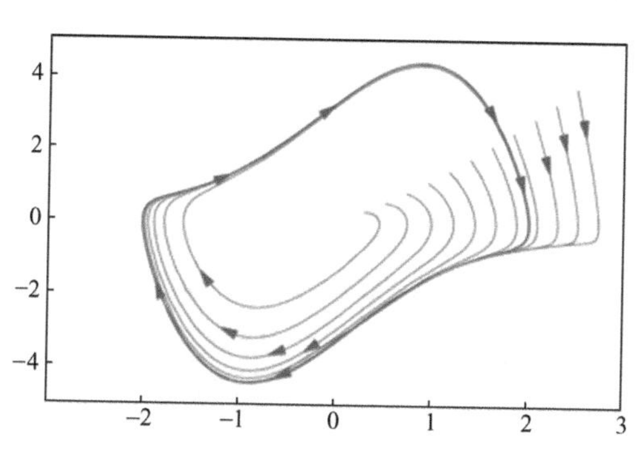

图 1-2-4：作为极限环，初始状态可以多种多样，但最终都要稳定到一个特定的模式

更加高大上的例子是航天飞机返回。航天飞机好比装上翅膀的火箭，所以有在大气层中滑翔着陆的能力，可以不像弹道式再入的宇宙飞船那样像石头一样向地球硬生生地砸来、纯粹靠降落伞减速着陆。问题是，航天飞机在再入过程中，还是有与大气层摩擦生热的问题：下降速度越快，摩擦生热越大；滑翔时间越长，累计生热也越大。所以航天飞机返回地球需要在下沉率和滑翔时间之间巧妙平衡，这样才能既避免下降过快而急剧升温，又避免因滑翔时间过长而造成过大的累计升温。航天飞机再入时的速度高达 25 马赫（1 马赫即为 1 倍音速），从夏威夷到新奥尔良只有 20min 的时间。要从这样的速度降低到着陆滑跑速度，下沉不能太快，又不能滑翔时间太长，这事情不好办。

解决办法：航天飞机再入后，马上半侧着身子，这样机翼一边高一边低，大大降低升力的产生，实际上增加了下沉率。问题是，这样机翼半侧着，机翼产生侧向的“升力”，要不了多久，航向就跑偏到不知道哪里去了。因此，航天飞机过一段时间就要向另一个方向侧过去，继续保持合适的下沉率，同时向另一侧持续转弯。航天飞机就是这样，像跳舞一样，左三步，右三步，摇过来，晃过去，在高空走 S 形。这个 S 形具有稳定的频率和幅度，具有一定的模式（极限环），但不是一直线（单一的稳定态）。

更简单的极限环可以用汽车油门作例子。如果油门很涩的话，脚下虽然平稳地踩下去了，但油门并不是平稳地增加，而是脚下踩到一定程度的时候，油门才突然“醒过来”，猛然动作起来，然后再平稳增加。脚下平稳抬起的时候反过来，要到一定程度时，才突然“醒过来”，也有一个猛然动作后再平稳减小的过程。如果速度正好稳定在油门“发涩”区间，速度低了一点，加油门要超过一定位置才有反应，而且一旦反应就过度，于是速度过高了；然后减油门，但依然要过一定位置才反应，同样一旦反应就过度，于是速度又低了。如果画成曲线的话，脚下踩油门的动作好比是三角波，速度就好比是方波了。汽车油门“发涩”问题一般不严重，驾车人对车速保持的要求也没有那么高。但同样的问题在工业过程控制上有时就不好办：控制阀的阀杆要保持密封，容易因为密封件过紧而“发涩”，高压过程的问题尤其突出。于是工艺参数的记录曲线就像长城的城墙垛一样了，不再是平顺的几乎直线了。不严重的话可以装作没看见，严重的话就必须解决，否则可能要限产、出次品，损失就大了。

对于非线性系统来说，渐进稳定性有时是可遇而不可求的，只能退而求其次，要求极限环。但极限环足够小的话，也就差不多成为一个点了，和渐进稳定性也就差不多了。虽然现实世界的问题基本上都或多或少是非线性的，工程上还是尽量作为线性问题处理，有时甚至不顾理论上的漏洞，用线性方法硬套非线性问题。这一方面有现有工程工具基本上是线性的原因，另外也是由于工程上的 KISS（Keep It Simple Stupid）原则，也就是说，不要聪明反被聪明误，能简单的绝不弄复杂了。这是很重要的原则。前面说到，工程科学是建立在对现实问题简化、分解的基础上的，抓住主要矛盾，用最直接、最简洁的办法解决，才能不被枝节问题弄花了眼，弄乱了心思，舍本逐末。所以自控的理论和方法大多是线性的。

开关控制

房间内的空调是一个简单的控制问题，不过这只是指单一房间，整个高层大楼所有房间的中央空调实际上是一个相当复杂的问题。房间之间通过隔墙互相影响，楼道使得楼层内各区相互影响，电梯井、楼梯间还使得楼层之间互相影响。要是各个房间、各个楼层温度设定不同，情况就更加复杂了，这个不在这里讨论的范围。

对于简单空调来说，夏天了，如果室内温度设在26℃，实际温度高于26℃了，空调机起动制冷，把房间的温度降下来；实际温度低于26℃了，空调机停机，让房间温度受环境气温影响自然升上去。通过这样简单的开关控制，室内温度就应该控制在26℃。不过这里有一个问题，如果温度高于26℃一点点，空调机就起动；低于26℃一点点，空调机就停机；那温度控制是精确了，但空调机就忙坏了，不停地开开关关，要不了多久就要坏了。如果温度传感器和空调机的开关足够灵敏的话，空调机的开关频率在理论上可以达到无穷高，这对机器不好，在实际上也没有必要。解决的办法是设立一个“死区”（Dead Band），温度要上升到高于27℃时才起动，要下降到低于25℃时才停机。换句话说，26℃在理论上依然是设定值，在实际上容许有一个正负 1℃的误差。注意，死区设置不要搞反了，要是高于25℃就开机，低于27℃就停机，那控制单元就要发疯了。

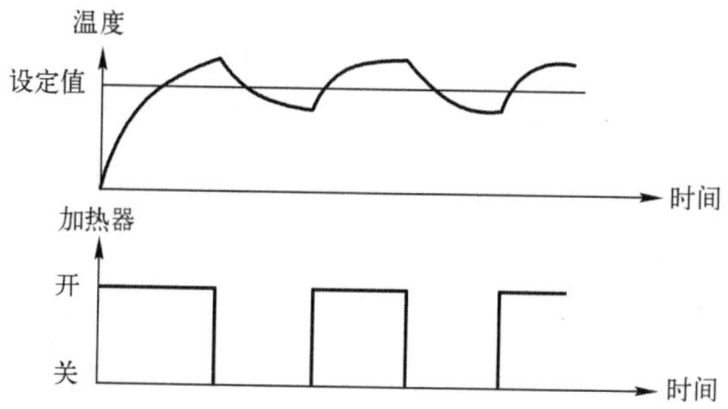

图 1-3-1：温度的开关控制很简单，温度低了生火；温度高了灭火，但这样生硬地生火灭火也导致温度总是在太低和太高之间波动

有了一个死区后，室内温度不再可能严格控制在 26℃，而是在 25～27℃之间“晃荡”。如果环境温度一定，空调机的制冷量一定，房间的空气

容积是固定的，室内的升温/降温动态模型已知，就可以计算出温度“晃荡”的周期。不过既然是在讲故事，我们就不去费那个事儿了。

这种开关控制看起来“土”，其实好处不少。开关控制的输入只有高位、低位两个值，在数学上说，就是说输入是“有界”的。除非系统具有某种内在能量，一旦激发就可以自发维持，大部分自然和工业过程在有界输入作用下，输出也是有界的。这“界”到底有多大不好说，要具体情况具体分析，但不会是无穷大。因此，开关控制的精度不高，但通常可以保证稳定。这种稳定性和一般控制理论里强调的所谓渐进稳定性不同，而是有界输入-有界输出稳定性（BIBO 稳定性）。渐近稳定性要求输出最终趋向设定值，BIBO 稳定性只保证在有界的输入作用下输出是有界的，但这个“界”的具体数值不是单靠 BIBO 稳定就能确定的，就像收敛速度不能单靠渐进稳定来确定一样。其实对于大多数实际过程来说，渐近稳定性可能是一个挺奢侈的要求，系统响应只要“差不多”就可以了，这里所说的差不多，实际上就是在一个可接受的“界”之内。

对于简单的精度要求不高的过程，这种开关控制[㊀]就足够了。但是很多时候，这种“毛估估”的控制满足不了要求。要是汽车在高速公路上行驶，速度用开关式的定速巡航控制，速度飘下去几 km，心里觉得吃亏了；但要是飘上去几 km，被警察抓下来吃一个罚单，这算谁的？

开关控制是不连续控制，控制作用一加就是“全剂量”，一减也是“全剂量”，没有中间的过渡。如果空调机的制冷量有三个设定：小、中、大，室温偏低了，就从当前位置往上调一档，比如从“小”上调到“中”，或者从“中”上调到“大”；室温偏高了，就从当前位置往下调一档，比如从“大”下调到“中”，或者从“中”下调到“小”。这样，每次控制作用的变化幅度减小，死区可以减小，室温的控制精度就可以大大提高，换句话说，温度的“晃荡”幅度将显著减小。那么，如果空调机有更多的设定，从小小到小中到……到大大，那控制精度是不是更高呢？是的。既然如此，何不用无级可调的空调机呢？那岂不可以更精确地控制室温了吗？是的。

㊀ 开关控制又称继电器控制（Relay Control），因为这种控制方式最早是用继电器或电磁开关来实现的。

可爱的微积分

无级可调（或连续可调）的空调机可以精确控制温度。家用空调机中，连续可调的不占多数，但热水淋浴是一个典型的连续控制问题，因为水龙头可以连续调节水的流量。冲淋浴时，既可以用冷水流量调节水温，也可以用热水流量调节水温，更先进的可以调节冷热水流量的比例来调节水温，而维持水流总量恒定。为了简化讨论，假定水流总量不是问题，而且冷水龙头的开度不变，只调节热水：如果温度太高，热水关小一点；温度太低，热水开大一点。换句话说，控制作用应该向减少控制偏差的方向变化，也就是所谓的负反馈。

控制方向对了，还有一个控制量大小的问题。双位开关控制倒是简单，反正不是开就是关。但连续可调控制就纠结了，温度高了 1℃，热水该关小多少呢，应该转动 1/4 圈，1/8 圈，还是 1/16 圈？可爱的微积分隆重登场。

热水淋浴的学问

图 2-1-1：小猪洗澡是一个典型的连续温度控制问题

经验告诉我们，根据具体的水龙头和水压，温度高 1℃，热水需要关小一定的量，比如说，关小 1/8 圈；温度要是高 2℃，就需要关小 1/4 圈。换句话说，控制量和控制偏差成比例关系，误差加倍，控制量也要加倍，这就是经典的比例控制规律：

控制量=比例控制增益×控制偏差

偏差越大，控制量越大，比例控制增益则决定了这个“越大”到底是多大。控制偏差就是实际测量值和设定值或目标值之差。在比例控制规律下，偏差反向，控制量也反向。也就是说，如果淋浴水温要求为 38℃，实际水温高于 38℃时，热水龙头向关闭的方向变化；实际水温低于 38℃时，热水龙头向开启的方向变化。低增益意味着懒懒散散的控制动作：偏差起起伏伏折腾得热火朝天，热水龙头不大怎么动作；高增益则意味着很灵敏的控制动作：有一点点偏差，热水龙头就猛打。各有各的用处，但生活经验告诉我们，凡事极端了都不大好，但如何才能做到中庸，这在后面要谈到。

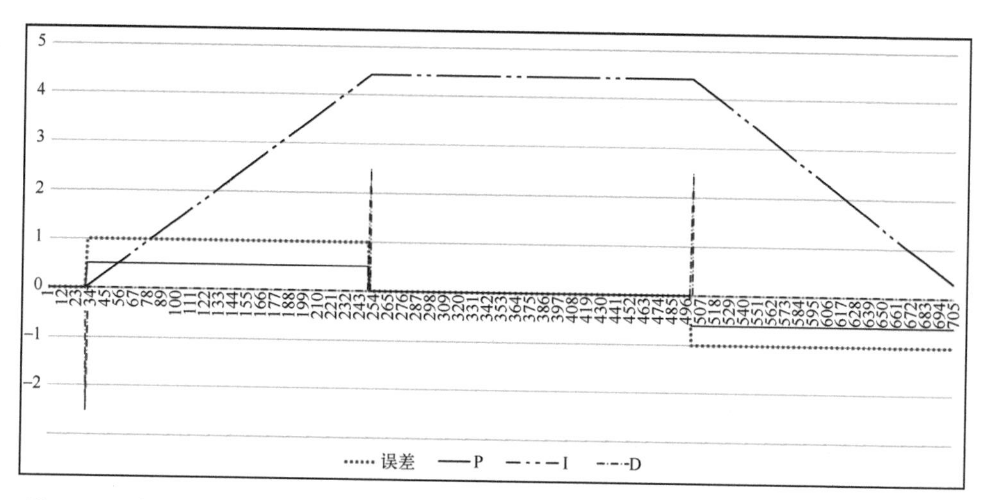

图 2-1-2：阶跃误差作用下的比例-积分-微分控制的开环响应，比例（P）与误差是同步的，误差为零的话，比例作用为零，误差反向，比例作用也反向；积分（I）随时间不断累积，误差为零的话，积分作用不为零，只是停止累积，也就是拉平了，误差反向，积分作用反向累积；微分（D）不在乎误差大小，只在乎误差的变化，阶跃误差在理论上可造成幅值为无穷大的“尖刺”

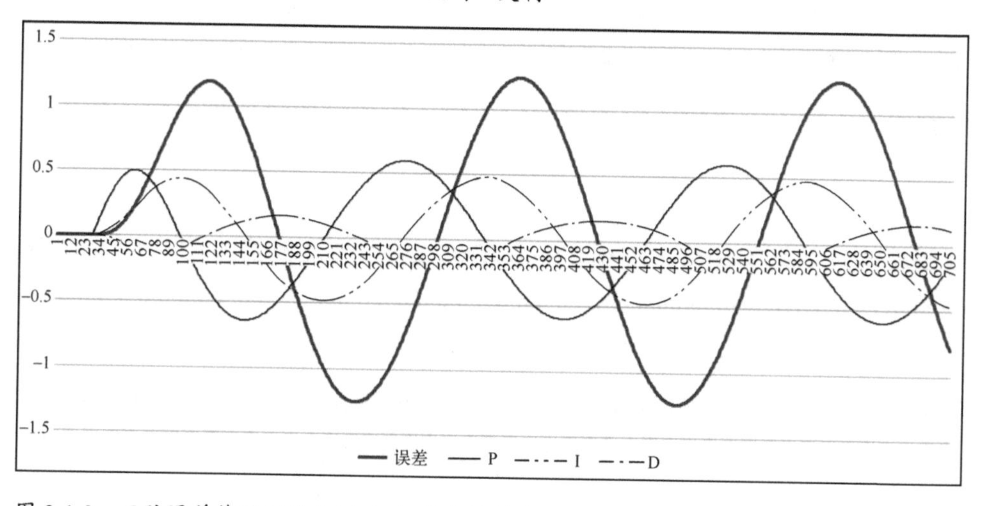

图 2-1-3：正弦误差作用下的比例-积分-微分控制的开环响应，比例（P）依然是误差的镜像，积分“拖后”1/4 个周期，微分“超前”1/4 个周期，但频率不变

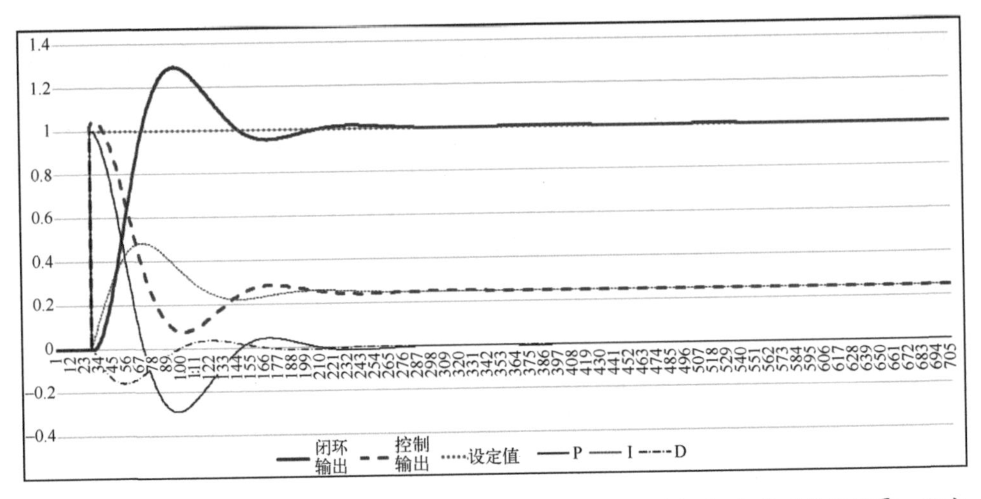

图 2-1-4：典型比例-积分-微分控制的闭环响应，比例（P）和微分（D）作用最终归零，积分（I）作用“飘”到某一位置稳定下来，PID 的综合作用（图中的控制输出）的稳态最终由积分决定

比例控制规律是不能保证水温精确达到 38℃的。在实际生活中，人们这时对热水龙头做渐进微调，只要水温还不合适，比如还是低，就一点一点地加，直到水温合适为止。这种只要控制偏差不消失就渐进加码的控制方式，在自动控制里叫作积分控制，因为控制量与控制偏差在时间上的累积成比例，其数学表述就是偏差对时间的积分，其增益因子就称为积分控制增益。工业上常用积分控制增益的倒数，称其为积分时间常数，其物理意义是偏差恒定不变时，控制量加倍所需的时间。这里要注意的是，控制偏差有正有负，其正负全看实际测量值是大于还是小于设定值，所以只要控制系统最终将实际测量值稳定在设定值上（也就是偏差归零了），控制偏差的累积是不会无穷大的。

比例和积分通常合起来使用，比例提供基本的控制作用，积分提供最后消除余差的微调，余差就是最后残存的控制偏差。比例-积分控制规律可以应付很大一类控制问题，但不是没有改进余地的。比如用煤气热水器烧热水，热水一直在用着，但煤气压力有时不够，热水烧着烧着就不够热了；再烧着烧着煤气压力又上来了，水又太热了。这样煤气压力不断波动，水温也不断变化。有经验的人会根据水温变化的趋势抢先调节热水龙头：水温上升太猛，即使眼下水温本身还没有到太热的程度，已经可以开始减一点热水，刹住升温的势头；水温下降太猛也一样，即使当前水温尚不太冷，也需要及早增加一点热水，刹住降温的势头。换句话说，这种控制方式是根据水温的变化率和变化方向而不是当前水温实际值来决定控制量。这就是所谓的微分控制规律，因为控制量与实际测量值的变化率成正比，其数学表述就是控制作用与偏差对时间的微分成比例，其比例因子就称为微分控制增益，工业上也称微分时间常数。微分时间常数没有太特定的物理意义，只是由于积分叫作时间常数，微分也跟着叫了。

微分控制在理论上和实用中有很多优越性，但局限也是明显的。如果测量信号不是很“干净”，时不时有那么一点不大不小的“毛刺”或扰动，比如水温总是不大稳定，高高低低，但大趋势并没有明显的上升或者下降，这时微分控制就会被这些风吹草动搞得方寸大乱，产生很多不必要甚至错误的控制动作。所以工业上对微分控制的使用是很谨慎的。

比例-积分-微分控制规律是工业上最常用的控制规律。人们一般根据比例-积分-微分的英文缩写，将其简称为 PID 控制。即使在更为先进的控制规律广泛应用的今天，各种形式的 PID 控制仍然在所有控制回路中占 85%以上，典型的先进控制也要通过 PID 的底层控制来作用于具体过程，PID 依然是基础。这就像数学一样，当落实到具体数值的时候，再高深的理论到头来也免不了四则运算这个俗。PID 对自动控制就好比四则运算对数学，不过 PID 的“花头”更多。

PID 整定

在 PID 控制中，笼统来说，控制量的大小随偏差大小而变化。如果控制有效，偏差应该逐步减小，控制作用也相应减小。在理想情况下，两者都在减小，可以一步到位。但在实际中，要么控制动作太拖沓，虽说一步到位了，但这一步也实在太长；要么动作过猛、矫枉过正，系统响应一下子就冲过了头，然后反向校正的时候，又冲过了头，只是幅度小一点，要这么来回折腾几次才能稳定下来。这就像电梯到指定楼层停下，控制糟糕的电梯要么早早减速，然后慢吞吞地最后停下来，门槛和地面正好对齐，很精确，只是动作拖沓迟缓；另一种糟糕的控制整定则反过来：电梯很快到达指定楼层，但要上下晃荡几下，才能最终对准楼层地面。

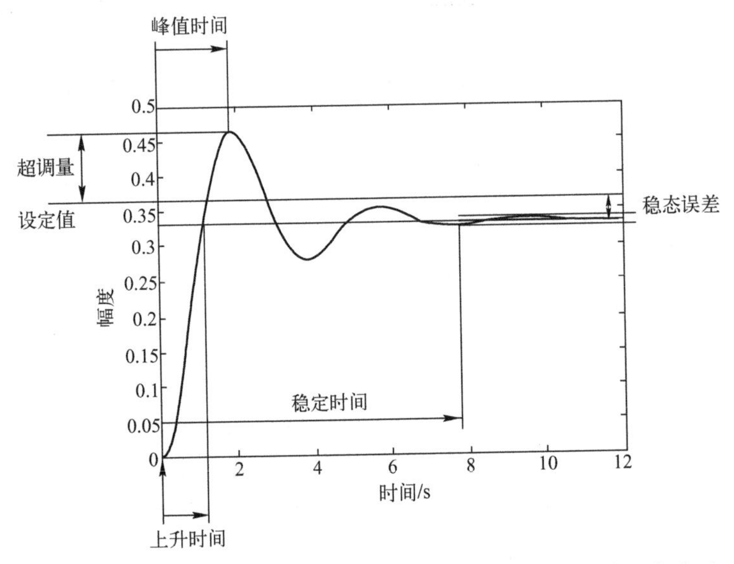

图 2-2-1：典型控制回路的闭环响应经常在上升（或者下降）的过程中晃动几下，才最终稳定到设定值

初始响应冲过头的量叫作超调，振荡过程中两个峰值之比称为衰减比，系统响应达到稳定值 5%范围内所需的时间称为稳定时间。这个 5%是必要的，否则在数学意义上渐进稳定要无穷长时间才能达到稳定值。PID 整定指确定最优的 PID 参数，用连续而又果断的控制动作使得系统响应尽可能快地稳定下来，同时避免冲过头。换句话说，就是发现最优 PID 参数，使得达到稳定的时间最短，同时使超调最小。

比例控制的优点和缺点都来自控制作用随偏差减小而减小这一特点：一方面，这样比开关控制要柔和、精确得多；另一方面，比例控制不懂审时度势，只会机械地、按部就班地增减控制量。在系统响应已经死水一潭但离设定值还是差一点的时候，不知道再往前蹭一步两步，不会临门一脚；在系统响应激烈动荡、快速冲向设定值时，偏差貌似在减小，比例控制律的控制量也随之减小，但这时实际上需要的不光是“减油门”，更需要点一下“刹车”，使得系统响应减速。比例控制律对此也懵然不知，最多只能做到“减油门”。

积分控制则不一样，控制量由累计偏差决定。偏差的大小和方向当

然很重要，但偏差的持续存在才是积分控制继续出力的最主要动力。换句话说，偏差在动态中过零的时候，此刻的累计偏差并不归零，积分控制在这一刻只是维持现状，停止继续变化，但并不归零。这个特点很重要。

由于积分控制不仅取决于偏差大小，还取决于累计偏差，历史包袱较大，积分控制不可能对动态中的偏差大小本身具有与比例控制一样的灵敏度，否则加上累计偏差的作用，控制量肯定过度。实际上，要避免过度控制，与比例控制相比，积分控制对偏差本身大小的灵敏度必须大大降低，因此纯积分控制动作迟缓，除特殊情况（如缓冲容器液位控制）外，不宜用作基本控制作用，否则缓不救急。比例-积分控制则是最常见的控制组合。比例控制负责在系统响应受到外界扰动（比如热水压力变化）或者设定值变动（温度要求从38℃增加到39℃）时提供迅速、果断的基本控制作用，尽快把系统响应拉到设定值附近，然后让积分慢慢“蹭”，逐步“磨”去残余的偏差。因此，通常的整定原则是：比例参数应该“适中”，但积分参数应该适度迟缓。弱比例+强积分的组合容易放大积分的缺点，强比例+弱积分的组合则不易充分利用积分的优点。

比例和积分都是“反应”式的控制，有时需要微分的“先见之明”。微分是PID中唯一不根据偏差大小而动作的控制作用，微分甚至对偏差是正是负都不在乎，只在乎偏差在向哪个方向变化。换句话说，尽管实际测量值还比设定值低，但正在快速上扬，微分控制已经要出手了，对冲势及早加以抑制，否则，等到实际值超过设定值时再做反应就晚了。这种“预测”性反应正是微分控制的魅力所在。不过作为基本控制的话，微分控制只看趋势，不看具体数值所在，所以最理想的情况也就是把系统响应稳定下来，但稳定在什么地方就要看你的运气了，所以微分控制也不能作为基本控制作用。

比例控制没有这些问题，比例控制的反应快、稳定性好，是最基本的控制作用，是“皮”；积分、微分控制对比例控制起增强作用，极少单独使用，所以是“毛”。总而言之，在实际使用中，比例+积分最常见，比例承担主要的控制作用，积分帮助消除余差，微分只有在被控对象反应迟缓，需要在一有反应迹象时就及早补偿的情况下，才予以采用。只用比例和微分的情况较少见。

连续控制的精度是开关控制不可比拟的，但连续控制的高精度也是有代价的，这就是稳定性问题。连续控制的输入是“无界”的，至少在理论上，是可能达到正负无穷大的。实际上，控制机构的动作达到机械极限，也就不可能再增大了，但极限位置通常大大超过正常控制的需要，经常达到或长期保持在极限位置容易造成失控。既然连续控制属于无界输入，BIBO 稳定性就不管用了，只有用渐进稳定性来分析了。

控制增益决定了控制作用对偏差的灵敏度。既然增益决定了控制的灵敏度，那么越灵敏岂不越好？非也。还是用汽车的定速巡航控制作例子。速度低一点，油门加一点，速度低更多，油门加更多、速度高上去当然就反过来。但是如果速度低一点，油门就狂加，导致速度马上暴增，油门再狂减，导致速度马上暴跌，这样速度不但不能稳定在要求的设定值上，还可能失控。这就是不稳定，所以控制增益的设定是有讲究的。在生活中也有类似的例子：国民经济过热，需要经济调整，但调整过火，就要造成“硬着陆”，触发经济萧条；经济萧条时需要经济刺激，同样，刺激过火，会造成经济过热。要达成“软着陆”，也就是矫枉而不过正，尽快但不过头地达到调整目标，这需要经济调整的措施恰到好处。这也是一个经济动态系统的稳定性问题。

比例、积分、微分增益太高有稳定性问题，太低有控制不足问题，增益为零就彻底冻结了控制动作，还不如不要控制系统了。但到底多少增益才是最合适的呢？教科书上说，应该用阶跃曲线法，就是把系统开环（也就是说，控制器设定为手动），给一个激励，然后根据反应曲线推算动态系统的增益、时滞和时间常数，然后查表整定参数。这个数据表是根据一定的性能要求和系统动态特性假定进行最优化的结果，有的按照 4∶1 衰减比，有的更加稳健，但实际上很少有人用这种方法。其最大的问题是实际过程经常不容许这样放手的开环试验，计算给出的增益也因为与实际工艺要求有所脱节常“不对胃口”，只能给出一个初始估计，后面还要微调才能达到满意的响应，有这个功夫，直接按照经验方法整定就是了。

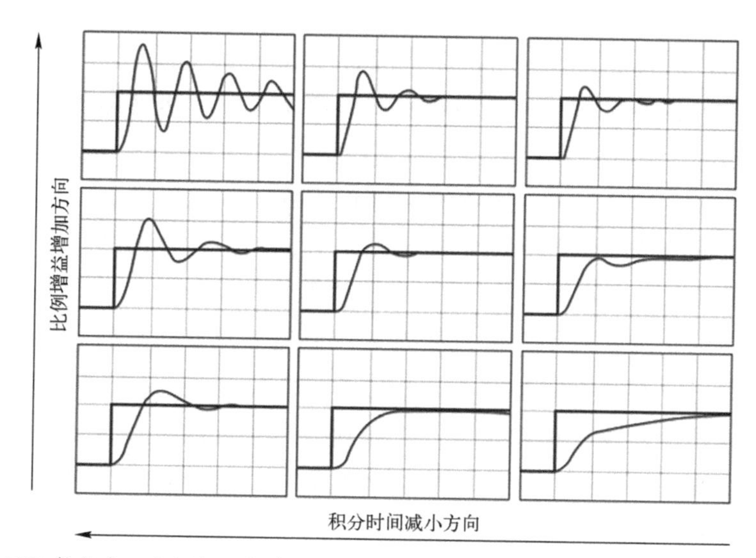

图 2-2-2：PID 整定中，比例与积分作用示意图。比例作用增加，可以加速闭环响应，但可能降低稳定性；积分时间减小，可以加速余差的消除，但也降低稳定性

理论上还有很多其他的计算方法，但实用中一般是靠经验和调试来摸索最优增益的，业内行话叫作参数整定。如果观察系统响应的时间曲线时发现，系统响应在控制作用后面拖拖沓沓，大幅度振荡，那一般是积分太过；如果系统响应非常“神经质”，动不动就“打摆子”，呈现高频小幅度振荡，那一般是微分有点过分；中频振荡当然就是比例的问题了。不过各个系统的频率都是不一样的，到底什么算高频，什么算低频，这个一两句话说不清楚，还是要“具体情况具体分析”，所以就打一个哈哈了。

定性来说，参数整定有两个路子。一是首先调试比例增益以保证基本的稳定性，然后加必要的积分以消除余差，只有在最必要的情况下（比如反应迟缓的温度过程或容量极大的液位过程，测量噪声很低）才加一点微分，这是“学院派”的路子，在大部分情况下很有效。但是工业界有一个“歪路子”：用非常小的比例作用，但大大强化积分作用，实际上是积分主导。这个方法是完全违背控制理论的分析的，但在实际中却是行之有效的，原因在于实际过程常有测量噪声严重，或系统反应过于敏感的问题。这时，积分为主的控制律动作比较缓和，稳中求变，不易激励出不稳定的因素，尤其是不确定性比较高的高频部分，这也是“稳定压倒一切”的思路吧。

说到系统反应过于敏感，这有时是一个绕不过去的人为陷阱，尤其是典型工作范围大大小于全程工作范围的情况。比如说，汽车都有加速踏板

（俗称油门），踏板行程大一点，容易精确控制油门。“买菜车”马力没有多大，最高速度也不怎么高，油门行程比较容易做好，速度容易控制，尤其是低速行驶时。但法拉利、布加迪等超级跑车的马力超大，最高速度超高，但油门行程还是这些，驾驶着这些“超跑”在一步三停的街上慢慢蹭，脚下稍微一颤，速度马上飙升，控制就很艰难，就是这个道理。

在很多情况下，在初始 PID 参数整定之后，只要系统没有出现不稳定或性能显著退化，一般不会去重新整定。但是要是系统响应恶化了怎么办呢？由于大部分实际系统都是开环稳定的，也就是说，只要控制量“锁定”不变，系统响应最终应该稳定为一个数值，尽管可能不是设定值。所以对付不稳定的第一个动作通常是把比例增益减小，根据实际情况，减小 1/3、1/2 甚至更多；不行的话，再加大积分时间，常常成倍地加，再就是减小甚至取消微分控制作用；然后再逐渐加强，直到回路性能满意为止。如果有前馈控制，适当减小前馈增益也是有用的。但实际系统的性能不会莫名其妙地突然变坏，上述“救火”式重新整定常常是临时性的，等生产过程中的机械或原料问题消除后，参数还要设回原来的数值，否则系统性能会太过“懒散”。这一点在后面的控制系统性能分析中还要提到。

对于新过程，系统还没有投运，无法根据实际响应事先就做好经验整定，一般先估计一个初始参数，在系统投运的过程中，再对控制回路进行逐个精细调整。工艺过程设计的通常原则是 100%的阀门开度对应于 100%的温度、压力、液位等范围。换句话说，管道流量是按照 100t/h 设计的话，阀门 0%开度当然对应于管道内 0 流量；阀门开度 100%的时候，对应的就应该是 100t/h 的流量。在完全理想的情况下，设计点在中位，也就是说，正常流量为 50t/h，阀门有±50%的变化范围，比例增益可以自然地设定为 1。但实际工艺工程不会只运行在半负荷，那太浪费了。从经济效益的角度出发，应该常年运行在接近满负荷的状态，只留一点点必要的机动余地，以应付外界扰动或者工艺条件的调整要求。换句话说，“正常”流量实际上是 80t/h，对应于 80%的开度。在理论上，比例增益可以保持不变，但实际上，阀门到了 100%就到头了，再也开不大了，实际上进入失控状态，直到被控变量终于回落而把阀门从 100%拉回来。为了避免经常出现阀门“触顶”而造成暂时失控的问题，通常需要对比例增益适当削减。常用初始整定思路：对于一般的流量回路，比例定在 0.5 左右，积分大约 1min，微分为 0，这个组合一般不至于一上来就出大问题。温度回路可以从 2、5、0.05 开始，液位回路从 5、10、0 开始，气相压力回路从 10、20、0 开始。既然这些都是凭经验的估计，那当然要具体情况具体分析，不可能“放之四海而皆准”，只能用作参考。

在有些控制系统里，比例增益由比例度代替，比例度为比例增益的倒数乘以 100，所以是按百分数来标示的，100%的比例度等于比例增益为 1。积分时间也可能成为积分增益，同样，积分增益为积分时间的倒数，具体数值还要看 PID 的表达式。有的把比例增益放在大括号外面，乘以整个 PID 作用，这样改变比例增益也影响积分作用；有的 P、I、D 三项是完全独立的。具体就要看系统手册了，不过形式换来换去不要紧，各种形式是大体等效的，这是换汤不换药，PID 整定原则还是类似的。

另外，PID 整定的最优性是一个微妙的问题：一方面，最优的 PID 整定能最快达到稳定；另一方面，这样的闭环可能对过程特性漂移很敏感，而过程特性漂移在实际过程中几乎不可避免，设备老化、物料含有杂质、环境条件变化等都可能造成过程特性漂移。要能适应大范围情况，有时需要在控制律调试过程中，有意从最优（也最敏感）的状态后退一点，闭环性能还是足够好，但对工况远没有最优时那么敏感。换句话说，实际的控制律有时操作韧性比最优性更加重要。

微分一般用于反应迟缓的系统，但是事情总有一些例外。比如一个小小的卧式冷凝液罐，直径才 0.5m，长不过 1.5m，但是流量却是 8～12t/h。一有风吹草动，液位变化非常迅速，不管比例、积分怎么调，液位很难稳定下来。常常是控制阀刚开始反应，液位已经到顶或者到底了。但要是加 0.05 的微分，液位一开始变化，控制阀就开始抑制，反而稳定下来了。这和常规的参数整定的路子背道而驰，但在这个情况下，反而是“唯一”的选择，因为测量值和控制阀的饱和变成稳定性的主要问题了，在还没有饱和的时候抢先动作，正是这个特例的成功原因之所在。

作为 PID 整定原则，这当然是特例，但作为一般思路，这又不是特例。规则都是对一般情况而存在的，规则在大部分时候管用，但要是把自己拘泥于规则之中，有时候遇到特殊情况就会束手无策。该跳出规则的时候，还是要跳出来。当然，这不是说规则不重要，就像毕加索的绘画看起来是乱七八糟的涂鸦，但他徒手画直线、画圆圈比世界上99.99%的人都要棒（或许还应该加几个9），他的七歪八倒的线条是情感和意境的表现，而不是手势不好。这个不能混淆了。

关于稳定性

对工业界有时使用的以积分为主导控制作用的做法再啰嗦几句。在学术上，控制的稳定性基本就是渐进稳定性，BIBO稳定性是没有办法证明渐进稳定性时的“退而求其次”的东西，不怎么上台面的。但是工业界里的稳定性有两个看起来相似、实质上不尽相同的方面：一个当然是渐进稳定性，不光逐渐稳定下来，而且向设定值收敛；另一个则是稳定性，但不一定向设定值收敛，或者说稳定性比收敛性优先这样一个情况。后者的情况就是需要系统稳定在还算靠谱的位置就可以了，多少接近设定值就行，要紧的是不要动来动去，是不是正好在设定值反而并不是太重要。这样的例子有很多，比如反应器的压力是一个重要参数，反应器压力不稳定，进料一会儿打得进去，一会儿打不进去，原料进料比例就要乱套，催化剂进料也不稳定，反应就不稳定。但是反应器的压力到底是2MPa还是2.5MPa并没有太大的关系，只要慢慢地但又稳定地向设定值收敛就足够了。这是控制理论里比较少涉及的一个情况，但这也是工业上时常采用积分主导的控制的一个重要原因。

前面在PID整定里说到系统的频率，本来就是系统响应持续振荡时的频率，但是控制领域里有三拨人在倒腾：一拨是以机电类动力学系统为特色的电工出身，包括航空航天、火力控制、机器人等；一拨是以连续过程为特色的化工出身的，还包括冶金、造纸、化纤等；还有一拨是以微分方程稳定性为特色的应用数学出身的。在瓦特和抽水马桶的年代里，各坐各的山头，井水不犯河水，倒也太平。但控制从艺术上升为理论后，总有人喜欢“统一”各个山头。在控制理论的三国大战中，电工帮抢了先，好端端的控制理论里被塞进了电工里的频率。可是啊可是，这哪是频率啊，这是……复频率。既然那些“变态”的电工党能折腾出虚功率来，那他们也能折腾出复频率来。他们自虐倒也算了，只是苦了无辜之众，从此被迫受此精神折磨。

事情的缘由是系统的稳定性。前面提到，PID的参数如果设得不好，系统可能不稳定。除了摸索，有没有办法从理论上计算出合适的PID参数呢？有的。前面也提到，动态过程可以用微分方程描述，其实在PID的阶段，这只是微分方程中很狭窄的一支：单变量定常系数线性常微分方程。要是还记得一点高数，一定还记得线性常微的解，除了分离变量法什么的，如果自变量时间用 t 表示的话，最常用的求解还是把 $e^{\lambda t}$ 代入微分方程，然后解 λ 的代数方程（正式称呼是特征方程），解出来的就是特征根。这可以是实数，也可以是复数。是复数的话，微分方程的解就要用三角函数展开了（怎么样，当年噩梦的感觉找回来一点没有）。实数根整个都是实部。复数根可以分解为实部和虚部，只要所有特征根的实部为负，那微分方程就是稳定的，因为负的指数项最终随时间向零收敛。虚部到底有多大就无所谓了，对稳定性没有影响，但对振荡频率有影响。但是，这么求解分析起来还是不容易，还是超不出“具体情况具体分析”，难以得出一般的结论。

如今法国排不进第一世界了，再自豪的法国人都不敢自称超级大国，但当年法国人是很牛的，除了凡尔赛宫和法国大餐外，还有很多厉害的数学家。其中一个叫拉普拉斯的家伙，捣鼓出一个拉普拉斯变换，把常微分方程变成 s 的多项式。拉普拉斯变换是数学变换的一种，而数学变换是数学世界里一个十分精妙的游戏。还记得尼古拉斯·凯奇主演的电影《国家财富》吗，淘宝人发现了一副奇妙的彩色偏振镜片，用不同组合，可以在《独立宣言》原稿背面看出不同的寻宝线索。这当然是骗票房的东西，但数学变换好比这彩色偏振镜片，从一个看似一堆混沌的东西里换一个角度去看，再换一个角度去看，可以看出很多奥妙来，尤其是结构性的特征。用拉普拉斯变换处理常微分方程也是这个意思，可以从看似无从入手的常微分方程里，提出与稳定性相关的特征信息来。对描述动态过程的微分方程施加拉普拉斯变换后，微分方程就变成了传递函数，这是经典控制理论的基础。这里面的数学细节说起来比较啰唆，还是留给严谨的教科书吧，这里就不扯远了。

光拉普拉斯变换还不够，往 s 里代入 $j\omega$，就是那个复频率，这就整出一个变态的频率分析，用来分析系统的稳定性。不过说变态，也不完全公平，在没有计算机的年代，各种专用图表是最有效的分析方法，还美其名曰“几何分析”，频率分析也不例外。美国人沃尔特·埃文斯（Walter Evans）在传递函数的基础上，搞出一个根轨迹（Root Locus）分析方法，思路倒是蛮有意思的。给定传递函数后，开环系统（还记得开环、闭环吗？开环

就是没有反馈的，闭环就是带反馈的）的特征根是给定的，开环稳定不稳定就是它了。传递函数分子多项式的根为零点，分母多项式的根为极点。闭环之后，增益为零的话，就退化为开环情况。在增益逐步增大的过程中，增益锁定在每一个特定值时，都可以解出相应的特征根（不管是实的还是虚的），可以在复平面（也就是说，纵轴为虚轴，横轴为实轴）上标出来。把不同增益下的特征根连接起来，就形成了根轨迹。

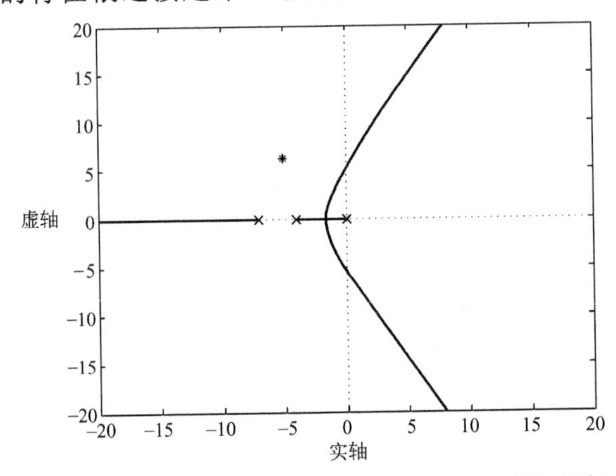

图 2-3-1：三阶无零点系统根轨迹，轨迹从极点（“×”）开始，随增益增加而“长高长大”，到一定时刻后，轨迹穿越到虚轴右半平面，这时闭环系统开始不稳定了

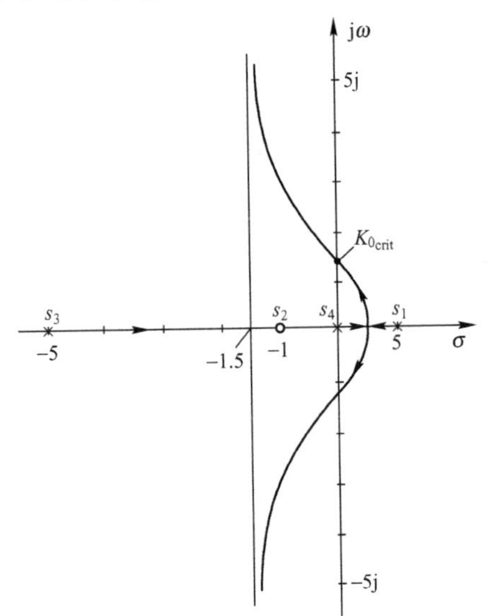

图 2-3-2：有意思的是，三阶带一个零点后，即使开环有不稳定极点，增益增加到一定程度后，闭环系统反而成为稳定的

埃文斯还证明了有趣的一点：根轨迹必定从开环极点开始，以零点为终点；根轨迹的分支数正好为极点数，所以二阶系统有两条根轨迹，三阶系统有三条根轨迹等。由于正常系统的零点数总是少于极点数，"多出来"的根轨迹就以无穷大为终点。于是，最终形成的根轨迹好像从开环极点长出来的树杈，但像飞蛾扑火一样向开环零点汇聚，"无家可归"的根轨迹分支实在没有地方可去，没有零点作为归宿，只好孤寂地向无穷的幽深散发。要是根轨迹总是在左半平面打转，则说明实根为负，就是稳定的。再深究下去，系统响应的临界频率之类也可以计算出来了。

根轨迹最大的好处是，对于常见的系统，可以给出一套做图规则来，熟练的大牛、小牛、公牛、母牛们，对传递函数的形式用眼睛一瞄，随手就可以画出根轨迹来，然后就可以定性地告诉你，增益大概变化到多少，系统就要开始振荡，再增加多少，系统会不稳定，云云。

根轨迹还是比较客气的，还有更变态的奈奎斯特法、伯德法和尼科尔斯法，想想脑子都大了时至今日，计算机分析已经很普及了，但是古典的图示分析还是有经久不衰的魅力，就是因为图形分析不光告诉你当前系统是稳定还是不稳定，以及其他一些动态响应的参数，还定性地告诉你增益变化甚至系统参数变化引起的闭环性能变化。在什么都用计算机先算一遍的今天，定性分析依然有特殊意义。定量分析好比是树，可以精确地告诉你这里有一棵树，有多高多粗多老，但只有定性分析才能揭示出林，告诉你这里有很多树，而且这边大多是小树，大树主要在那边。定性分析指出大方向，这是数值计算正确性的概念保障。时至如今，不少人吃过盲目相信计算机数值计算结果的苦头，但要不盲目，靠什么呢？靠的就是对事物的定性认识，包括对方向性、数量级的认识。这些折磨脑子的图形分析就是干这个用的（咦，刚才还不是在说人家变态吗？呃，变态也有变态的魅力不是？哈哈）。

非常规 PID

以频率分析（也称频域分析）为特色的控制理论称为经典控制理论。

经典控制理论可以把系统的稳定性分析得天花乱坠，但有两个前提：一是要已知被控对象的动态数学模型（这在实际中不容易得到）；二是被控对象的动态数学模型不会随时间或者过程状态而改变或漂移（这在实际中更难做到）。还是以汽车定速巡航控制为例，随着汽车的老化，发动机出力和油门反应都会下降，不同汽油品质也有影响，控制律要是完全按照全新状态设置，到了老化的时候可能就不大给力了。

对简单过程建立微分方程数学模型是可能的，但简单过程的控制不麻烦，经验法参数整定就搞定了，不需要费那个事。而且经验法对数学模型精确性和漂移没有要求，根本就不用数学模型，所以不存在模型精确不精确的问题。但经验法毕竟是经验法，一是需要时间和实践才能积累足够的经验，二是真正复杂的过程很难用经验法可靠地整定。要是有理论计算帮忙就好了。但真正需要理论计算帮忙的回路，建立模型太困难，或者模型本身的不确定性很高，使得理论分析靠不住。这是一个现实世界中永恒不变的纠结，在很多领域都有类似的问题。

经典控制理论在简单的机械、航空、电机中还是有成功的应用的，毕竟从 $F=ma$ 出发，可以建立“所有”的机械系统的动力学模型，铁疙瘩的重量通常不会莫名其妙地改变，主要环境参数都可以测量。即使是火箭这样的复杂问题，系统重量随燃料消耗而降低，甚至重心都会改变，但相关信息毕竟是确定的，而且是可以随时精确测量或者计算的。但要是系统复杂一点，控制要求严格一点，问题就大了。比如细长机器手的手臂要考虑弹性和扭曲的影响、关节的摩擦阻尼和松动受不同姿态的影响，动态特性就不是简单的 $F=ma$ 了。

在化工控制中，经典控制理论要成功使用更难，成功的例子简直凤毛麟角。给你一个 50 块塔板的三组分精馏塔，一个气相进料，一个液相进料，塔顶、塔底出料加一个侧线出料，塔顶一排五个风冷冷凝器，塔底再沸器加一个中间再沸器，你就慢慢建模去吧。塔板效率、多组分气液平衡什么的九九八十一道折腾，等九牛二虎把模型建立起来了，风冷冷凝器受风霜雨雪甚至风向积尘的影响，再沸器的加热蒸汽压力受上下游装置的影响，气相进料的温度和饱和度受上游装置的影响，液相进料的成分构成受上游

装置的影响但组分无法及时测量（在线气相色谱分析结果有时要 40～50min 才能出来），在这些影响下，动态特性全变了。

理论之树是用来指引方向的，不是用来吊死的。老文青歌德曾经是小文青，在法院里抄抄写写，凭着家族关系本可以在司法界混一碗好饭。但风流年少的歌德被告了一恶状，蹲进大狱，突然茅塞顿开，写出不朽名作《少年维特之烦恼》。但歌德的另一句话更有名：理论是灰色的，生命之树常青。PID 就像生命之树一样，枝繁叶茂。在实践中，PID 有很多表兄弟，帮着大表哥一块打天下。

比例控制的特点是，偏差大，控制作用就大。但在实际中有时还嫌不够，最好偏差大的时候，比例增益也适当加料，进一步加强对大偏差的矫正作用，及早把系统拉回到设定值附近；偏差小的时候，当然就不用那么急吼吼，慢慢来就行了，所以增益减小一点，加强稳定性。这就是双增益 PID（也叫作双模式 PID）的起源。想想也对，以高射炮瞄准敌机为例，如果炮管还在离目标很远的角度，那应该先尽快地把炮管转到目标角度附近，动作猛一点才好，这时稳定性和控制精度都不是主要问题；但炮管指向已经离目标很近的时候，动作就要慢下来，精细瞄准，要不然炮管指向由于高增益晃来晃去，反而瞄不准敌机。工业上也有很多类似的应用。

双增益 PID 的一个特例是死区 PID（PID with Dead Band），小偏差时增益为零，也就是说，测量值和设定值相差不大的时候，就随它去，锁定控制量，实际上就是不加控制。这在水库的水位控制里用得很多。水库不仅用来蓄水，还可以用来缓冲流量变化，水位到底精确控制在 100.5m 还是 118.7m 并不紧要，需要的是大概在 110m 样子，最主要的是不能高于 140m 上限或者低于 80m 下线。但是，从水库流向下游的流量要尽可能平稳，否则下游流域的水流忽大忽小，会不必要地影响流域人民的生产和生活，也对鱼虾虫鸟的生态不利。死区 PID 对这样的控制问题是最合适的。但是天下没有免费的午餐。死区 PID 的前提是液位在一般情况下会“自然”稳定在死区内，如果死区设置不当，或系统经常受到大幅度的扰动，死区内的“无控”状态会导致液位不受抑制地向死区边界“挺进”，最后进入“受控”区时，控制作用“轻轻一拍”，但难以正好把液位拍进死区而停在那里，而是容易过头，使液位向相反方向不受抑制地“挺进”。最后的结果是液位永远在死区的两端振荡，而永远不会稳定下来，永远摆动下去。双增益 PID 也有同样的问题，只是比死区 PID 好一些，毕竟只有“强控制”和“弱控制”的差别，而没有“无控区”。在实用中，双增益的内外增益差别小于 1∶2 没有多大意义，大于 1∶5 就要注意上述的持续振荡或摆动问题。

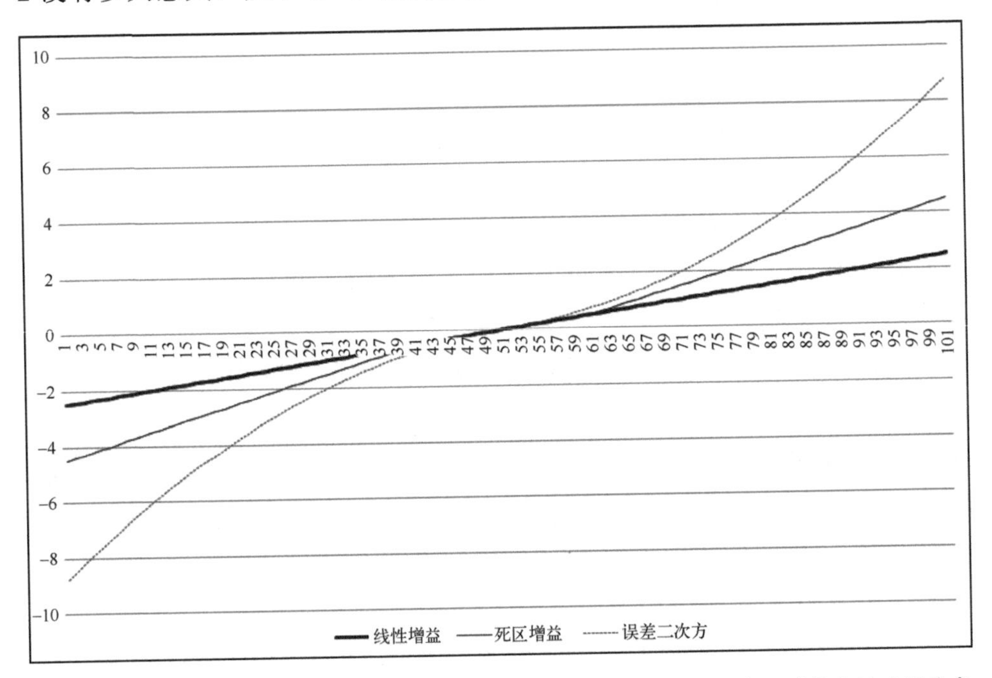

图 2-4-1：双增益 PID 在误差接近于零的时候为低增益（斜率较低），在误差较大的时候为高增益（斜率较高）；误差二次方有类似的特性，但增益变化是连续的

双增益或死区 PID 的问题在于增益的变化是不连续的，控制作用在死区边界上有一个突然的变化，容易诱发系统的不利响应，二次方误差 PID 就没有这个问题。误差一经二次方，控制量对误差的响应就成了抛物线，同样可以达到“小偏差小增益、大偏差大增益”的效果，还没有突然的、不连续的增益变化。但是误差二次方有两个问题：一是误差接近于零的时候，增益也接近于零，回到上面死区 PID 的问题；二是很难控制抛物线的具体形状，或者说，很难制定增益在什么地方拐弯，拐弯有多急。对于第一个问题，可以在误差二次方 PID 上迭加一个基本的线性 PID，使零误差时增益不为零；对于后一个问题，可以考虑采用带圆滑转角的双增益（见

图 2-4-2）。

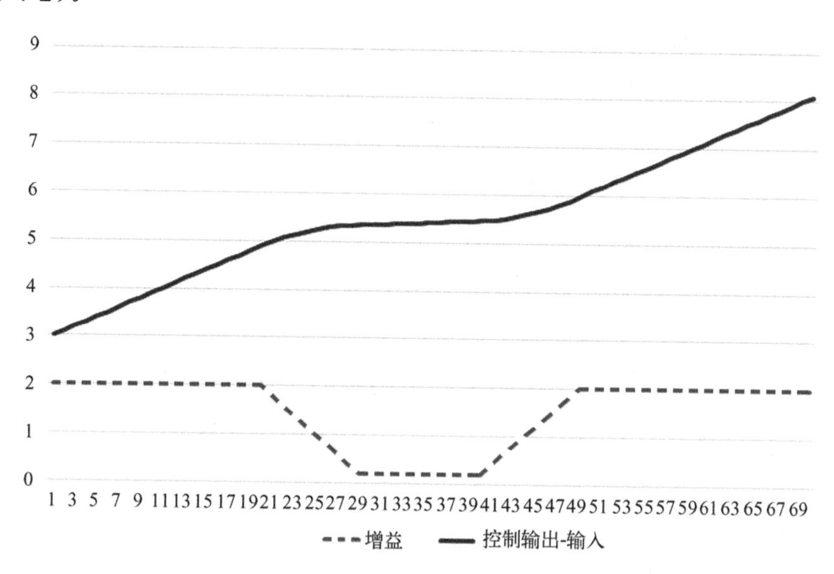

图 2-4-2：带圆滑转角的双增益，既实现双增益，又保证圆滑过渡

双增益有两个值——高值和低值，用图形表示有两种表示法。一是输出对输入的关系，斜率对应于增益，这就是三折线：中间的内段斜率较小，对应于低增益；两侧的外段斜率较大，对应于高增益。还有一个图形表示方法是增益对输入，那就好像一个壕沟的剖面，沟底对应于低增益，地面对应于高增益，而沟壁是上下垂直的，代表两个增益值之间的不连续过渡。如果沟壁是斜坡，这个斜坡就对应了双增益之间的连续过渡。换到用输入对输出的图形表示的话，沟壁斜坡就对应于内外段折线之间的圆角过渡，斜坡越缓，圆角越大。这个路子的潜力很大，要是“野心”大一点，再加几个计算单元，还可以做出不对称的增益，也就是说，升温时增益低一点，降温时增益高一点，以处理加热过程中常见的升温快、降温慢的不对称增益问题。

双增益或误差二次方都是在比例增益上做文章，同样的“勾当”也可以用在积分和微分上。更极端的一种 PID 规律叫作积分分离，其思路是这样的：比例控制的稳定性好，响应快，所以偏差大的时候，把 PID 中的积分关闭掉，消除积分的滞后影响，加速偏差归零；偏差小的时候，精细调整、消除余差是主要问题，所以减弱甚至关闭比例作用，而以积分作用作为主要控制。这个概念是好的，但具体实施的时候，有很多无扰动切换和初始化的问题。

从双增益和误差二次方更进一步，就是自适应增益（Gain Scheduling）。经验告诉我们，在不同工艺条件下，增益要随之调整。如果有相对确定的关系，比如系统通过流量为 100t/h 的话，加热回路的增益应该为 3.0；上升到 200t/h 的话，增益就应该相应降低到 2.0；诸如此类。有这样明确的增益调整关系的话，不难实现增益的自动调整。有意思的是，自适应增益在概念上不深奥，在道理上也很容易接受，但在实践中很少使用。关键还是人们对自动调整增益这样重要的控制参数不放心，回路特性太复杂，出了问题的话，死都不知道怎么死的。

这些变态的 PID 在理论上很难分析系统的稳定性，在实用中却解决了很多困难的问题，但在教科书和主流参考书中却很少提及。

复杂结构 PID

非常规 PID 依然是单回路 PID。打仗时，如果敌人太顽固，要么换更大的炮，把敌人轰倒；要么采用更巧妙的战术，把敌人晕倒。控制也是一样，单回路 PID 难以解决的问题，常常可以通过更巧妙的多回路结构来解决。

串级控制

单一的 PID 回路当然可以实现扰动抑制，但要是主要扰动在回路中，而且是可以明确测量的，加一个内回路作为帮手是一个很不错的主意。还记得洗热水澡的例子吗？要是热水压力不稳定，老是要为这个而调整热水龙头，那很麻烦。要是有一个人专门负责补偿热水压力，把热水稳定在要求的流量，那洗澡的时候，水温就容易控制多了，只要告诉那个人现在需要多少热水流量，而不必烦心热水压力对热水流量的影响。这个负责热水流量、自动补偿热水压力的控制回路就是内回路，也叫作副回路，而洗澡的温度就是外回路，也叫作主回路。另一个例子就是连队指挥，连长直接指挥到每一个士兵的话，顾不过来，但要是连长指挥排长，排长指挥班长，班长指挥士兵，这样分级指挥，部队就容易控制了。这种主回路指挥副回路的结构叫串级控制（Cascade Control）。串级控制以两级为多，但可以有更多级，上述连长指挥排长、排长指挥班长、班长指挥士兵的例子就是三级串级。串级控制曾经是单回路 PID 后工业上第一种“先进过程控制”。现在串级已经用得很多了，也不再有人把它算入“先进过程控制”了。

图 2-5-1：小猪洗澡的时候，要是有帮手专门稳定热水水温，那洗澡就舒适多了

串级控制最主要的功用是抑制回路内的扰动，增强总体控制性能。不过串级也不能乱用。如果主回路和副回路的响应速度差不多，或者主回路的响应速度甚至慢于副回路（通过变态的调试是可以做到的），这样的串级要出问题。这样的失败串级在理论上可以用共振频率什么的分析，但是不用费那个事，用膝盖想想就知道：一个急性子的头儿把一个温吞吞的下属指挥得团团转，结果只能是大家都精疲力竭，事情还办砸了；相反，一个镇定自若的头儿指挥一个手脚麻利的下属，那事情肯定办得好。

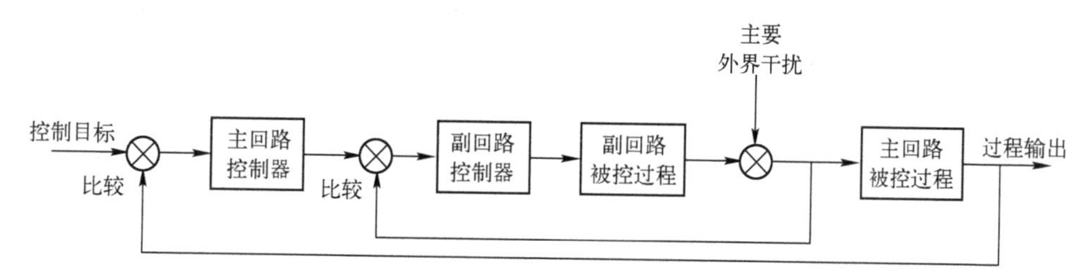

图 2-5-2：要是干大事的人经常被次要事情打岔，弄一个小当差的负责搞定次要事情，那就只要指挥小当差，就可以不受次要事情的干扰，专注于主要目标了。这就是串级系统的思路

图 2-5-3：镇定自若的班长指挥麻利的小兵，事情肯定办得好；急性子的班长指挥温吞吞的小兵，肯定大家一起团团转

串级控制不光有上述显性的，也就是有明确的主回路和副回路，还有隐性的。很多控制阀都有阀位控制器，控制系统指令 35.6%开度的时候，阀位控制器实测实际阀位，用自带的 PID 控制确保阀位果真在 35.6%。这其实是一个隐性的副回路。通常阀位控制器的响应很快（为秒级），也就是说，几秒钟里甚至更快就会稳定在所需的阀位，但典型过程动态和闭环响应至少是分钟级，甚至可以长达几小时，这样的隐性串级回路就没有问题。但有时碰到特别大的阀门，比人还高，带阀位控制器的响应也快不了，这时回路整定不当也会成为一个问题。尤其是高压液相过程里用的特大阀门，为了避免泄漏，阀杆密封弄得很紧密，增加摩擦，进一步增加阀门的动作时间。但高压液相过程的动态很快，这样的组合容易造成控制问题。

与阀位控制器相似的还有变频调速。交流电动机的转速可以用过变频来实现，改变转速可以改变泵机或者风机的出力，流量控制回路直接驱动泵机转速，温度控制回路直接驱动风机转速，这也是像阀位控制器一样的主副回路的情况。

前馈控制

如果主要扰动在回路以外，但是可以预知，那就要用另一个办法，这就是前馈控制。还是用洗热水澡的例子，如果冷水管和同一个卫生间的抽水马桶共用，你在洗澡，别人一抽水，那你就要变成煮熟的龙虾了。这个时候，要是那个人在抽水的同时告诉你一声，你不等水温升高，有先见之明地及时减少热水，那温度还是可以维持大体不变的。不等测量值变化，就先发制人根据已知扰动做出反应，这就是所谓前馈控制（Feedforward Control）。

图 2-5-4：要是抽水的时候提醒一下，小猪可以及时补偿，也就不至于被烫得大叫了

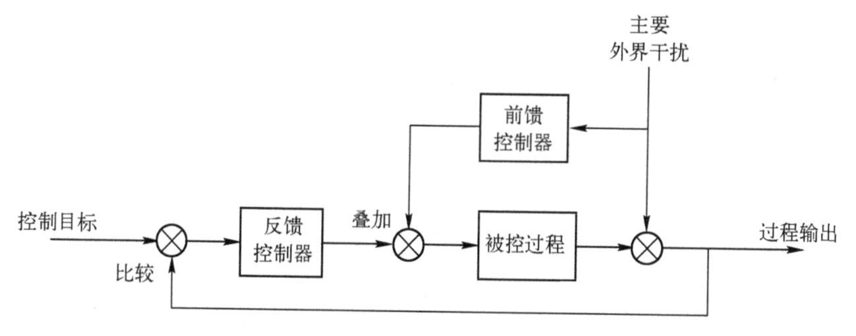

图 2-5-5：要是知道主要岔子来自何方，预先准备好，一有苗头、不等恶果出现就先发制人抢先抑制，这就是前馈系统的思路

前馈控制有两个要紧的东西：一是已知扰动对被控变量的影响，也就是所谓前馈增益；二是扰动的动态，从别人抽水到洗澡水龙头的水温变热，这里面有一个过程，不是立刻实现的。如果可以精确知道这两样东西，那前馈补偿可以把可测扰动完全补偿掉。但实际上没有精确知道的事情，要是指望前馈来完全补偿，弄巧成拙是肯定的。所以前馈通常和反馈一起用，也就是在 PID 回路上再加一个前馈，用前馈抵消掉可测扰动的大部分（比

如 1/2～3/4 的扰动影响），再由 PID 来“磨”掉剩余的误差，避免前馈模型误差造成的过度补偿。

一般只用静态前馈，也就是忽略扰动的动态影响，只补偿扰动对被控变量的静态影响，而由 PID 反馈对付扰动的动态因素，这主要是因为静态前馈已经把前馈的一大半好处发掘出来了。动态前馈既复杂又不可靠，在实际过程中较少使用。

与反馈控制相比，前馈控制在理论上可以做到完全补偿，在可测扰动产生作用的时候，用方向相反、幅度相同的控制作用完全抵消。但反馈控制必须要等到偏差出现，才能开始反应、有所动作。反馈是本质被动的，所以必定滞后一拍或者若干拍；而前馈是本质主动的，可以在偏差还在萌芽阶段、还没有成气候的时候就消灭之。另一方面，反馈对于即将发生的事情不做假设，等到事情发生了再见招拆招，对各种不确定因素相对不敏感；前馈的成功则取决于对于扰动的性质和幅度有精确理解和测量，否则可能弄巧成拙。

经典的前馈是在 PID 的控制作用上再加一个前馈作用，实际上也可以乘一个控制作用。乘法前馈的作用太猛，很少有人使用，一般都是用加法。在实施中，前馈是和扰动的变化（也就是增量）成比例的，所以一旦扰动变量不变了，前馈作用就消失了，而不是扰动消失，前馈作用才消失。恒定不变的扰动影响交给反馈就可以解决了。还记得积分作用吗？

前馈增益可以根据粗略计算得到。比如说，抽水一次会造成温度下降多少、需要调整多少热水流量才能维持温度，这不难通过热量平衡算出来。不想费这个事的话，也可以从历史数据中推算。一般算出来一个前馈增益后，打上 7 折甚至 5 折再用，保险一点，不要矫枉过正。

前馈作用一般用作辅助控制，但是在特殊情况下，前馈也可以成为“预加载”（pre-loading），作为基础控制。比如说，在一个高压液相系统的启动过程中，压力可以从静止状态的常压很快地升到很高的压力。正常情况下，高压系统不容许阀门大幅度动作以造成压力的剧烈变化，所以控制增益都比较低；但是这样一来，启动升压过程中，压力控制的反应就十分迟缓，容易造成压力过高，否则就要大大延长升压过程，影响生产。这时用压缩机的转速或进料的流量作为前馈，将压力控制阀“预先”放到大概的位置，然后再用反馈慢慢调节，就可以解决这个问题了。

“预加载”当然可以用外部变量，如上述的压缩机转速或者进料流量，也可以用自身的设定值，这时就称为双自由度控制（Two Degree of Freedom Control）。换句话说，把设定值作为前馈输入，原本单回路 PID 变成前馈-反馈系统。这不是画蛇添足，而是有道理的。PID 整定通常是针对设定值响应的，也就是说，要求测量值迅速、精准地跟踪设定值变化。但过程控制的常见问题实际上不是设定值跟踪，生产过程在大部分时间都是稳定在某一个状态，并不变来变去。但对于过程中的各种扰动要求有效抑制，比如管路压力对流量的影响、器壁散热对温度的影响、物料杂质对反应转化率的影响等。对于有些过程，设定值跟踪和扰动抑制的 PID 整定要求并不一样，甚至可以相互矛盾。比如上述高压液相系统，对于稳定工况下的扰动抑制，控制增益比较低，以避免不必要的草木皆兵；但对于变化工况，比如根据市场需求大幅度提升或者压低产量时，所有主要流量都要迅速跟上，这时就需要控制增益较高。单一的 PID 只有一个自由度，不可能同时兼顾设定值跟踪和扰动抑制的要求。采用双自由度控制的话，前馈回路可以高增益，根据设定值变化迅速把阀位“预置”到大概所需位置，其余的用低增益的 PID 反馈回路慢慢“磨”。设定值到位后，前馈回路“怠速运转”，主要由 PID 反馈回路对付各种扰动。

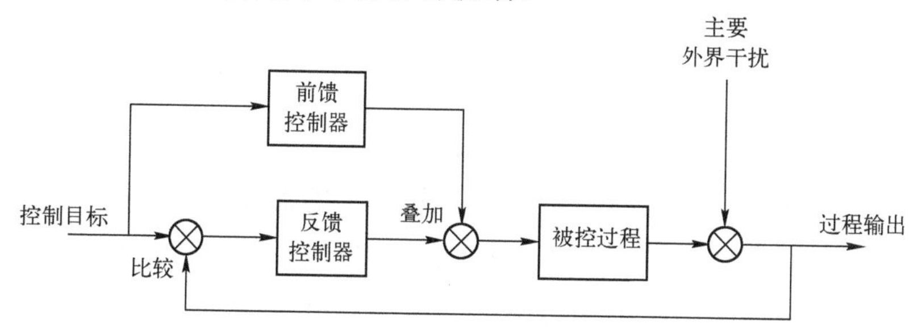

图 2-5-6：典型闭环控制只有一个自由度，在干扰抑制和设定值跟踪之间有矛盾的时候，比如说对设定值要求迅速跟踪，但对干扰抑制反而不操之过急，那就只能迁就一个要求。但双自由度控制就有条件兼顾了

前馈控制还有一个特殊情况。通常驱动前馈的是一个连续变量，比如可测的扰动流量、压力。但有时候，扰动是由一个特定事件触发的，等到流量、压力等常规测量值反映出来的时候，为时已晚。比如说，双发动机

的客机如果在起飞中一侧发动机熄火，需要立刻增加剩下还在工作的那台发动机的推力，补上推力损失，否则会因为推力不足而起飞失败，导致失事。当然还要蹬舵补偿只有单发推力导致的偏航力矩，但没有足够的推力，紧接下来就是倒栽葱，偏航不偏航的也就无关紧要了。要是在跑道上还能减速停下来，那还问题不大；要是已经离地，就必须坚持到至少在空中转回来着陆才行。在一般的飞行中，等到发现推力不足，再增加推力，这是可以的，这是常规的反馈控制。但要是这发生在起飞的时候，无视一台发动机已经熄火的重要信息，而坐等发现推力不足再补偿，可能就晚了。最直接可靠的办法是直接监测发动机的工作状态，比测量推力下降更加及时。问题是发动机熄火是一个离散事件的状态，“运转/停车”不是一个数值，无法像通常前馈那样，以扰动变量的数值作为驱动变量，乘以前馈增益，形成前馈控制作用（也就是增加多少推力）。在理想情况下，应该马上使得剩下还工作的那台发动机的推力立刻加倍，也就是说前馈增益为 1，但具体多少推力，这要看故障发动机熄火前最后一刻的推力，这不是一个固定数值。所以这样的混合前馈需要记录每台发动机任一时刻的推力，单发熄火作为触发信号，把记录的最后推力作为前馈数值，加入剩余发动机的推力指令，实现推力加倍。这种离散-连续的混合前馈在实践中很有用，可以救命的。

分程控制

有时用单个阀门难以控制大范围变化的流量，这是一个很实际的问题。工业阀门一般在阀门开度小于 10%的时候就不能保证可靠控制了；当然，阀门开度大于 90～95%的话也无法提供有效控制。所以，要真的保证很大范围的全行程精确控制，需要将一个大阀和一个小阀并列，小阀负责小流量时的精确控制，大阀负责大流量时的精确控制，这就是所谓的分程控制（Split Range Control）。分程控制时，小阀首先打开；超过小阀最大流量时，小阀就固定在全开位置，大阀接力打开，接过控制。这是开-开型分程控制。另一种常见的分程控制是关-开型分程控制，比如反应器夹套温度控制，要使反应器升温，冷却水逐渐关闭，直到冷却水全关，接着加热蒸汽开始打开。分程控制当然不一定只有两截，三截甚至更多都是可以的，道理都一样。开-开和关-开都属于接力型分程控制，或者说顺序动作类型，一个阀首先完成全程动作，第二个阀接过控制。另一种是并行动作类型，两个阀同时动作。比如说，用热水与冷水的不同比例混合控制水温，或者同一流体的一路经过加热器，而另一路经过制冷器，改变两路的流量比例，也就是说，在一个阀开大的同时，另一个阀关小，这样就可以有效地控制温度，而且不改变总流量。这样的加热效率不是最高，但温度控制可以非常精确、快捷，这就是交叉型分程控制了。

分程控制的问题在于不同阀门的交接点。阀门在特别小的开度时，控制非常不灵敏，前面说到的10%的开度限制也是这个道理。所以在实用中，顺序型分程控制常常在交接点附近有一小段重叠，也就是小阀快要全开但还没有全开时，大阀已经开始动作。这样，到小阀全开、不能再动弹时，大阀已经避开刚起步时的死区，进入有效控制范围了。关-开型分程控制常常在交接点设置一个死区，避免出现两个阀都有一点点开度的情况，那样的话就打架了，或者造成“短路”、漏气。

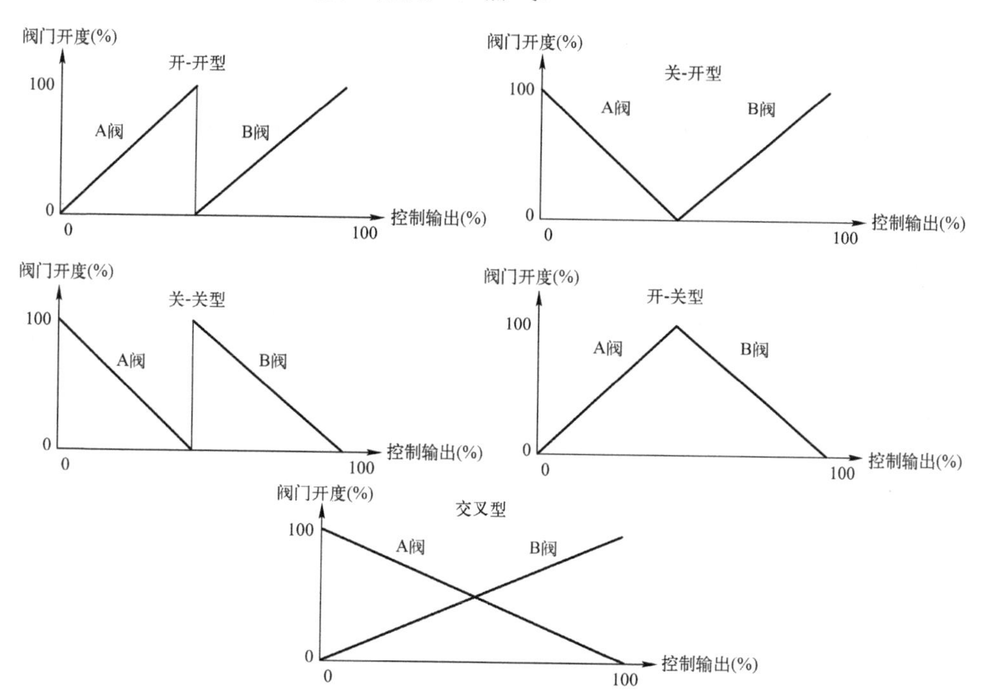

图 2-5-7：分程控制可以有开-开、开-关、交叉等类型，这里只有两个阀，还可以有三个甚至更多的阀，那排列组合就更多了

另一个问题是分程的交接点。接力型分程控制交接点的设置有一点讲究，不能偷懒，简单地以 50%为“三八线”，而应该根据阀的大小划分。比如 A 阀和 B 阀的大小是 1∶2，那控制输出的分程应该划分为 1/3∶2/3，而不是懒汉做法的 1/2。

分程控制的概念不复杂，但在实际实现中，常常会搞得人手足无措，这是与控制器的正反作用和阀门的气开气关特性有关的。虽说都是负反馈，但控制器是有正反作用的。对于汽车的速度控制来说，速度跌下来了，需要油门加大，这是反作用；但对于房间空调来说，温度上升了，需要空调开大，这是正作用。

另一方面，化工上的阀门基本上都是气动的，这主要是因为气动是本质安全的，在易燃易爆环境下不会因为阀门机构的功率而产生燃爆危险。虽然仪表传输信号基本上还是电的，但那只需要微不足道的超低功率，不足以引爆，所以也是防爆的。电动阀就不一样，必须有足够大的功率，电火花什么的都是潜在危害，通常要尽量避免。

气动阀由仪表空气驱动，压力作用在弹性膜盒上，推动阀杆移动。但阀杆归零的位置未必是阀门关闭的位置，而是要根据工艺安全设计的需要进行设计。在仪电系统故障时，仪表空气的压力可能全部丢失，这时所有气动阀的阀杆位置归零。但有的阀归零位置需要为全关，比如锅炉的燃料阀，事故时应该自动切断燃料供应；有的阀归零位置需要为全开，比如减压保护阀，事故时需要自动打开，以减压放空。但这样一来，控制系统的正反作用必须与阀门的气开气关配合起来。

为了减少不必要的错乱，现代控制系统通常在输出级另有正反作用，这样可以做到仪表控制台上显示控制系统输出是 0%的话，总是对应于阀门全关；100%总是对应于阀门全开，避免混淆。因此，气开阀（故障全关阀，Fail Close Valve）的仪表空气压力越高，阀门开度越大，输出级应该设定为正作用；气关阀（故障全开阀，Fail Open Valve）的仪表压力空气越高，阀门开度越小，输出级应该设定为反作用。

但是分程控制（尤其是关-开型）与气开气关和控制系统及输出级的正反作用搅和到一起，就比较费脑汁了。以上述反应器温控为例，如果仪表空气压力丧失时的安全状态是要求反应器冷却，那冷却阀应该是气关，而加热阀应该是气开，这是由过程设计的安全要求决定的。但由于这是分程控制，输出级的正反作用应该设成一样的，本来减少加热量和增加冷却量在方向上就是一致的，所以应该两个都是正作用，或者两个都是反作用。两种做法都可以，就看控制器的正反作用怎么设定了。在概念上，把两个阀当成一个“合成虚拟阀”来考虑，或者当作合成的虚拟加热阀，那两个阀的气开气关都跟着加热阀走，即都设成正作用；或者当作合成的虚拟冷却阀，那两个阀的气开气关都跟着冷却阀走，即都设成反作用；这样可以减少很多思维过程上的混乱。以合成虚拟阀为加热阀来考虑，当反应器温度升高时，需要减少加热量（或者增加冷却量），控制器就是反作用，两个阀都应该设置成正作用；反之，以合成虚拟阀为冷却阀来考虑，反应器温度升高时，需要增加冷却量（或者减小加热量），这样控制器就是正作用，两个阀应该设置成反作用。分程控制的控制器和输出级的正反作用是折磨新科自控工程师的传统把戏，三下五除二就可以把他们折磨得磕头求饶，但想明白了其实不难，就怕自己把自己绕进去了。

推断控制

很多过程参数都是可以测量的，但也有很多参数是无法直接测量的，这时，如果能够通过别的可以测量的过程参数来间接推算真正需要控制的参数，则这一过程这就是所谓的推断控制（Inferential Control）。比如精馏塔塔顶的产品纯度可以用气相色谱（Gas Chromatograph，GC）来测量，但结果可能要等 45min 才能出来，用来做实时控制的话，黄花菜都凉了。推断控制是和“软传感器”（Soft Sensor）的概念紧密相连的。以精馏塔塔顶纯度这个例子来说，可以根据历史数据或者工艺物性数据在纯度和塔顶温度、压力之间建立一个数学模型，用可以快速测量的温度和压力首先间接推算出纯度，然后在 45min 后 GC 结果出来后比较，对模型进行校正，以便后续推算更加精确。另一个例子是反应器转化率控制，转化率通常无法直接测量，只能用能量或者物料平衡推算。物料平衡推算还需要在线分析仪表，除非有工业核磁共振、带傅里叶变换的红外色谱等快速测量手段可用的情况下，通常还是要靠能量平衡（也叫作热量平衡）通过过程的升温降温推算，尤其是针对放热或者吸热反应。在计算机控制普及的今天，这是不难实现的，但是在很多地方，推断控制仍然被看成很神秘的东西，这是不应该的。

阀位控制

有的时候，对同一个变量有不止一个控制手段。比如说，风冷器有风扇的转速可以调节，也有百叶窗的开度可以调节。风扇速度调节起来比较麻烦，百叶窗开度调节更加快捷，两种手段互相补充。

懒惰办法是把风扇转速开足，用百叶窗开度控制温度，但这样很浪费电力。理想情况是降低风扇转速，尽量先用百叶窗开度控制温度，只有到百叶窗快开足了，才增加风扇转速，以节约能量。

实施起来，可以用百叶窗开度控制温度，但风扇转速以百叶窗开度为控制目标。如果百叶窗开度过大，比如说超过85%，就相应增加风扇转速；百叶窗开度小于85%，则减小风扇转速。这样可以使得百叶窗平均开度保持在85%左右。为了避免风扇转速和百叶窗开度因为控制温度而“打架”，风扇转速回路应该整定得较慢，甚至可以考虑纯积分，而百叶窗控制温度的回路应该较快。

百叶窗开度的设定值放在85%是为了留有一定的控制余地，直接设定到100%最节能，但一旦温度升高，就只有等风扇转速升上来，否则就失控了。可风扇转速变化是比较缓慢的，这一方面有电动机转速变化速度的限制，另一方面也是风扇转速PID整定得比较慢的缘故。

这种以“最优阀位”为目的的控制称为阀位控制（Valve Position Control），特点是阀位自身虽然可以自由活动，但有更经济但慢动作的辅助控制使其最终恢复到最优阀位。这个阀位控制也可以变一变，百叶窗开度高于某一数值（比如90%）而且还在增加时，把风扇转速调高一档，继续这个状态的话就继续加档，此时百叶窗开度虽然过大但在自然回落，风扇转速维持不变，让百叶窗开度继续自然降下来，避免“落井下石”造成超调；百叶窗开度低于某一数值（比如低于80%）而且还在继续减小时，把风扇转速调低一档，同样，要是百叶窗开度过低但已经在自然回升，风扇转速也不变，避免超调。这实际上是一个带死区的单向积分作用。换句话说，积分作用只有在百叶窗开度在这两个“极限”的外面而且“向外”

变化时才起作用，在里面时，风扇转速不变。

这样，百叶窗开度不必回到一个特定值，而是可以在一个范围（在这里就是80～90%）内浮动。

选择性控制和比值控制

另外一个由两个控制器“竞争”一个控制阀的情况是选择性控制（Selective Control），也叫作超驰控制（Override Control）或者超越控制。举个例子，锅炉的温度由燃料流量控制，温度高了，燃料流量就需要减下来。但是燃料流量不能太低，燃料管路压力低于炉膛压力的话，那要出现危险的回火。所以，燃料压力低到一定程度后，燃料管路压力就要接管控制，而牺牲炉膛温度。换句话说，正常的时候，炉膛温度控制为主导，燃料管路压力低于一定数值时，燃料管路压力控制为主导。由于这是在燃料不足的情况下才接管，所以压力控制导致炉膛过热的问题并不需要担心。在实施时，就是把炉膛温度控制器和燃料管路压力控制器的输出都交给高选器，高选器从两个输入中选择较高的那个，其输出接到实际的燃料阀。

图 2-5-8：小猪在路上走，看到有车冲过来，猪妈妈一把把小猪拉开，这也是一种选择性控制

另一个例子是汽车的防滑控制。加速踏板控制正常的行驶速度，但车轮出现打滑时，控制系统会“绕过”加速踏板，直接减少燃油喷入，降低发动机出力，避免打滑。在这个情况下，选择性控制是低选。

这个概念很清楚，但是初次接触选择性控制的人，常常容易被高选还是低选搞糊涂了：明明是压力太低，怎么是高选呢？其实，只要记住高选还是低选是从阀门这一头看的，和温度、压力的高低没有关系，就不会搞晕了。如果“非常”变量超过界限了，你要阀门开大，那就是高选；你要阀门关小，那就是低选。

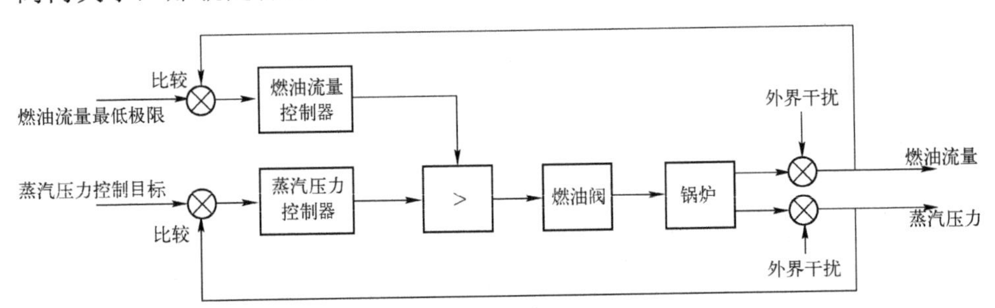

图 2-5-9：锅炉防回火控制是典型的高选控制。平时燃油流量由蒸汽压力控制，但负荷不足时，蒸汽压力可能始终偏高，按照蒸汽需求就应该继续压低燃油流量。但燃油流量过低时，可能导致燃油管路回火，所以这时就顾不上蒸汽压力了，高一点就高一点，而由燃油流量控制回路接管，确保燃油流量始终高于低限

高选和低选是可以玩出很多花样的。锅炉燃烧控制有一个空气燃油比问题：空气不足的话，燃烧不完全，严重的时候还可能造成富油环境，形成易爆条件，当然不好；空气过量，不仅降低炉膛温度，减少出力，还造成额外的氮氧化物污染，这是光化学烟雾和雾霾的罪魁祸首，也不好。

空燃比是治理雾霾很重要的一环。理想情况下，空气和燃油同步增减，保持最优比例。但实际上，应该是在加油时，确保空气先加；减油时，确保燃油先减。这样，空气和燃油回路即使动态响应速度不同，也不至于造成暂时的富油条件，避免危险。这种对燃油“后进先出”的控制可以用一对高选和低选来实现，控制流程图好像一对蝴蝶翅膀一样，很优美，很给力，业内称为交叉极限控制（Cross Limiting Control）。

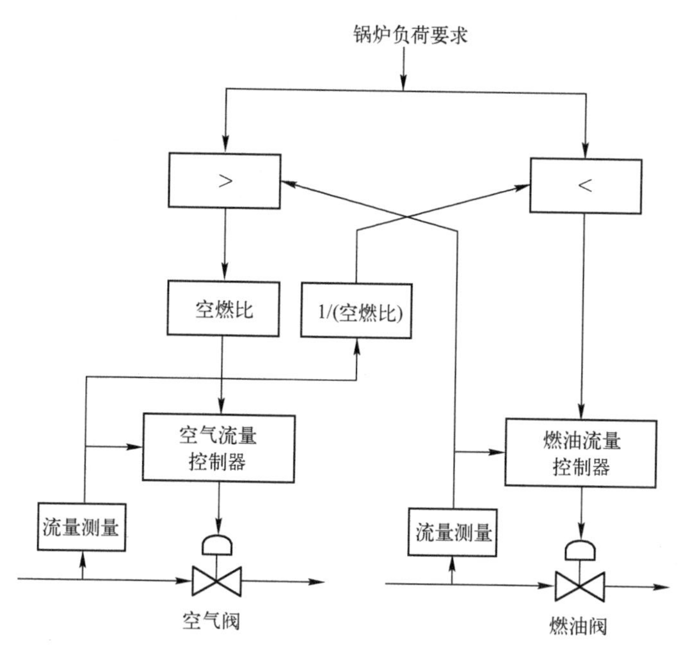

图 2-5-10：锅炉空燃比交叉极限控制，这个构思巧妙的控制保证在增加负荷的时候，确保空气先加，然后燃油跟上；在降低负荷的时候，确保燃油先减，然后空气跟上。这样的“后进先出”保证不会出现富油的危险情况

虽然这个设计构思很漂亮，但参数整定有讲究，弄不好会弄巧成拙，问题就出在这里有两个交联的回路：燃油控制回路和空气控制回路如果整定不当的话，炉膛温度偏低时要加油，空气先加，但燃油还没有跟进的话，炉膛温度已经因为过量的空气而进一步降低，导致进一步的加油指令，再次由于空气先行而炉膛温度继续降低，最终进入“死亡螺旋”。燃油回路与空气回路的响应速度相当，或者燃油回路响应更快，就可以避免这个问题。

锅炉燃烧控制是一个复杂的比值控制问题，不光要维持空燃比，还要打一个时间差，做到燃油的“后进先出”。一般的比值控制没有那么变态。但比值控制并不简单。从道理上想，用计算好的比值作为 PID 输入，不就是现成的比值控制了吗？这似乎是简单易行的好办法，但实际上有很大的问题，问题出在这里的 PID 输入是一个比值，分子和分母都是变动的。分子变动还好说，分母变动的影响是高度非线性的，其结果是本来简单的 PID 现在要面对高度非线性的过程，而这个非线性还是人为造成的。合理的做法是把比值“打散”，如果比值为 $R=X/Y$ 的话，那 $X=R*Y$（Y 是“驱动变量”，

R 是比值设定值），用一个简单的乘法器，就可以避免人为非线性的问题了。

在具体实现中，还有用 Y 的实际测量值还是设定值作为驱动变量的问题。按道理说应该用实际值，这是最反映现实的，如果可以“永远”保持与实际值的比值，这就达到了理想的比值控制。但道理还有大道理和小道理。大道理响亮，放之四海而皆准；小道理常常更接地气。这里又是小道理打败大道理的一个例子。在现实中，尽管 Y 的设定值没变，B 的测量值是不断变动的，用来驱动 X 的话，X 的设定值也就跟着不断变动，闭环控制后的实际值更要拖后一拍，如果不是更多的话，很容易放大 Y 的测量噪声，最终结果是比值不仅没有紧密保持在设定值，而且起伏变动得厉害。在实际使用中，用 Y 的设定值驱动 X 反而更好。由于 Y 的设定值相对稳定，X 也随之稳定，最终比值平均下来反而更加贴近设定值。

理论是彩色的

PID从20世纪二三十年代开始被工业界广泛应用，戏法变了好几十年，也该换换花样了。PID说一千道一万，还是经典控制理论的产物。20世纪五六十年代时，什么都要现代派：建筑从经典的柱式、比例、细节的象征意义，变到“形式服从功能”的钢架玻璃盒子；汽车从用机器牵引的马车，变到流线型的钢铁艺术；控制理论也要紧跟形势，要现代化。于是，美国人鲁道夫·卡尔曼隆重推出……现代控制理论。

线性控制

都看过舞龙吧？一个张牙舞爪的龙头气咻咻地追逐着一个大绣球，龙身子扭来扭去，还时不时跳那么一两下。中国春节没有舞龙，就和西方人的圣诞节没有圣诞老人一样不可思议。想象一下，如果这是一条眼睛看不见的盲龙，只能通过一个人捏着龙尾巴在后面指挥，然后再通过龙身体里的人一个接一个地传递控制指令，最后使龙头咬住绣球。这显然是一个动态系统，龙身越长，人越多，动态响应越迟缓。如果只看龙头的位置，只操控龙尾巴，而忽略龙身子的动态，那就是所谓的输入-输出系统。经典控制理论就是建立在输入-输出系统的基础上的。对于很多常见的应用，这就足够了。

但是卡尔曼不满足于“足够”。龙头当然要看住，龙尾巴当然要捏住，但龙身体为什么就要忽略呢？要是能够看住龙身体，甚至操纵龙身体，也就是说，不光要控制龙头龙尾巴，还要控制整个龙身体，那岂不更好？这就是状态空间的概念：将一个系统分解为输入、输出和状态。输出本身也是一个状态，或者是状态的一个组合。在数学上，卡尔曼的状态空间方法就是将一个高阶微分方程分解成一组联立的一阶微分方程，这样可以使用很多线性代数的工具，在表述上也比较简洁、明了。

卡尔曼是一个数学家，数学家的想法就是和工程师不一样。工程师脑子里转的第一个念头就是“我怎么控制这个东西？增益多少？控制器结构是什么样的？”数学家想的却是什么解的存在性、唯一性之类虚头巴脑的东西。不过呢，这么说数学家也不公平。好多时候，工程师凭想象和“实干”辛苦了半天，发现想法完全不靠谱，结果完全不合情理，这时才想起那些存在性、唯一性什么的还是有用的。还记得永动机吗？这不是勤奋加小聪明就可以发明的，不可能的就是不可能的。

图 3-1-1：本来龙尾巴这一头的控制指令可以通过一个人、一个人往前传，控制整个舞龙动作的，但中间有两个人开小差，这龙就舞不起来了，换句话说，不可控了

还是回过来看这条龙。现在，龙头、龙尾巴、龙身体都要看，不光要看，还要直接拿捏住每一个环节。但是，这龙不是想看就看得了的，不是想舞就舞得了的。说到“看”，直接能够测量/观测的状态在实际上是不多的，所谓看，实际上是估算。要是知道龙身体有多少节（就是有多少个人在下面撑着啦），龙身体的弹性/韧性有多少，那么捏住龙尾巴抖一抖，再看看龙头最后落到哪里，是可以估算出龙身体每一节的位置的，这叫作状态观测。那么，要是这龙中间有几个人开小差，手不好好拉住，那再捏住龙尾巴乱抖也没用，这时系统中的部分状态就是不可观测的。如果你一声令下，部分人充耳不闻，根本不理会你的指挥，或者说控制命令根本传不到这些人这里，那这些状态就是不可控制的。卡尔曼从数学上推导出不可控和不可观的条件，在根本上解决了什么时候才不瞎耽误工夫的问题。这是控制理论的一个重要里程碑。

再来看这条龙。如果要看这条龙整齐不整齐，排成纵列的容易看清楚；如果要清点人数，看每一个人的动作，排成横列更容易看清楚。但是无论怎么排，这条龙还是这条龙，只是看的角度不同。早些年中国的春节舞龙还没有在美国的中国城里闹腾起来，不知道卡尔曼有没有看到过舞龙，反正他把数学上的线性变换和线性空间的理论搬到控制里面，从此，搞控制的人有了新工具：一个系统横着看不顺眼的话，可以竖着看。兴趣来了，还可以斜着看、倒着看、拧着看，因为无论怎么看，系统的本质是一样的。但是不同的角度有不同的用处，有的角度设计控制器容易一点，有的角度分析系统的稳定性容易一点，诸如此类。在控制理论里，有各种特征的形式就叫这个那个“标准型”。这是控制理论的又一个里程碑。

图 3-1-2：同样一条龙，要看整齐不整齐，竖着看最好

图 3-1-3：要看每个人的动作，横着看最好，但龙还是这条龙

观测状态的最终目的还是控制。只用输出的反馈叫作输出反馈，经典控制理论里的反馈都可以归到输出反馈里，但是用状态进行反馈的就叫状态反馈了。输出反馈对常见系统已经很有效了，但状态反馈要猛得多，可以对所有零极点精确配置，而不是像经典方法那样，只配置主要零极点，其他的只是“赶”到左半平面（稳定区域）足够远的地方就行了。想象一下，一个系统的所有状态都被牢牢地瞄住，所有状态都乖乖地听从调遣，那是何等的威风？

尽管学控制的人都要学现代控制理论，但大多数人记得卡尔曼还是因为那个卡尔曼滤波器（Kalman Filter）。说它是滤波器，其实是一个状态观测器（State Observer），是用来从输入和输出“重构”系统状态的。这重构听着玄妙，其实不复杂。不是有系统的数学模型吗？只要模型精确，给它和真实系统一样的输入，它不就乖乖地把系统状态给复现出来了吗？且慢，微分方程的解不光由微分方程本身决定，还有一个初始条件，要是初始条件不对，即使微分方程的解的形式是正确的，但是数值永远差一拍。卡尔曼在系统模型的微分方程后再加了一个尾巴，把实际系统输出和模型计算的理论输出相比较，再乘上一个校正因子，形成一个实际上的状态反馈，把状态重构的偏差渐进地消除，解决了未知或者不确定初始条件和其他的系统误差问题。

卡尔曼滤波器最精妙之处，在于卡尔曼推导出一个系统的方法，可以考虑进测量噪声和系统内在的随机噪声，根据信噪比来决定上述校正因子的大小。如果测量噪声主导，那最优状态估计主要基于从系统模型重构；如果系统本质噪声主导，那最优状态估计主要依赖输出测量的校正。这是符合实际生活经验的。在战斗中，如果“战争之雾”浓重，无法得到及时、确切的敌人情报，有经验的指挥官会根据先前已知的确切情报和对敌人通常行为的了解，来凭经验对当前敌人的状态进行推断；如果敌人根本没有章法，打仗时还常常会莫名其妙乱跑，串个门、叙个旧什么的，那就只有根据当前战线位置反过来推断了。

图 3-1-4：根据经验（数学模型）推断，然后根据断断续续的情报（实际测量）修正，来推测系统状态，这就是卡尔曼滤波的基本思路

这个“预估-校正”的构型其实不是卡尔曼的独创，卡尔·隆伯格（Carl Luenburg）也得出了类似的结构，但他是从系统稳定性角度出发的，用极点配置的办法来决定校正因子，并不直接考虑测量噪声和系统噪声的问题。

同样的结构大量用于各种“预测-校正”模型结构，在工业上也得到很多应用。比如聚合反应器的分子重量分布可以用反应器的温度、进料配比、催化剂等来间接计算，但不够精确，也无法把林林总总的无法测量的干扰因素统统包括进数学模型里。这时用定时采样、中心分析室测定的真实值来定期与模型估计值相比较，计入校正因子（业内也称为“信任因子”，代表对模型计算和分析结果的相对信任程度）后，就可以结合数学模型及时的特点和分析结果精确的特点，满足实时控制的要求，这或许可以算作简易的卡尔曼滤波器。

卡尔曼滤波器最早的应用还是在雷达上。所谓边扫描边跟踪，就是用卡尔曼滤波器根据飞机的动态模型估计敌机的位置，再由雷达的间隙扫描结果来实际校正。实际应用中还有一个典型的问题：有时候，对同一个变

量可以有好几个测量值可用，比如有的比较间接而且不甚精确，但很快捷；有的是直接测量，很精确但有很大的滞后，这时可以用卡尔曼滤波器把不同来源的数据按不同的信噪比加权“整合”起来，也算是简化版的“信息融合”。关于信息融合，后面还会更多地谈到。

除了卡尔曼滤波器外，卡尔曼的理论在实际中用得不多，但是卡尔曼建立了一个出色的理论框架，对理解和研究控制问题有极大的作用。

顺便说一句，卡尔曼的理论基本局限于线形系统，也就是说，十块大洋买一袋米，二十块大洋就买两袋米，都是成比例的。实际系统中有很多非线性的问题，两千块大洋还能买两百袋米，但两千万大洋就要看米仓有没有货了，不是钱越多，买的米越多，有一个“饱和”的问题。另一方面，要是米仓有足够的货，两千万大洋的集团购买力强，或许就可以讨价还价出一个折扣价，买三百万袋米了。这些只是非线性的简单例子。所有偏离线性的问题都是非线性的。非线性的问题研究起来要复杂得多。实际系统还有其他特性，有的是所谓时变系统，像宇宙火箭，其重量随时间和燃料的消耗而变，系统特性当然也就变了。很多问题都是多变量的，像汽车转弯，不光方向盘的转动是一个输入，加速和制动也是输入变量。状态空间的理论在数学表述上为线性、非线性、单变量、多变量、时变、时不变系统提供了一个统一的框架，这是卡尔曼最大的贡献。

在实用中，可以把非线性系统按当前条件用泰勒级数展开，取线性项作为近似，这样又可以把卡尔曼的经典线性理论用上了。在实际使用中，随当前条件的漂移，重新计算近似的线性项，与时俱进，这就是简单的自适应卡尔曼滤波，也叫作增广卡尔曼滤波。不过，其是否有效取决于很多因素，本来就接近线性的容易成功，但这也不需要费自适应这个事，锁定一个近似线性项就差不多了；高度本质非线性的就比较难，但这恰恰是需要自适应的地方。没办法，世界上的事情常常就是这么拧：好做的不需要，难做的做不了。

最优控制

前面说到，搞控制有三拨人：电工出身的，化工出身的，还有应用数学出身的。在卡尔曼之前，电工出身的占主导地位，数学家们还在象牙塔里打转转，不知道外面世界的精彩，化工出身的则还对控制理论懵懵懂懂，还在“实干”呢。卡尔曼之后，一大批数学出身的人利用对数学工具的熟悉，转攻控制理论。一时间，控制理论的数学化似乎成了“天下大势，浩浩荡荡，顺我者昌，逆我者亡”了。在状态空间的框架下，多变量的问题容易研究，很快被一扫而光，剩下的都是难啃的硬骨头，于是最优化成为控制理论的新时尚。

对于一根给定的曲线，一阶导数为零的点，就是这个曲线的极点；再对这一极点求二阶导数，就可以确定这是最大点、最小点还是驻点（单调上升或者下降曲线中一个过渡的水平段）。这是牛顿老爷子就整明白的东东，现在高中或大学人人都学过这一套。但是动态系统是一个微分方程，对微分方程求一阶导数为零（采用变分法或所谓的欧拉方程。用变分法可以计算出两点之间最小距离为直线，还可以计算出最小阻力的下滑曲线是抛物线。很奇妙的东西，但这个东西用起来不方便。实际的最优控制不大直接使用变分。

俄罗斯是一个奇怪的地方。俄国人要么蔫蔫的，要么疯狂的。俄罗斯的悲剧文学看得你也郁闷地想去自杀。据说《安娜·卡列尼娜》原著连载到最后，真有人追随安娜去卧轨了。但是俄国人要是搭错筋整出一个喜剧呢？那你要么跟着疯狂，要么被逼疯狂。就是这么一个地方，除了托尔斯泰、柴可夫斯基、普希金、列宾等文艺巨擘外，也盛产数学家，其中两个是列夫·庞特里亚京和学控制的人老惦记着的亚历山大·李亚普诺夫。

庞特里亚京的极大值原理听起来吓人，说白了其实很简单。看见那山了吗？山顶就是最高点（切，这还用说？），这就是无约束最优化问题；看见那山了吗？要是在山腰画一道线，线那边是禁区，那从山下往上爬，尽管山坡还在继续往上延伸，山顶还更高，但是到线为止，不得逾越，那山腰上那道“三八线”就是最高点（切，这还用说？），这变成了约束最优化问题。当然，山腰那道“三八线”要是画到山背面去了，可以无限制地爬上山顶，这山顶还是最高点，又回归到无约束最优化问题了。这就是庞特里亚京极大值原理的基本原理。当然啦，庞特里亚京是用精巧、深奥的数学语言表述的，要不然他在数学界里也别混了。不过呢，意思就是这么一个意思。

图 3-2-1：最高点在哪里？羊走得到的最高的地方，最高点就在那里

庞特里亚京极大值原理的一个典型应用就是所谓最速控制问题，或者叫时间最优控制（Time Optimal Control）问题。简单地说，就是给定最大马力和最大制动功率，问题是怎么开汽车能够最快地从 A 点开到 B 点（什么转弯、上下坡、红绿灯，这种琐碎的事情也要拿来烦人？一点品味都没有！）。你可以用优美但烦琐的数学求证，或者用膝盖想想：最快的方法，就是一上来就一脚油门踩到底，加足马力，全速前进；然后在终点前的某一地点，一脚制动踩到底，全力减速，使慢下来的汽车在触及终点时正好停下来。这是最快的方法，不可能比这更快了。稍微发挥一点想象力，可以想象：一上来就“梆”地一下，加速踏板一脚到底；再掐好时机“梆”地一下，制动踏板一脚到底，坐等车子漂移到终点线正好停下来，控制任务就完成了。所以最速控制也叫“梆-梆”控制（Bang Bang Control）。

图 3-2-2：从 A 到 B 要最快该怎么开？一起动就油门踩到底，算好差不多了制动踏板踩到底，正好飘到停车线停下。这是最快的，不可能更快了。这就是最速控制，也叫“梆-梆”控制

最速控制在理论上是一个很有趣的问题，解法也很简洁、优美，但在实际中直接使用的例子实在是凤毛麟角。一般都是开始时用放水版的“梆-梆”，或者快速但均匀加减速到控制极限，以缓和控制的冲击力；到终点附近时，改用 PID 做闭环微调，以克服“梆-梆”对系统模型误差十分敏感的缺点。电梯控制就是这样一个例子：电梯要从一楼到四楼，一起动电动机就很快匀速上升到最高转速，一过三楼，电动机转入 PID 控制，根据电梯实际位置和楼面位置之差，有控制地减速，直至停下来。要是控制参数调得好，一下子就稳稳当当地停下来了。

最速控制问题是较早的最优控制问题，它提供了一个很有趣的思路，但这颗树上开花结果不多。相比之下，最优控制的另外一支却枝繁叶茂，有生气得多了。这一支就是线型二次型最优控制（Linear Quadratic Control）。数学是有趣的，但数学也是盲目的。在数学上，最优化问题就是一个在曲面上寻找凸点（或者凹点，两者在数学上是等价的）的问题，只要你能把一个物理问题表述成一个曲面，数学是不理会芙蓉姐还是黛玉妹的。既然如此，偏差的二次方在时间上的积分就是很自然的最优化目标函数。二次方抹杀了正负偏差的区别，时间积分则一网打尽从过去到现在所有时间的偏差。累计都最小化了，任意时间上的瞬时偏差肯定也小。二次型就是二次方在线性代数里的说法。

线型系统的偏差二次方有很好的性质，这山峰是一个馒头山，平滑光顺，形状规整，没有悬崖峭壁，没有沟壑坎坷，容易爬；一山只有一峰，不用担心找错地方。不过这山峰不能只包含控制偏差，还要包含控制量，原因有三个：

1）如果不包括控制量，那最优控制的解是没有意义的，因为无穷大的控制量可以使累计二次方偏差为无穷小，但无穷大的控制量是不现实的。

2）控制量的大小通常和能量、物料的消耗连在一起，实际控制问题一般是"在最小能量、最低消耗情况下达到最高的控制精度"，所以在"山峰"中同时包含偏差和控制量是很自然的，这确保偏差和控制量均衡地同时达到最小。

3）系统模型总是有误差的，误差"总是"在高频、大幅度控制作用下最突出，为了降低系统对模型误差的敏感性，也有必要限制控制量的大小和"活跃度"。

所以，线性二次型最优控制的"目标函数"（也就是山峰形状的数学表述）是一个控制偏差和控制量各自二次方的加权和的积分。积分当然就是"在时间上的累积"了，加权和其实就是在控制偏差的二次方项和控制量的二次方项前分别乘以比例因子，然后再相加。两个比例因子的具体数值不太重要，但相对大小决定了谁更重要。如果偏差项的加权更大，则控制精度的要求更高，但控制量就相对放任一点；如果控制项的加权更大，则控制量的使用就精打细算，而偏差就不能要求太高了。鱼和熊掌总是不能兼得的，两种做法各有各的用处。对于高精度但不惜工本的控制问题，偏差项加权可以大一点；对于马马虎虎就行了但要勤俭持家的控制问题，控制项加权应该大一点。

运用矩阵微分和线性代数工具，不难导出线性二次型控制律，而且这是一个基本的状态反馈控制律！只是反馈增益矩阵是按最优化的要求计算出来的，而不是线性控制里按照零极点配置计算出来的。

线性二次型最优控制开创了一整个新的控制领域，很快从状态空间走出来，进入其他领域，繁衍子孙，人丁兴旺。这一支是当今最优控制在实际应用中的主体。

线性二次型控制具有各种各样的优点，但是，线性二次型没有回答一个最基本的控制问题：这个闭环系统是不是稳定。这里，我们饱受惦记的怪人李亚普诺夫出场了，李亚普诺夫也是一个脑子搭错筋的人，一百多年前，玩微分方程玩邪了门，整出两个稳定性（或者叫作收敛性）的定理。前一个没有什么太了不起的，就把非线性系统局部线性化，就是把一根曲线用很多一小段、一小段的直线近似，然后按线性来分析。后一个就有点邪门了，老李琢磨出一个定理，说是对于任意一个系统，如果能找到一个自我耗散的能量函数（能量函数在数学中也叫作正定函数），也就是其数值永远为正，但随时间渐进地趋向零，或者说如果这个能量函数对时间的导数永远为负，那这个系统就是稳定的。据说定理的证明是一个天才的杰作，我等凡人只有频频点头的份。不过想想也对，系统的能量都耗散没了，系统不也就消停下来了吗？当然就稳定喽。

李亚普诺夫比卡尔曼还要数学家，他的定理只给出“如果存在……就……”，怎么找这个自我耗散的能量函数他没说，这个函数一般是什么样的他也没说。这难不倒搞自动控制的广大善男信女。不是要正定函数吗？不是对正定函数的形式没有限制吗？那就用偏差的二次方吧。二次方了就永远是正的，正好符合李亚普诺夫的要求。那自我耗散呢？先求导再说，不是有反馈增益矩阵吗？凑凑弄弄，说不定能凑出个导数为负。

说干就干，但是干着干着，好玩的事情出现了，对偏差二次方（或二次型）的求导，导出了和线性二次型最优控制推导过程中同样出现的所谓黎卡蒂方程（Riccati Equation），感情这是殊途同归呀！

换句话说，线性二次型控制总是稳定的。想想也对，线性二次型的时间积分是从零到无穷大，只有偏差渐进趋向零了，或者说闭环系统是渐进稳定的，这时间积分才是有限的，否则时间积分本身就是发散的，也谈不上什么最优了。这是线性二次型控制的一个重要贡献：把最优性和稳定性连到一起。这也指出了一个非常重要的事实：控制理论在本质上是数学，数学是相通的，可以殊途，但弄到最后，总是同归。不同的方法弄到最后常常是等价的。

再扯一句李亚普诺夫，他的第二个定理非常威猛，但是有点像一个奇形怪状的大锤，到现在人们还在找合适的钉子，好用这把大锤砸几下。线性二次型控制是已知的仅有的几个钉子之一，另一个是变结构控制（Variable Structure Control），也称滑模控制（Sliding Mode Control），适用于很大一类非线性问题，也可以用李亚普诺夫方法。只要存在一个稳定的线性“滑模”，就可以计算出确保稳定的控制律。但除了特殊结构（或者说处于特定标准型）的系统，这个稳定的线性滑模很不容易找。换句话说，正面攻不上，可以试图侧面攻，似乎势如破竹，直捣龙门。但存在真正艰难的“硬核”的话，换个方向攻，最后撞上的是同一个硬核的另一个面，真是又殊途同归了。本质艰难的问题弄到最后还是要硬啃，绕是绕不过去的。但这是题外话了。

离散控制

都说瓦特的蒸汽机后，计算机是影响人类进程最大的发明，计算机当然也对自动控制带来了深刻的影响。前面说到，控制理论基本上都是围绕着微分方程转的，所以在“本质”上是连续的。但是数字计算机是离散的，也就是说，数字控制系统的眼睛不是一直盯着被控对象看的，而是一眨一眨的，只是眨得飞快而已。数字控制系统的“手脚”也不是一刻不停地连续动作的，而是一顿一顿的，这是数字计算机的天性使然。只是数字计算机的眨眼和顿挫非常短暂，在实际上和连续动作无异。不过在数学上，这眨眼和顿挫带来很多有趣、有用的性质。

冯·诺依曼奠定现代计算机理论基础时，最关键的法宝就是二进制。二进制可以用 0 和 1 表述所有数值数据，同时还可以表述“是”“非”或者“好”“坏”这样的逻辑数据，有机地把数值计算和逻辑判断整合在同一个运算框架下，这是现代计算机无限神通的理论基础。0 和 1 的计算还可以用逻辑电路（各种门电路，如与门、非门、或门等）实现，这是现代数字计算机的物理基础。但这也带来了新的问题：数字计算机在本质上是断续（数学上称为离散）的，尽管间隙非常短暂。这样，传统的控制理论需要全部“翻译”到离散时间领域，微分方程变成了差分方程，所有方法、结论都有了连续、离散两套，不尽相同，但是对线性系统来说都大同小异。

要是数字控制就是简单的连续系统离散化，计算机控制也就没有什么了不起了。但差分方程用清晰标定的时刻之间的关系来描述动态过程，这给离散控制带来了一些连续控制所不可能具备的新特点。回到洗热水澡的例子，如果热水龙头不在跟前，而是在村头的小锅炉房里，你不能霸着电话线煲电话粥，只能每分钟用电话遥控一次，那水温或许可以表示为

下一分钟水温=0.7*现在水温+0.2*上一分钟水温+0.1*再上一分钟水温

+0.4*（5min 前锅炉房水龙头开度-6min 前锅炉房水龙头开度）

显然，下一分钟的水温受现在水温的影响比上一分钟水温的影响要大，受上一分钟的水温影响比再上一分钟水温的影响更大。不考虑管路散热的话，锅炉房水龙头开度要是不变，再过上几分钟，下一分钟的水温应该和现在的水温一样了。事实上，上一分钟和再上一分钟的水温也一样了。为什么用 5min 前锅炉房的水龙头开度呢？那是因为热水从村头的锅炉房流到洗澡房需要 5min 时间，这个时间就是滞后。

在连续时间域里，滞后是一个很难处理的事情。反馈控制是根据当前测量值做出反应的。过程滞后意味着当前的测量值实际上是滞后时间之前控制动作的结果，如果盲目地用当前的控制动作试图影响下一步的过程，就会出问题。以村头锅炉房为例，现在感觉水凉了，这是 5min 前热水不足的结果，要是现在加大热水，至少要 5min 后才显示出结果。要时刻记住这个时间差。要是不考虑这个滞后，性急地不断加大热水，5min 后水就要太烫了。但连续控制律在设计和实施中都不容易考虑这 5min 的滞后问题，在离散时间域里，这个问题就好解决了。

还是用要是上述离散模型：

未来第 6min 水温=0.7×未来第 5min 水温+0.2×未来第 4min 水温+0.1×未来第 3min 水温+0.4×（当前锅炉房水龙头开度−1min 前锅炉房水龙头开度）

未来第 5min 水温=0.7×未来第 4min 水温+0.2×未来第 3min 水温+0.1×未来第 2min 水温+0.4×（1min 前锅炉房水龙头开度−2min 前锅炉房水龙头开度）

未来第 4min 水温=0.7×未来第 3min 水温+0.2×未来第 2min 水温+0.1×未来 1min 水温+0.4×（2min 前锅炉房水龙头开度−3min 前锅炉房水龙头开度）

…

未来 1min 水温=0.7×当前水温+0.2×1min 前水温+0.1×2min 前水温+0.4×（5min 前锅炉房水龙头开度−6min 前锅炉房水龙头开度）

依次迭代进去，就可以得出未来第 6min 水温与当前和过去的水温及锅炉房水龙头开度的关系。当前与过去的水温和过去的锅炉房水龙头开度是已知的，把预估第 6min 的水温定为要求的温度，也就是设定值，就可以此为基础，解算当前所需的锅炉房水龙头开度，这就是以模型为基础的预估控制器（Model Predictive Control）的基本设计思路。

离散模型的预估作用是非常重要的特质，所有预报模型都是建立在离散模型的这个预估能力上的，无论是天气预报，还是经济预测，还是自动控制里对有滞后过程的控制。

数字控制的另一特质是可以实施一些不可能在连续时间实现的控制规律。航天飞机的末段速度控制很重要，在着陆进近时，速度变化超过预定要求达到 20km/h 以上的话，就可能会对着陆接地造成问题，不是冲出跑道终点，就是还没有到达跑道起点就触地。航天飞机是无动力滑翔着陆，是一锤子买卖，不能出差错，必须精细控制。但在再入大气层初期，速度控制也很重要，太快了要造成过度气动加热，或者导致着陆速度太高造成危险；太慢了当然也不行，飞不到着陆跑道就坏事了，航天飞机可不是什么地方都能着陆的。但是在速度高达 25 马赫的再入大气层初期，20km/h 的速度差别根本可以忽略不计，200km/h 的速度差别才值得引起注意。换句话说，设定值与实际值之差为 20km/h 并不一定很重要，但设定值与实际值相差 10%，那就需要强有力的控制校正。换句话说，控制误差由通常的差值变为比值，同样，控制量也应该由从当前值开始的增量改变为百分比式的相对变化。这样，控制律就可以表示为

当前的控制量=上一步的控制量×（设定值/当前的测量值）

也就是说，在被控变量高于设定值 10%的情况下，控制量也增加 10%；测量值和设定值一样时，控制量不再变化。实际使用时，谁除以谁要根据控制器的正反作用来决定，上面是正作用的情况，反作用的话，控制律把分子分母颠倒一下。这个控制律还可以进一步修改成为

当前的控制量=上一步的控制量×（当前的测量值/设定值）^{k}

k 次方是用来调整控制律对“偏差”（这时已经不是差值，而是比值了，严格地说，应该叫作“偏比”）的灵敏度，相当于控制增益。这个控制律实际上相当于对数空间的纯积分控制，对很多常见的非线性过程有不错的效果，实现也简单。要是有兴趣，这还可以进一步扩展为对数空间的 PID 控制律。然而，这是一个本质离散的控制律，在连续时间里无法实现。

另一个巧妙的“数字专用”控制律牵涉到系统平均停留时间。反应器的容积是固定的，但通过反应器的总流量随产量甚至产品而变。有时工艺条件可以解放出一点增产空间，有时因为市场关系而需要限产，这样通过的流量就不固定了。这可以用自适应增益来解决，但也可以换一个路子，用可变采样频率来解决。反应器容积除以通过的体积流量（也就是 L/h 而不是 kg/h）就是反应器内平均停留时间，这相当于（但不一定等于）反应器内的时间常数。数字控制通常使用固定的采样频率，但如果针对某一通过流量（基准通过流量）下某一采样频率（基准采样频率）整定 PID 参数，但采样频率与通过流量（或者平均停留时间）的比值保持固定，那按照基准情况整定的 PID 参数就可以继续使用了，而不必求助于自适应增益。这也是一个本质离散的控制律，在连续时间里无法实现。

离散控制“看一步、走一步”的特性，是连续控制很难模仿的，也是实际中极其有用的。

模型与辨识

形形色色的控制理论再牛，如果没有被控过程的数学模型，照样抓瞎。前面的洗澡水温就是一个数学模型。这个模型是杜撰的，当然可以很容易地给出所有模型参数。但在实际中，模型的结构和参数不会从天上掉下来。多少科学家毕生致力于建立某一特定的物理、生物、化学或别的学科的数学模型，基本理论机制已经清楚的模型都不容易建立，更不用说很多过程的基本机制或深层机制并不清楚。更难缠的是，现代科学是建立在学科分类基础上的，完整的物理世界被分门别类，简化、理想化，这样才有可能对某一问题深入研究。但回到物理世界中，事物都是完整的，都是相关的，要套用理论科学的简化假定必须忽略很多相关因素，但弄不好就忽略错了。所以靠机理推导被控过程的数学模型不是不可能，只是对日常的控制问题来说，并不实际，这就需要控制理论的另一个分支——辨识，来一显身手了。

在中学里，应该都做过把实验数据做图的练习。把因果数据在 *X-Y* 平面上标上，看似凌乱散落的一大堆数据点，看起来好像一条毛茸茸的猫尾巴。然后拿出一把尺子来，比比划划，在猫尾巴中穿过，尽量使得数据点在尺子代表的直线两边均匀分布，然后划线，计算斜率和交点，这就是一个直线方程了。这就是最基本的建模，建立的是最基本的线性模型。再高级一点，估摸一下猫尾巴的形状，然后用曲线版拟合一条曲线。如果这是简单曲线（比如抛物线），那确定几个特征点，就可以计算出曲线方程。复杂曲线的话要费事一点，但也是可能的。

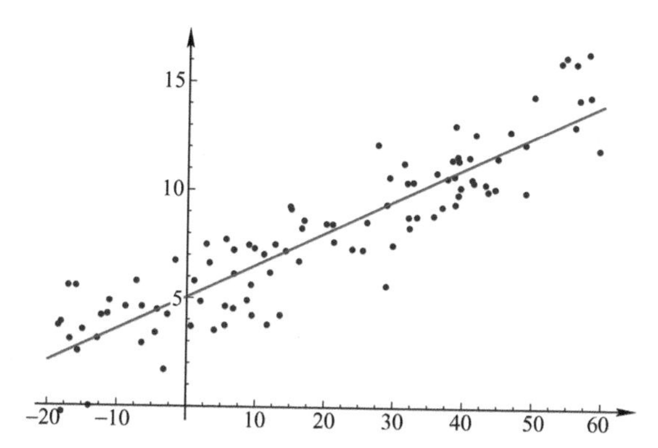

图 3-4-1：如果数据点大致形状比较简单，直线拟合就够用了

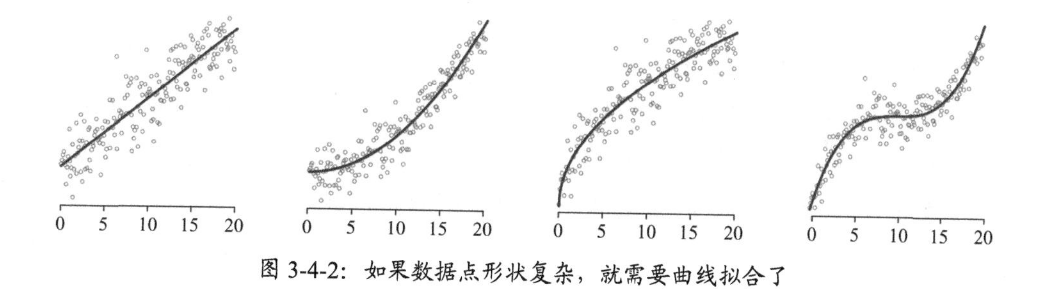

图 3-4-2：如果数据点形状复杂，就需要曲线拟合了

在图上画线总是不大方便，而且因人而异，有任意性，还是系统的计算方法好一点，更加精确，更加一致。如果给定一个模型，也就是一个数学公式，给它一组输入数据，模型就可以计算出对应的输出数据。比如说，给定模型 $y=2*x+1$，再给出 $x=1$、2、3、4，那 $y=3$、5、7、9，就这么很简单。辨识的问题反过来，先给定一个模型结构，在这里就是 $y=a*x+b$，已知输入-输出数据是 $x=1$、2 时，$y=3$、5，要求计算出 a 和 b。显然，这是一个二元一次方程，谁都会解。

在实际中，输入-输出的观察数据含有测量噪声，这对参数估计的精度不利。比如说，由于测量噪声关系，实际观察到的是 3 和 5.1，计算出来

的 a 和 b 就是 2.1 和 0.9，偏离了“真实”参数 2 和 1。另一方面，通常累积的观察数据量远远超过未知参数的个数。就是不动用数学，从感觉上，输入-输出数据越多，应该对克服测量噪声越有利。那么多数据都利用起来，测量噪声就被“平均”掉了，关键是怎么利用这“多余”的数据，怎么“平均”。一个办法是把数据组两两配对，解众多的二元一次方程，然后对解出来的 a 和 b 做平均。

还有一个办法就是有名的最小二乘法了。说穿了，就是以 a 和 b 为最优化的“控制量”，使模型输出和实际观测值之间的累积二次方误差为最小。当然，最小二乘不局限于单变量和线性的 $y=a*x+b$，还可以是多变量和非线性的。线性最小二乘问题有解析解，也就是说，有现成的计算公式。非线性最小二乘问题一般就没有解析解，需要用数值方法解算。

实际工业过程大多有多年的运行经验，大量的数据不成问题。1min 记录 1 次数据的话，一年就是 525600 个数据点。这还只是一个温度，或者一个压力。实际过程仅单一单元操作（比如一个精馏塔）就随随便便可以有几十个测量点。大修、故障、停产、启动等非常状态的数据要另做处理，不宜直接拿来用，但这不会占太多时间，要不这工厂也别开工了。几年下来，运行数据没有不够的，只有太多而处理不了的。对于大多数常见过程，模型的基本结构和定性性质也可以猜一个八九不离十，有了如此有力的数学“大锤”，那么应该轻易就能砸开一切建模的硬核桃啦！且慢，世上没有真正的“奇迹子弹”，一个问题解决了，另一个同等难度的问题又会出现。对于辨识来说，问题有好几个。

第一个问题是工业数据的闭环性。大多数重要参数都有闭环回路控制。如果没有闭环回路控制，那要么就是过程特性实在太复杂，简单回路控制不了；要么就是这个参数其实不重要，漂移一点没人在乎。然而，一旦闭环，系统的输入和输出就是相关的了。这一相关不要紧，输入-输出数据之间的因果性就全乱了：输出通过被控过程本身和输入相关（这是好的，辨识就是要测算出这个相关关系，输出要是和输入不相关，也没有控制或辨识什么事了），输入通过反馈和输出相关（这个就成问题了，扭曲了输入-输出的因果关系，现在到底谁是因，谁是果？谁在影响谁）。输入-输出一旦成为一个闭环系统，你可以用任意多条定理或方法证明同样的事：由于因果不分，闭环辨识是不可能的，除非另外加入“新鲜”的激励，比如使劲变设定值，或者在闭环回路里额外施加独立于输入、输出的激励信号，比如“莫名其妙”地把阀门动几下。弄到最后，工业在线数据到底能用多少，就不是一句话能简单回答的了。有的过程常年稳定操作，像大型乙烯装置，只有小范围的微调。这倒不是人家懒或者不求上进，而是这些装置早已高度优化，常年操作在极其接近极限的位置，而且原料和产品单一，所以工艺状况不怎么变化。这种系统的闭环数据用起来很吃力，常常必须做一定的开环试验。有的过程经常在不同的状态之间转换（Transition）。这或者是由于不同的原料，如“吃”得很杂的炼油厂；或者由于不同的产品，如从柔软的塑料薄膜到硬挺的塑料瓶盖什么都要生产的聚乙烯装置，这实际上就是“使劲变设定值”，是新鲜的激励。这种系统的闭环数据比较好用，但有别的问题，下面要谈到。

第二个问题是动态和稳态。动态模型的作用有两个：一是描述输出需要多少时间才能达到某一数值；二是输出最终能够达到什么数值。用股票市场举一个例子，你需要知道两件事，一是这只股票最后会升到多少，二是需要多少时间才能升到那里，只知道其中一个对你并没有太大的用处。当然为了简化，这里假定这只股票一路飙升，不来忽升忽降（也就是非线性）或跌买涨卖（也就是闭环影响）的名堂。这就要求输入-输出数据必须包含充分的动态和稳态信息，过于偏颇其中一方面对另一方面会不利。所以，长期稳定运行的过程中可能包含足够的稳态数据，但动态不足；常年不怎么稳定的过程可能包含丰富的动态数据，但稳态不足。用PID控制打比方，精确的稳态数据有助于计算正确的比例控制增益，精确的动态数据有助于计算正确的积分和微分增益，显然，把比例增益整对了更为重要。为了获得精确的稳态，在辨识中不仅需要过程开环，还需要等过程受到激励、稳定下来后才进行下一步激励。但是问题在于，实际过程有时时间常数很长，几个精馏塔一串联，时间常数几个小时是客气的，一两天都是有可能的。这样一来，一个不太大的模型，十来个变量，开环试验一做就是一两个星期或者更长。这不光是测试工作量和影响生产的问题了，要是一个装置能够两个星期开环，那也不需要什么控制了。

第三个问题是激励的信噪比。都说人类活动是大气中二氧化碳含量上升和温室效应的主要原因，但要是你去生一堆篝火，再去高空大气层去测一测二氧化碳和温室效应，肯定什么也测不出来，本来是多少，现在还是多少。为什么呢？不是因为这堆篝火没有效果，而是环境中的自然变化远远超过了篝火的作用。换句话说，就是噪声远远超过了信号，信噪比不足。工业测试也是一样，信号相对于噪声一定要有一定的强度，否则是白耽误工夫。信号强度最好到达使过程达到失稳的边缘，这样才好获得在大范围内都精确的模型，以便最终设计出来的控制器不光在“风平浪静”的情况下可以正常工作，在“惊涛骇浪”的情况下也能使系统恢复稳定。然而，工厂以生产为主，在一切都“斤斤计较”的今天，如此大范围、长时间的测试所带来的产品损失甚至对设备的可能危害，都是工厂极不愿意见到的。理论家们设计了一个伪随机信号，用一连串宽窄不等的方波信号作为激励过程的输入，在理论上可以使过程参数的平均值不致偏离设定值太多。但即使不惜报废大批产品，伪随机信号的脉冲宽度也不好确定：太窄了，稳态数据不够；太宽了，和常规的阶跃信号就没有什么两样了。所以伪随机信号在实际中用得很少。

图 3-4-3：激励的信噪比是很重要的，如果激励的强度远远低于噪声，则无法得到有用的数据和模型

第四个问题是输入的相关性。实际工业过程到了要用辨识来确定模型的时候，大多是单回路对付不了的情况，所以多为多变量过程。在理论上，多个输入变量可以同时变化，只要输入变量的变化是相互独立的，数学上允许多个输入变量同时变化，辨识也可以正确地辨别模型。然而，在使用实际过程的历史数据时，常常遇到多个输入变量并不相互独立的问题。比如说，在制作巧克力的过程中，香草巧克力比较“苦”，或者说不太甜，而牛奶巧克力比较甜。问题是做牛奶巧克力时，不光加糖，还要加牛奶（废话，不加牛奶那还是牛奶巧克力吗），由于牛奶和糖两者总是同时出现，或者同时消失，从纯数学角度来说，在甜度模型里，就难以辨别甜度是由于加糖的关系，还是由于加牛奶的关系。有的时候可以根据对具体过程的认识，人为地限制辨识的过程，来消除这种影响；有的时候，就不太容易了，只好不用历史数据，专门做试验，用各自独立的输入辨识模型。

第五个问题是模型结构。模型结构包括两个方面，一是模型的阶数，二是剔除在物理上不可能的模型。辨识的模型归根结底还是差分方程，这就有一个如何预设阶数的问题。回到村头锅炉房的问题，也就是到底需要考虑多少分钟前的水温和热水开度：阶数太低，会忽略很多本质的东西，比如用直线来拟合两头翘的香蕉形的数据集，总是不可能兼顾全范围的拟合精度；阶数太高，则有喧宾夺主或者被数据里的噪声所迷惑的危险，把每一道拐弯都当作真实物理现象的数学表现来拟合，对实际数据噪声过于敏感，甚至被彻底误导。数学上有很多验前和验后的检验方法，但不仅用起来麻烦，而且也需要很多经验判断。在工业上，人们有时可以偷一个懒，改用非参数模型，也就是用一条响应曲线而不是一个方程来表述一个模型，这样就可以绕过阶数的问题。但是剔除不现实的模型依然是一个手工活，需要仔细研究每一个模型，以确定模型所描述的动态关系是否合理，尤其是增益的正负和数量级，现有数学方法还是不够可靠的。

在搞模型的人中间，常常会听到黑箱、白箱和灰箱的说法。黑箱模型就是不理会实际过程的物理、化学性质，纯粹从数学出发，假设一个模型结构，然后用种种数学方法凑出一个最好的模型。白箱反其道而行之，从物理、化学性质出发，建立机理模型，在必要的时候用实验数据确定所剩不多的若干经验参数。灰箱模型介于两者之间。

黑箱模型的好处是在方法上“放之四海而皆准”，不需要对具体过程有深入的了解。但这是一种削足适履的做法，如果“足”本身形状比较好，不需要削太多就能适应，这算撞上大运了；实际世界里的“足”大多有点七歪八扭，需要削不少足，才能塞进那个履。问题是，足削得多了，这还是本来那个足吗？

由于黑箱模型可以自由假设模型结构，黑箱模型的处理和使用都比较方便。黑箱模型是经验主义的，数据里没有包含的情况，黑箱模型无法预测，所以用黑箱模型外推是一个很冒险的事情，问题在于，模型的生命力就在于外推能力。

数据点都是离散的，数据点之间是有间隙的；数据点也是有范围的，超过现有数据点的上限和下限就……没了。但模型的用处在于两点：在数据集内部填补空隙，提供“无缝数据”；在数据集上下限之外一定范围内也能适用，预测模型尤其要求如此。数据点之间填补空隙称为内插，数据点范围之外使用称为外推。外推说穿了就是一种合理猜想，“一直都是这样的，再往前走一步也应该八九不离十”。要是数据点很稀疏，或者时密时疏，在稀疏点之间的内插也具有了外推的特质，因为这里已经不是邻里之间的空档，而是无人涉足过的处女地。

白箱模型是“量身定造”的，反映了过程的物理、化学特质，对实际过程的经验数据依赖较少，对数据中不包含的情况也能可靠地预测。实际数据对白箱模型来说，与其说用来建模，不如说是用来校验模型精确度的，顶多用来测定少数几个经验参数。但是白箱模型的结构由具体问题决定，得出的模型不一定容易使用。

在实际中，人们经常在假设一个模型结构的时候考虑进大大简化的过程机理，所以模型结构不是凭空拍脑袋出来的，而是概略地抓住了过程的基本特质，然后再用黑箱方法的“数据绞肉机”（包括可调的经验参数），将简化模型没有能够捕捉的细枝末节一网打尽。这种模型结合了黑箱和白箱的特点，所以称为灰箱。在实际建模中，纯粹黑箱或白箱的成功例子很少，而灰箱的成功机会却要大得多。

不管什么箱，最后还是有一个如何辨识实际过程的问题。闭环辨识的好处不用多说了，问题是如何从闭环辨识中获得有用的模型。工业上有一

个办法（没有一个“官名”，但实际上是一个开环-反馈过程）。具体做法是这样的：先用粗略的过程知识构造一个简单的多变量控制器，其任务不是精确控制被控过程，而是将被控变量维持在极限之内，保证不致失控，一旦逼近或超过极限，就采取强力控制动作将其“赶”回极限内；但只要在极限内，就按部就班地做阶跃扰动，测试过程特性。测试的结果用来改进控制器的模型，然后再来一遍。几遍（一般两遍就够了）下来之后，模型精度应该很不错了。这个方法比较好地解决了辨识精度和过程稳定性的要求，不过要求极限之内有很大的活动空间，也要求过程特性比较“温和”、不“暴戾”，不会一触即跳，像脱缰野马一样，拉也拉不住。当然，这样的“好脾气”过程直接用常规的开环辨识，只要小心一点，一般也不至于出问题，用不着这样复杂的开环-反馈方法。还是老规矩，管用的不一定需要，需要的不一定管用，世界上的事情总是这么拧。

自适应控制

西游记里最好看的打斗是孙悟空大战二郎神那一段。孙悟空打不过就变，二郎神则是“敌变我变”，紧追不舍，最后把无法无天的顽皮猴子擒拿归案。用控制理论的观点看，这“敌变我变”的本事就是自适应控制，控制器结构根据被控过程的变化而自动调整、自动优化。

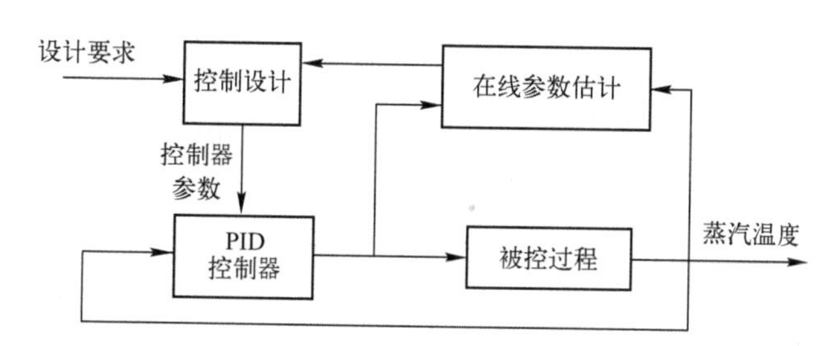

图 3-5-1：敌变我变（实时辨识过程模型），紧追不舍（自动调整控制律），这就是自校正控制的思路

自适应控制有两个基本思路，一是所谓模型跟踪控制，二是所谓自校正控制。模型跟踪控制也叫作模型参考控制，名词可能陌生，但概念并不陌生。在毛主席时代，经常树立各种榜样，目的就是要在党发出号召时，

要求普通人们比照榜样的行为，尽量调整自己的行为，使我们的行为和榜样的行为接近，如图 3-5-2 所示。这就是模型跟踪控制的基本思路，其中最出名的方法是 MIT 规则，这当然是麻省理工学院那帮人提出的。模型跟踪控制在航空和机电上用得比较多，但在过程控制中很少使用。

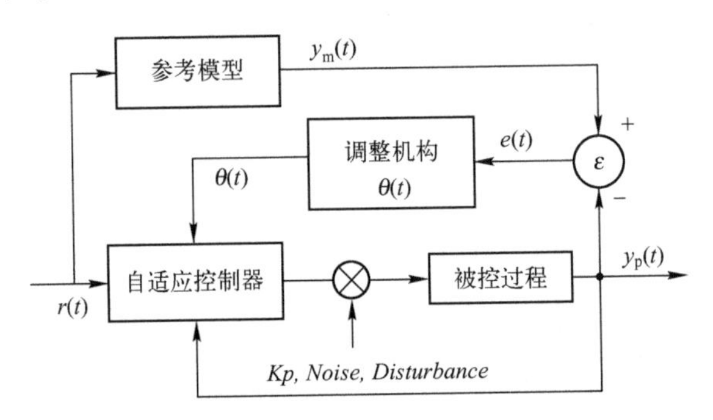

图 3-5-2：榜样的力量是无穷的，领导发话后，榜样怎么做，我也跟着做，这就是模型参考控制的思路

自校正控制的思路更接近人们对自适应的理解。给定动态模型（哪怕只有一个空架子和一堆待定参数）和控制器设计要求后，是可以得到控制器的解析解的，只要把待定参数用相关办法确定了，就可以得到具体的控制器。问题是要首先拿到动态模型。自校正控制是一个两步走的过程，首先对被控过程做实时辨识，然后把辨识出来的模型迭代入控制器设计的解析解中，实时地重新构造控制器。

控制器设计最初使用的是最小方差方法，这其实是线性二次型的一个变种，优点是具有明确的最优性，缺点是控制动作比较猛。以后也有用其他方法的，比如使用零极点配置。但说到底，这相当于对当前工作点的线性化，而且是每一个采样时刻就重做一遍线性化，在概念上可以自动补偿时变和非线性动态。自校正控制思路简单明了，实施也不算复杂，但在一开始的欢呼后，并没有在工业上取得大范围的成功，原因何在呢？

原因还是在于闭环辨识。自校正控制虽然不断改变控制器的参数，在一定程度上扭曲了固定增益反馈控制对输入、输出带来的因果关系，但是因果关系还是存在的。自校正的大问题来自于一个本质的死结：自校正如果成功，系统很快恢复稳定，然后一切都不怎么变了，自校正控制器也相当于固定增益控制器，闭环辨识的问题统统回来了。更大的问题在于“协方差爆炸”。数学上当然有严格的说法，但简单地说，就是在系统越来越稳定的过程中，自校正控制器对偏差和扰动的敏感度越来越高，最后到“万籁俱静”的时候，敏感度在理论上可以达到无穷大。然而，这时如果扰动真的来了，哪怕是小小的风吹草动，控制器也一下子就自我爆炸了。换一个说法：在线辨识需要过程处于动态中，死水一潭是无法辨识过程特性的，只有牛鬼蛇神纷纷出动，才能辨识出过程的真实特性。但辨识的目的是形成最优控制，也就是最终把牛鬼蛇神统统镇压下去。但是牛鬼蛇神都镇压之后，在线辨识就要瞪大眼睛杯弓蛇影，没有牛鬼蛇神也要草木皆兵造出几个来，导致模型失真，真有牛鬼蛇神再露头的时候，就手足无措了。

还有一个问题是实际过程的复杂性。在辨识实际过程时，最重要的步骤不是后面的“数学绞肉机”，而是对数据的筛选，必须把各种异常数据剔除，否则就是“垃圾进来，垃圾出去”，模型彻底走样。但数据筛选人工做都不容易，太宽松了，鱼龙混杂，等于没有筛选；太严格了，有用数据可能也被剔除很多，留下的数据集和导出的模型就容易误导。数学是盲目的，现实是多变的，自动筛选的结果最好还是要判断一下，不太离谱的才能用。但要实时、自动、可靠地剔除异常数据和判断自校正中控制器重构结果的可靠性，这个要求非同小可，比设计、投运一个自校正控制器费事多了。这是自校正控制在实际中成功例子有限的最大原因。

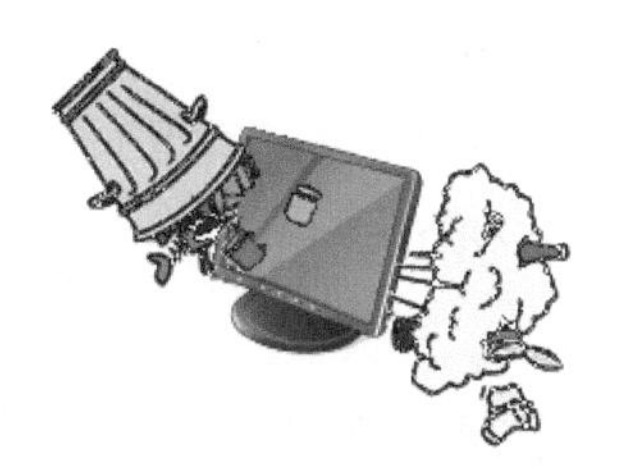

图 3-5-3：不对过程数据精选，直接交给数学工具，只能“垃圾进，垃圾出”

至于时变和非线性，由于自校正是在用定常线性模型在动态中“滑动”地去套时变非线性，好比在小范围内用直线去近似曲线，有效与否取决于时变和非线性的程度。弱时变、弱非线性没有问题，强时变、强非线性就很不可靠，但弱时变、弱非线性本来就不是难点，并不需要出动大杀器……

自校正控制从鸡胸脯变成鸡肋，只用了很短的 10 年时间。但鸡肋也是肉啊，何况这个概念那么吸引人呢！自校正本来就是“实干”的结果。瑞典天寒地冻的，人倒静得下心来，也实在，家具和汽车就不错。不过瑞典人不光会做家具和汽车，还会整辨识，顺带着就把辨识和最优二次型控制“拉郎配”了。本着“实干”精神，卡尔·阿斯特鲁姆和比杨·威腾马克在1973年首先推出自校正控制的时候，根本没有收敛性和稳定性的证明，这些工作都是后来别人做的。这是数学党所不屑的，这些基本性质都没有证明，怎么谈得上新科理论呢？但实干党最大的好处就是不教条，自校正至少在计算机仿真上很成功，工业界虽缺乏大范围成功的例子，但毕竟还是有成功例子的。

本着“实干”精神，人们进一步思考自校正问题。其实不是进一步，而是退一步，不是急于解决自校正（其实就是自整定）的具体技术问题，首先问一问：为什么要自校正或者自整定？原先的想法是：如果能做到可靠的自校正，那就可以做到控制系统设计和整定自动化了；既然能做到设计和整定自动化，那在使用中发生被控过程动态特性漂移，也能够自动适应了。简言之，这是一揽子打包服务，好像洗衣机一样，脏衣服丢进去，按钮一按，一会儿干净衣服就出来了。但实际上，自校正的用途可以分解为三种情况：

1）新过程的初始整定。由于工艺过程是全新的，自校正自动实现初始整定，减少投运中的工作量。要是过程相对稳定，自校正其实只需要一次性使用，此后没有必要连续使用。

2）周期性或者按需运行自动整定，确保捕捉住工艺过程的细微变化。这好比定期体检和补钙。这虽然不是一次性使用，但依然是间隙使用，没有必要常年运行。

3）不断变化的工艺过程需要时刻不断的自动整定，这又有两种次级情况：

① 经常性的产品和工艺转换（如不同规格的产品导致不同的工艺条件，不同的工艺组合导致过程重组）要求自动整定以随时优化回路性能。

② 本质时变或者非线性过程需要持续不断的自动整定以避免过度的回路性能损失甚至不稳定。

前两种情况和第三种情况①其实都是间隙使用，都没有必要常年运行自动整定，通过适时启动和停止自动整定，在原则上容易避免渐趋固定增益时的闭环辨识和协方差爆炸问题。前两种情况可以人工启动和停止自动整定过程，甚至人工控制注入外加激励信号，提高辨识质量，反正时间和次数有限，花不了多少功夫。这期间可以人工关注一下，确保过程数据的可用性，并且人工判断整定结果的可靠性。对于第一种情况，判断整定参数的可靠性需要经验；对于第二种情况，整定参数有历史记录可以参照，如果突然出现大幅度变动，就要找找原因，确认可靠后才能使用，并把分析过程和结果记录在案，供以后调用比较。现在已经有很多商业性自动整定应用，就是干这个用的，而且整合进工业计算机控制系统，都不用自己再编程序。

第三种情况①的发生频率要高很多，可能一两天就要来一次，全靠人工就太麻烦了，可以由控制产品和工艺转换的应用程序自动启动。由于这是正常生产过程的一部分，再注入外加激励不一定合适，但产品和工艺转换期间的过程变迁本身就可以用作自然激励。不过自动启动后，需要有一个应用程序跟随监测，在回路渐入稳定之后自动终止。

第三种情况②比较复杂，但持续不断的自动整定依然不一定是实际需要的，是有可能用辅助的监测应用启动和终止自动整定的。比如说，由回路性能评估应用自动决定是否启动和终止自动整定，如果性能尚好，就没有必要启动自动整定；如果性能退化，就启动自动整定；如果性能重归良好，就该暂停自动整定。对于真正持续不断变化的时变和非线性系统，回路性能很可能永远也不会真正稳定下来，最多只是稳定在一个较小的波动范围内，这样反倒不会陷入协方差爆炸这样的困境了。

说到回路性能评估，传统上，如果操作人员不抱怨，控制回路的性能就是可以接受的，除非你想精益求精，否则一般不会去没事找事，重新整定参数。在对经济效益斤斤计较的今天，生产过程的工艺条件被推到极端，对控制性能提出极大的挑战，控制回路必需时时、处处都在最优状态。随着控制回路数的迅速增长，单靠人工观察，已经难于随时掌握所有控制回路的性能状况了，控制回路性能评估技术应运而生。

理论上，对一个过程可以设计一个最优控制，其中一种就叫作最小方差控制。这其实是一种变相的线性二次型最优控制，控制作用比较猛。但是这是理论上的极限，控制方差不可能再小了。20 世纪 90 年代时，控制理论界提出一个方法，可以用闭环辨识的方法，不辨识过程的动态模型，而是直接确定理论上的最小方差，然后将实际方差和理论上的最小方差相比，判别控制回路是否需要重新整定。这个方法开创了控制回路性能评估的先河，但是在实用上不容易排除扰动影响，应用不多。

然而，不和理论上的最优值比较，而是和实际上的期待值比较，就可以绕过很多麻烦的理论问题。比如说，流量回路在 1min 内安定下来，那已经够理想了，那期待值就是 1min。通过快速傅里叶变换和频域分析，可以将期待性能和实际性能相比较，迅速确定回路的当前性能状况。最要紧的是，这可以用计算机自动采集数据，自动计算，每天早上（或随便什么时候）给出报表，自控工程师可以一目了然，哪些回路需要重新整定，哪些没有问题，可以有的放矢。实时频域分析还可以将所有以相近频率振荡的回路罗列出来，接下来自控工程师就容易按图索骥，找出害群之马了。

在很长时间的食之无味、弃之可惜之后，自校正可能真正找到自己的位置。谁知道呢？把鸡养肥了，鸡肋也就有肉了嘛！

模型预估控制

自动控制从一开始就是以机电控制为主导的。20 世纪 60 年代数学党主导了一段时间后，70 年代化工党开始“小荷渐露尖尖角”。自校正控制已经有很多化工的影子了，但化工党的正式入场之作是模型预估控制（Model Predictive Control，MPC）。这是一个总称，其代表作是动态矩阵控制（Dynamic Matrix Control，DMC）。DMC 是查理·卡特勒的博士论文，最先在壳牌石油公司获得应用，之后卡特勒自立门户，创办 DMC 公司，很是成功，现在是 Aspen Technology 公司的一部分。

数学控制理论非常优美，放之四海而皆准，但是像老虎一样，看起来威猛，却是干不得活的，干活还得靠老牛。DMC 的成功之处在于应用伪理论，将一些本来不相干的数学工具一锅煮，给一头老老实实的老牛披上一张绚烂的老虎皮，在把普罗大众唬得一愣一愣的时候，悄悄地把活干了。

DMC 将非参数模型（在这里是在基本达到稳态后截断的阶跃曲线）放入线性二次型最优控制的架构下，成功地解决了多变量、滞后补偿和约束控制问题。多变量的含义不言自明，滞后放在离散动态模型下也容易实现预测，这也没有什么稀奇；稀奇的是，DMC 用“土办法”解决了约束控制问题。

所有实际控制问题的控制量都有物理极限。汽车加速时，油门踩到底了，那就是极限，再要多一马力也多不出来了；冬天房间里冷了，暖气开到最大，那也是极限，再要多一分暖气也多不出来了。但常规的线性控制理论是不考虑这个极限问题的，需要多少控制量就是需要多少控制量。

在大部分连续过程控制问题中，控制量大多是在“游刃有余”的范围里动作，不常碰到极限问题，所以常规控制理论还是可以使用的。但现代工业过程不断受到增产节能、改善质量的强大压力，每一个角落的任何潜力都要“榨”出来，以达到最大效益，这就使得很多控制量经常需要在极限位置运作。另一方面，工业控制问题有两大类，一类要求精确控制在目标值（设定值），比如汽车的巡航控制，设定在 100km/h，那就应该尽可能精确地控制在 100km/h，速度飘高了警察不满意，速度飘低了驾车人不满意。这种控制目标是“双边”的。

但炼油厂生产汽油的辛烷值就不一样了：对于一般人来说，这就是汽油的标号；对于炼油厂来说，产品汽油的辛烷值低了不合格，但高了那是“白送”，用户是不会为额外的质量而多付钱的。因此控制目标是“单边”的，只要不低于辛烷值指标，越低越好。但低于指标了，那就是次品。

单边控制和控制量受约束都是约束控制问题，都无法用常规控制理论分析和解决。

庞特里亚金的最大值原理在理论上可以处理约束控制问题，在实际上很难求出有用的解来，最速控制是一个特例。那 DMC 是怎么解决约束控制问题的呢？

单变量控制的时候，约束控制还比较简单。控制量达到最大了，就不能再增加了，后面的系统响应就是固定输入下的动态响应，只能眼睁睁地看着它飘到哪里是哪里了。但多变量的时候，情况可能不一样，会有好几个控制量都能影响某一个输出的情况。某一个控制量达到极限了，其他控制量可能可以加把力、帮一把，依然把输出拉回来。比如煤气热水器加温时，控制目标是保证热水温度，如果煤气已经开足了，那就是达到极限了，这时要是水温依然偏低，可以降低水流量来帮助水温回升，这就是一个双输入、单输出的控制问题，两个控制量都对水温有影响，可以互相帮忙。

在数学上，当某个控制量达到极限时，这个控制量就固定在极限值上了，这就不再是待求解的变量，而是已知量。把极限值代进去，将控制矩阵中相关的行和列抽出来，放到已知项那边合并，重新排列矩阵，剩余的接着求解，就可以解出其余的控制量。

控制量受限时的降阶求解没有太大的稀奇，令人头疼的是如何处理输出约束的问题。DMC 把线性规划和控制问题结合起来，用线性规划解决输出约束的问题，同时解决了静态最优的问题，一石二鸟，在工业界取得了极大的成功。

自卡尔曼始，这是第一个大规模产品化的“现代控制技术”。卡特勒在 DMC 上赚了大钱，在“高技术泡沫”破碎之前把公司卖给 Aspen Technology，更是赚得钵满盆溢。他女婿是一个医生，在美国，医生和律师都是高收入行业，拖了同行后腿的不得志的穷律师其实不少，不过穷医生就罕见了。但 DMC 的诱惑一定太大，卡特勒的女婿也不行医了，改行搞过程控制，跟着卡特勒干了。不过据说医生执照还在，办公室里有人头疼脑热的时候顺手开个药方，部下连请病假都没有借口了。

DMC 还号称可以处理非线性问题。非线性一直很难打开局面，首先在理论上就难以建立统一、简洁的数学模型。线性之外的都是非线性，这可如何统一、简洁得起来呢？线性模型之所以简洁，是因为只要有时间滞后、增益、零点和极点就可以精确定义系统的动态特性，这也叫作参数模型。但 DMC 采用的是所谓非参数模型，也就是直接采用离散化的阶跃响应曲线。不管线性还是非线性，任何系统给一个阶跃输入的话，必定有一个阶跃输出响应，这就是非参数模型的好处。

参数模型必定可以形成阶跃曲线，形状还比较规则，大多为指数飞升曲线的某种变形。非参数模型就不一定能还原成参数模型，而且没有特定的曲线形状，可以是指数飞升曲线，也可以像桂林山水一样起起伏伏。以非参数模型为基础的 DMC 不管这阶跃曲线是什么样子的，一概囫囵吞枣，可以把控制输出计算出来。因此，即使阶跃响应曲线拐上几拐，不挑食的 DMC 也照单全收。这就是 DMC 有能力控制非线性系统的依据。但问题在于阶跃曲线在本质上只反映线性过程的特征。线性过程不管给以什么样的阶跃输入，包括不同基准值、不同变化幅度或者不同变化方向，响应的时间常数是一样的，增益也是一样的，导致阶跃曲线的形状是一样的。这个“一样”正是经典的线性控制理论的基础，任何控制计算都是基于这个“一样”所做出的预测和反推。

但本质非线性的过程在不同的阶跃输入激励下，会有不同的响应。比如说，炖肉的酥烂程度和炖的时间有关。刚开始炖了才 1h，时间加倍到 2h，酥烂效果改进很明显；但已经炖了 4h 了，再加倍到 8h，效果就不明显了。如果这不是家里一锅一锅地炖，而是工业化生产用流水线在很长的加热炉里炖，一头进，一头出，在炉子里从一头到另一头可以用传送带速度控制炖肉的时间，这就是很实际的非线性问题，由阶跃曲线得出的增益会由于工作点的不同而改变。DMC 到底用哪一个条件下的阶跃曲线作为模型呢？所以，所谓 DMC 可以处理非线性是在打马虎眼。如果实际过程的非线性不强，根本可以忽略它；如果实际过程有很强的非线性，DMC 同样抓瞎。好在实际过程由于各种原因常常可以用线性模型简化，或者在工艺参数范围内只有不强的非线性倾向，这使得 DMC 在很长时间里可以夸口而不被戳穿。

DMC 的英明之处在于从实际需要入手，不拘泥于理论上的严格性、完整性，人参、麻黄、驴皮胶、红药水、狗皮膏药、磺胺、青霉素、胰岛素统统上，不管药理，只要管用就行。在很长一段时间内，DMC 的稳定性根本没有办法分析，但是它管用。搞实际的人容易理解 DMC 的歪道理，但搞理论的人对 DMC 很头疼。

DMC 打开局面后，一时群雄蜂起，但尘埃落定之后，如今还在舞台上的不多，只有三家比较滋润。除了 DMC，Honeywell 的 RMPCT（Robust Multivariable Predictive Control Technology）是一个中国同胞开创的，他的独特之处在于引入“漏斗”概念。大部分控制问题都有一个特点：如果扰动当前，重点是赶紧把系统响应拉回到设定值附近，在开始的时候有相对小的控制偏差就足够了；但时间一长，系统响应应该回到设定值附近，这时消除控制偏差就是重点。换句话说，这就像一个时间轴上滑动漏斗（frustum），控制目标是确保偏差落在这个滑动的漏斗里。这个概念对复杂过程的 MPC 参数整定非常有用，在其他公司的产品上也已经出现了。

第三家就是方兴正艾的 Pavilion Technology 的产品，特色是将神经元技术（Neural Net）和 MPC 结合起来，号称可以有效地处理非线性过程。神经元曾经被吹得神乎其神，作为人工智能的主要分支，有望模仿人类思维，云云。实际上，神经元模型没有什么神秘的，说穿了，就是具有某些特定复杂形式的回归模型，到底与人类脑神经元有多少相似之处也难说。神经元模型在后面人工智能的部分还要谈到，一个大问题是神经元模型比普通的回归模型更不适宜内插和外推。直线模型是“刚性”的，多项式模型也有相当的“韧性”，不会胡乱拐弯。神经元模型则不同，可比具有任意柔韧性的棉纱线，一方面可以高度精确地穿越数据集内的所有数据点，另一方面把数据中的噪声也一起纳入模型中，最糟糕的则是“无原则”地贴近实际数据之后，在数据点之间和数据集极限之外的行为高度不可预测，可以在数据集内“随大流”几乎线性上升后，在上限之后莫名其妙地拐上几拐，甚至雪崩式跌落。完全没有结构限制的神经元模型在数据集极限外的行为，在某种程度上不取决于“大趋势”，而是取决于最接近数据集极限的几个数据点的分布，这在使用上很容易出问题。

那么，如果不考虑模型内插和外推的情况，就在数据集的大框框内使用，像 Pavilion 那样用神经元，是不是就所向披靡了呢？也不尽然。Pavilion 继承了 DMC“不问理论、唯实用是问”的好传统，但是基本骨架还是线性的 MPC，只是用静态的神经元模型时不时地做一个线性化。问题是 MPC 的强项之一在于预测，只有预测才能做到时滞补偿。但预测可以看作是离散域里的卷积，预估控制所依据的卷积在本质上是线性的，只有线性系统的卷积才可以把输入向量与增益矩阵“干净”地分离，才能得到控制量的解析解。但真正的非线性系统做不到这样的分离，所以在理论上无法得到预估控制严格的解析解。所以 Pavilion 和 DMC 一样，也是在“捣糨糊”，只是基于实时线性化的“伪非线性”。

神经元模型高度依赖数据集的质量，而且缺乏内插、外推能力，在实用中有独特问题。比如说，工厂不断开发新产品，过程参数范围总是有或大或小的变动，历史数据集在大体上还是可以用的，但很多局部细节就不一定了。传统模型可以用相对良好的可内插性和可外推性继续对付一阵子，但神经元模型到底能不能继续用，就很难说了，这时神经元模型对数据集“特别忠实”、越雷池一步就可能出现不可预测行为的特点反而成了负资产。

Pavilion 现在依然提供神经元模型的能力，但转为推荐采用基于机理的传统经验模型，尤其对经常有技术改造、产品更新需求的复杂过程。不用神经元模型，改用显性的非线性静态增益模型后，模型结构清晰、易见，容易更新，从形式到参数都容易甄别可信性，甚至有具体的物理解释，这是 Pavilion 的一个强项。但 DMC 和 RMPCT 现在也具有类似的静态非线性功能，这东西既然没有多少理论背景，光一个概念那是窗户纸，一捅就穿的，谁都不可能专美太长时间。

这三种比较典型的模型预估控制技术都能比较有效地处理多变量、受约束的最优控制问题，在理论上，做好模型辨识后，只需要很有限的参数调试，就可以投运工作了。但在实际上，投运时照样要做大量调试，相当于 PID 的参数整定。只是参数的数量大得多，不仅有更多种类，还要相互影响，需要同时调试大量的回路，本来就是多变量嘛。

计算出来的控制参数在实施时，会放上安全系数。这和一般工程设计一样，由于模型误差，数据不精确，初始设计不能太“满”，初始控制律不宜过于强势。和 PID 整定一样，不放心或者吃不准的时候，首先把所有回路的控制作用都放慢，使回路响应冷静下来，最低限度不要让它们左右手互搏，自己把自己弄得很激动。

由于多变量需要整定的参数更多，各家的参数名称有所不同，但大体都有控制作用抑制因子（Move Suppression）这样的东西。这实际上就可以对应于 PID 里的比例增益，不过是反过来的，抑制因子越大，相当于增益越小。另外就是价格因子，这是最优控制里的加权因子，哪一个变量的权更大，最优控制律就格外关照，首先把它“赶”到设定值，所以这可以比照为积分作用。这和积分时间又是反的，价格因子越大，相当于积分时间越小。微分作用没有太直接的对应。采用滑动漏斗概念的话，漏斗的深度和开口大小又是一堆可调参数。不过在多变量情况下，参数整定牵一发而动全身，很不好弄，有的时候需要采用一点“反常识”的小诀窍。

PID 是不用过程动态模型的，拉上来就直接参数整定。模型预估控制自然要首先建立过程动态数学模型，方法不外是前述辨识方法，然后根据动态模型可以直接计算控制律，理论上不需要参数整定，就可以直接投用使用。如前所述，实用中总是先打上个安全系数。

另外，多变量控制的模型结构有讲究。在理论上，多变量模型当然是多输入、多输出的，只要在现实中存在影响关系，所有输入-输出对的动态行为都要在模型中反映出来。但多变量的一个有用的特例是多回路，也就是说，所有模型都在对角线上，非对角线上的元素为零，输入-输出对之间没有交叉影响。这实际上是单变量的简单堆积，并不是多变量。真正的多变量自然在非对角位置上也有模型，这也是经典做法。在辨识的时候，对角线、非对角线统统辨识出来，只有在非对角模型几乎可以忽略不计的时候才置为零。

这样"真正"多变量模型的好处是可以充分利用多变量交互作用的"借力"，在主要控制作用用尽的时候，通过次要控制作用发生影响，继续保持控制。但这样做的坏处也正是来自于次要控制作用的影响较难直观预测。在主要控制作用用尽或者受到限制的时候，不经过严格的数学计算，很难预测究竟哪个次要控制作用会自告奋勇。这对调试和运作中的现场观测和理解控制器的行为是一个不小的困扰，很容易被控制响应搞糊涂。更大的问题在于，次要控制通道通常增益较小（否则就是主要的了），需要的控制动作较大，模型误差的影响太大，容易帮倒忙。

为了限制这样难以预测的次要控制作用，并简化参数调试，有时候特意把动态模型对角化，也就是说，人为把非对角模型设置为零，有意忽略交互影响。当然，如果到此为止的话，那也就不是什么多变量控制了。

重新引入多变量交互作用的途径是前馈。或者说，把非对角变量作为前馈变量加回来。这其实是伪前馈，真正的前馈是不受控的干扰变量对输出的影响，但这里的输出变量受的是控制变量的影响，只是上一步甚至更早以前（因此也是已知）的控制变量的影响。

这既在意料之外，又在情理之中。过程模型的最终输出是过程模型本身和前馈模型两者相加。换句话说，任一输出受到所有输入的影响最终都是反映出来的。从这一点来说，不考虑时间差的话，把多变量交互作用放在过程模型本身还是放在前馈模型里没有太大的差别。但把非对角影响按照前馈处理的话，控制变量的解算极大简化，而且消除次要控制作用的不

可预测因素，关系比较清楚，不大会出意外。

这样做的坏处是只适用于变化相对缓慢的过程，因为伪前馈的驱动变量是上一步的次要控制作用变量，只有在过程变化缓慢的时候，这一步之差才无关紧要。但这样做的好处是把多变量问题简化成多个单变量问题，也避免了受约束情况下控制律“乱点鸳鸯谱”。

对角化的另外一个好处是可以不受过渡响应（Transient Response）的干扰。过渡响应是多变量特有的。对角线上的输入-输出对的动态响应与一般单变量动态过程没有什么差别，但非对角的次要输入的作用有时候可以呈现“过渡响应”。也就是说，在初始响应之后，会随时间消失归零。这常常是多个相邻的次要输入在动态各显身手但在稳态互相抵消的结果。具体来说，大家有幅度相似但正负相反的增益，但时间常数各有不同。因此，在稳态时互相抵消，但在动态中，可以有某一次要输入暂时主导而呈现出动态响应。对于这样的过渡响应，最好的办法是以不变应万变，不要闻鸡起舞，让它自然消失。模型有助于正确预估过渡响应，对角化则避免了闻鸡起舞。

对角化伎俩对维数较低（输入-输出对的数量较少）但过程特性高度复杂的问题比较有效，先解决主要问题，再解决次要问题，一步一步来，而不是一锅煮。但要等得起，而且问题不能太多，否则越是有先后，积累的问题越多，最终就顾不过来了。对于过程特性不复杂但高度交联而且输入-输出对数量很大的情况，还是直接用多变量比较好，对角化反而容易聪明反被聪明误。

模型预估控制的另一个伎俩是利用轨迹。无论是什么控制技术，通常都是针对具体的给定设定值或者可测干扰的。即使预先知道设定值在接下来的 2h 里会稳步上升（比如预知生产计划要求的产量调整），或者可测干扰会周期性变化（如昼夜温度对冷却塔的影响），也无法利用这样的信息，因为设定值或者可测干扰是作为一个数值输入的。

但模型预估控制可以把相关变量作为一个从现在为未来特定时刻的轨迹输入。这样做的好处是可以在控制计算中把未来因素通盘考虑，而不需要临时抱佛脚，尤其是知道佛在走，要抱佛脚还要跟上佛的脚步才行。

这对串级使用的模型预估控制也很有用。模型预估控制和 PID 一样，也可以串级。模型预估控制的串级也可以利用轨迹的概念。主回路不仅计算副回路的设定值，还可以计算一条设定值的轨迹，一并输入副回路，尽管实施的时候只实施第一步。

实践经验表明，相比于只看当前值的传统方法，轨迹方法对提高回路性能有很大的帮助。

前面说到 PID 在当今过程控制中占比至少 85%，那 MPC 就要占 14.5%了。

中篇
计算机与控制

冯·诺依曼发明二进制和美国陆军委托宾夕法尼亚大学研制“埃尼亚克”计算机的时候，大概谁都没有预见到计算机和数字技术引发的深刻科技革命。计算机从模仿机电控制系统开始，演变到无所不见、无所不及的千手千眼大神，再演变到网络化、虚拟化的存在，彻底地改变了自动控制的面貌。曾经在不太久远的过去，仪表与自动化是混为一谈的。现在，自动化与计算机的关系可能更加紧密。不过，自动化既不等同于仪表，更不等同于计算机。如果说数学工具好比画风、画笔，仪表、计算机就好比画板、画布，这是画画的两个方面，画画的人永远是自控工程师。但是计算机的世界真精彩，这是虚拟的画布，摊平了可以画画，搓圆了可以雕刻，拉长了可以……发挥想象力吧！计算机的数字性和互联性在曾经以为是石墙的地方打开了门窗，走出传统的自动化，外面是全新的天地：大系统实时最优化、实时故障诊断和预测、大数据、人工智能……更重要的是，从门窗可以走出去，还可以走进来，这些新鲜的名堂正在反刍回来，使得传统自动化如虎添翼。

0 和 1 的故事

时至今日，潮人们手里没有一个智能手机，都不好意思见人。智能手机不仅是通信工具，也是生活、商务、游戏和专业应用的平台，它已经是一台功能相当强大的手持计算机了。20 世纪 60 年代时，“阿波罗”飞船创造性地使用 DEC PDP11 小型计算机控制飞船操作，开创了计算机控制的时代。DEC（数据设备公司）在划时代的 PDP 系列之后再接再厉，推出具有小型机的成本、大型机的功能的 VAX 系列超级小型机，继续睥睨世界，但如今已经尸骨无存了，在 1998 年并入制造个人计算机的 Compaq（康柏）。2002 年，Compaq 并入惠普，不过如今的惠普服务器中还有多少 DEC 的血脉已经难说了。

图 4-0-1：阿波罗 11 号飞船的计算机导航控制，如今智能手机的计算能力都超过这样的系统

今天智能手机的计算能力超过控制“阿波罗”飞船的 PDP11 一点悬念也没有，相差的只是输入输出处理能力，但这不是无法弥补的。事实上，今天普通计算机也可能比相当先进的专业计算机控制系统的 CPU 的运算速度更快。F-22 战斗机的计算机架构就是用 PowerPC 为核心的，运算能力早已落后于如今的办公桌计算机里的多核 CPU，它是 20 世纪 90 年代 IBM、

苹果、摩托罗拉合作的产品，本意是与Intel竞争，但后来“流落”到专用市场，如今已经淡出主流了。

图 4-0-2：当年编程序都要打印出来，这当然是很大的编程工作量了，但这是从顶层到底层所有代码都要白手起家的年代，所有代码统统在这里了。如今智能手机从操作系统到App到硬件控制所有层次的代码要是统统打印出来，绝对不止这些

现在依然在大量使用的霍尼韦尔 TDC 系统的核心 CPU 是摩托罗拉68040，这是和英特尔80486同时代的东西，停产都不知道多少年了，除非到华强北去翻垃圾堆，备件都不好找。霍尼韦尔有先见之明，早早囤积了一批摩托罗拉68040芯片，但坐吃山空，库存越来越少。工业界需求倒还继续旺盛。工业自控并不需要花里胡哨的应用，需要的是绝对可靠。老东西知根知底，用着放心，弄得霍尼韦尔只有用现场可编程序门阵列（FPGA）和软件模拟的CPU替代，延续产品线。

图 4-0-3：现在依然主流的工控系统还在用摩托罗拉 68040，这是苹果 MacIntosh Quadra 时代的芯片，CRT 显示器和软盘驱动器对现代人已经是遥远的过去了

从石器时代到机器时代

在石器时代，人们日出而作，日落而息，朝夕鸡犬相闻，老死不相往来。早期控制系统也差不多，都是现场仪表，不仅直接安装在现场，还互不沟通，没有中央控制室的概念。这样的控制系统直接控制单一设备或者过程的单一参数（如流量、压力）还行，但连串级也做不了，更不用说采用数学模型的先进控制了。

随着生产过程的大型化、单系列化（主要设备都是单一的，取消并行的或者在线备用的设备，以最大限度地提高产能和效益、降低投资和消耗），控制集中化越来越必要。这不仅有利于集中监控，也有利于搭建串级、前馈、分程、比例等超过简单单 PID 回路的控制回路，高度模块化、可以组合搭接的气动单元仪表应运而生，简称气动仪表。

过程工业（如化工、炼油、冶金、造纸、纺织等）具有较高的防火防爆和可靠性要求，压缩空气驱动的仪表具有本质安全的特点，是天然防火防爆的。压缩空气管线和机械动作机构的可靠性知根知底，只要保持高标准的定期检修，很高的可靠性是可以保证的。气动仪表用膜盒、连杆和弹

簧的巧妙组合来实现 PID 甚至一定的计算功能，参数设定通过杠杆支点和弹簧硬度等机械手段实现。

图 4-1-1：气动仪表本质防爆，但接线（实际上是接管）和组态麻烦，连搭接个串级系统都要费很大的事。图中细管就是压缩空气信号管。这里只是个简单的实验室系统，工业系统要比这复杂得多

压缩空气不仅是信号，也是驱动动力。同样的信号铜管不仅连接控制器（比如串级的主副回路），也连接并驱动气动控制阀。对于气动阀来说，压力变化既是信号（标准变化范围为 0.2～1.0kg/cm^2），也是通过膜盒驱动阀杆的动力，就像驱动活塞一样。更有甚者，需要加大阀杆出力的话，只需要加大膜盒，当然仪表空气系统的压缩机要相应增大出力，维持压力。

但气动仪表也有天然的缺点。仪表工不仅是管子工，也是机修工。硬管连接使得灵活改变系统组态很困难，接头泄漏、长距离管线压力损失、机械磨损、弹簧老化都是问题。气动信号传输还有本质的传输滞后问题，使得控制不及时，这对厂区很大的大型装置来说，问题尤其严重。气动计算单元也很麻烦，弄得在线仪表连做一个加减乘除都吃力，有时只能借助电动仪表的计算单元，再做电气转换连入气动仪表体系，很是麻烦。

图 4-1-2：电动仪表的接线要“干净”很多，这是控制室后排柜里的典型接线

电动单元仪表（简称电动仪表）的特点相反。电动仪表的出现和气动差不多时候，不仅容易连线，容易实现计算功能，传输滞后几乎可以忽略不计。电动控制阀用电动机驱动螺杆，成本还低。但早期电子元器件可靠性不好，与高维修、高可靠的气动仪表相比，电动仪表时不时会来一点莫名其妙的故障，系统可靠性较低。更大的问题在于大功率电动装置容易产生火花，在易燃易爆场合有安全使用的问题，这个问题很难解决。与气动控制阀相比，电动控制阀的动作也较慢，动作精度较低。

随着电子技术的进步，元器件可靠性的问题解决了。采用本质安全的元器件和电路设计后，变送器（传感器）的能量水平很低，还容易通过限制电流（标准电流为 4～20mA）、强化接地和隔离做到本质防火防爆。但电动阀就难了，本质安全的电动阀还是近年的事，而且动作速度和精度依然是问题，好在容易做成大口径阀，所以较多用作隔离阀，而不是控制阀。

长期以来，过程工业一直将电动和气动混合使用，控制仪表和传感器为电动的，但控制阀还是气动的，在电动仪表的输出级通过电气转换与气动控制阀连接。传统上的电气转换还是在中央控制室集中进行，然后把压缩空气信号管线拉到现场的控制阀。现在则更多地把低能量 4～20mA 电动输出信号直接拉到现场，仪表空气源也拉到现场，电气转换整合在气动控制阀内，一头连上 4～20mA 电信号作为控制信号，一头连上 0.2～1.0kg/cm^2 仪表空气作为驱动动力，这样连气动信号的传输滞后问题也解决了。

气动阀还有失控安全的好处，这是针对控制系统灾难性全面故障的情况。控制系统灾难性全面故障包括断电、断气、计算机宕机等，会导致系统全面失控。这不是说系统会自我爆炸，而是人工或者自控系统都失去了干预的能力。即使冲进现场转动手动阀，那也需要时间。大型装置动辄几百个阀门，都靠手动，事故很可能就扩大了。失控安全（Fail Safe）位置有三种：失控全开（Fail Open）、失控全关（Fail Closed）和失控原位（Fail Last）。失控全开指失去控制信号或者驱动动力时，阀门无论处在什么开度，都会自动全开；失控全关则正好相反；失控原位则保持失去信号前的最后位置。锅炉的燃油阀应该在事故的时候自动关闭，切断燃油供应，因此燃油阀应该是失控全关；系统过压放空阀应该在失控时全开减压，因此放空阀应该是失控全开。失控原位的情况很少，但还是有，比如控制机房空调系统的阀门，不影响安全，但失去信号后，全开或全关都不妥，维持原位、保持温度更好。

电动系统断电后，电动阀保持原阀位，不动了，是天然的失控原位，要做到失控全开或者全关却不容易。气动阀相反，失去信号后，弹簧使得膜盒自然回到原位，膜盒原位是全关，这就是天然的失控全关阀；膜盒原位是全开，这就是天然的失控全关阀。这使得气动阀十分适合过程工业本质安全设计的需要，这也是气动阀大量使用的另一个原因。前面在谈到选择性控制的时候，提到气开阀和气关阀，气开阀与失控全关阀是对应的，气关阀与失控全开阀是对应的。气动阀要失控原位必须自带压缩空气瓶和稳压装置，很麻烦、很少用。

进入计算机时代后，计算机控制的优越性无可置疑。在物理层面上，计算机控制可看作叠加在电动仪表之上，依然采用 4～20mA 电信号（现在也用编码的数字信号，但电气上依然是 1～5V）作为传感器和控制信号，最后用电气转换驱动气动控制阀。但在很长时间里，计算机的成本太高，可靠性不足，工业界也缺乏技术支援资源，计算机控制还是一个稀罕的事情。在 20 世纪 70 年代，美国 Foxboro 公司推出 SPEC200 系列，这依然是电动单元仪表，但其不仅在物理尺寸上高度紧凑、组合程度更高，还有数字接口，可以直接接受计算机控制信号驱动 PID 控制器的设定值。

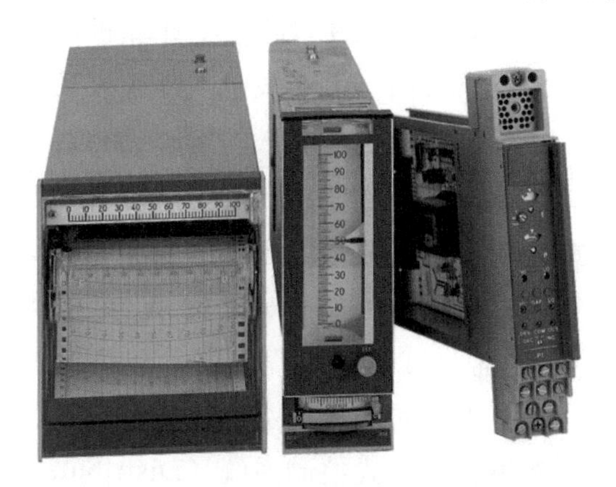

图 4-1-3：美国 Foxboro 推出 SPEC200 系列，在常规电动仪表和计算机控制之间搭桥，取得一定的成功

这种计算机和电动仪表混合的过程监督控制（Supervisory Process Control，SPC）有时也直观地称为设定值控制（Set Point Control，SPC），在工业界很受欢迎：既利用了计算机控制的先进能力，又保护了现有电动仪表的投资。在计算机可靠性尚且不高的早期，还不怕计算机宕机，可以自然降级到使用电动仪表维持基本控制。

在一段时间里，这样的混合控制系统似乎是未来的大势。但计算机发展的深度、广度和速度超乎了所有人的想象，从 20 世纪 80 年代开始，计算机控制席卷了过程控制行业。这不再是计算机和电动仪表的混合架构，而是纯计算机控制。很快，新建大型设施几乎都采用计算机控制了。20 世纪 90 年代之后，无论装置大小，计算机控制差不多成为唯一选择。进入

21世纪，无论是气动还是电动，单元仪表已经差不多绝迹了。即使局部使用的一体化简易就地控制器（自带传感器、控制器和控制阀，不连入中央控制系统，通常用于简单的就地控制）都可编程序化了，相当于简化缩微的计算机控制系统。SPC的概念倒是保存了下来，但已经是分级计算机控制，下级不再是电动仪表，而是下级计算机控制。

冯·诺依曼来了

计算机在现在特指冯·诺依曼发明的数字计算机，模拟计算机已经消失了。数字计算机是本质离散的。电动或者气动仪表还是与连续时间域的控制理论相对应的，计算机控制则与离散控制理论相对应。但要是计算机对自动控制的影响只是便于实现离散控制理论，那也就没有什么了不起，也就是用计算机实现的超级电动仪表而已。事实上，在计算机控制已经普遍采用的今天，尽管可以采用比PID更先进的技术，实际上绝大多数还是在用PID，再加上顺序控制（或者可编程序逻辑控制），用于按部就班地执行一系列顺序动作。那计算机控制的好处到底在什么地方呢？

常见的工业控制系统有分布式控制系统（Distributed Control System，DCS）、可编程序逻辑控制器（Programmable Logic Controller，PLC）、容错控制器（Fail Safe Controller，FSC）、多功能控制器（Multifunctional Controller，MFC）等。FSC虽是特别可靠的PLC，但使用起来也特别麻烦；MFC是专用于强电系统（输变电、大功率电机、变频电机等）的PLC。如粗粗归类，也就是PLC和DCS两大类。

在谈PLC和DCS之前，应该指出，还有一类工业过程控制系统，那就是像导弹控制、汽车发动机控制、洗衣机控制、电热咖啡壶控制等，这些控制问题一般使用专用的控制系统，和被控制对象紧密结合，通常称为嵌入式控制系统（Embeded Control System），不在这里讨论的范围内。

控制问题分两大类：连续控制和断续控制（也叫作开关控制）。汽车的方向盘就是连续控制的一个例子，驾车人连续地、恰到好处地转动方向盘，以控制方向；简单电饭煲的温度控制就是断续控制的一个例子，只有开和关两个位置，按下开关，上升到一定温度后，自动断电；温度下来了，又自动加电保温。断续控制还用于联锁保护，在特定事件或者状态触发下，自动执行一系列动作，比如说，核反应堆出现非正常温升的时候，自动提起燃料棒，开足冷却循环，并向反应堆喷水冷却。在很长的时间里，连续控制的单元仪表和断续控制的继电器之间是井水不犯河水、老死不相往来的，直到数字计算机的出现。

冯·诺依曼发明了二进制计算机的概念，成功地打破了连续变量和离散变量的界限，这是计算机控制可以实现连续的PID控制和离散的逻辑控制的基础。PID在本质上是一个数学计算，计算机的计算能力强大，做PID当然不在话下。事实上，即使不太先进的计算机也可以以一当百，智能手机的计算能力就绰绰有余，只要输入输出的信息通道问题解决了，把百十个PID回路吃下来不成问题。计算机还可以实现更先进的数学控制方法，如最优控制、自适应控制、模型预估控制等，用软件“连接”串级、前馈、分程、比例、选择性控制回路也比电动仪表时代拖电线、缠绕接线桩容易得太多，更不用说气动仪表时代的管子工了。不说别的先进功能，就这些日常“杂活”的极大简化和便利，就使得计算机控制很快在工业界得到极大的欢迎。计算机控制还使现场仪表（如阀门、变送器等）的功能自检（包括壳体温度，其对于冬季防冰或者夏季防过热很重要）和信号连接自检成为可能，大大提高了系统的可靠性。

计算机控制用和电视机一样的显示屏代替动辄几十米长的仪表板，也使超大规模的控制系统的物理实施极大地简化。仪表板太长的话，人手少了都看管不过来。

图4-2-1：随着过程装置的大型化和控制系统的复杂化，
仪表板越来越长，操作和管理越来越不便了

图 4-2-2：即使是早期计算机控制系统，控制台也大大缩短，至少“管得过来”了

图 4-2-3：现代控制中心又有大型化的趋势，但这是系统高度复杂化的结果。这样的控制中心已经不是仪表板时代可能做到的了

图 4-2-4：早期计算机控制用 IBM 370 这样的大型计算机实现

图 4-2-5：以后过渡到像 DEC VAX 这样的小型计算机

早年的计算机控制系统大多采用大型计算机，如 IBM 的 AIX 系统，最不济也是 DEC 的 PDP11 或者后来的 VAX。但是集中的大型计算机是计算机控制系统可靠性的薄弱环节，一旦这台大型计算机出了故障，整个系统就当掉了。

控制系统的可靠性的重要性是怎么强调也不过分的。如果控制系统失灵，化工厂失控爆炸、核反应堆失控融堆、飞机失控坠机，各种灾难情况可以自行脑补。传统气动、电动单元仪表比较简单，可靠性还比较容易保证。计算机控制的复杂性大大增加，高度软件化的计算机控制的可靠性更不容易确保。F-35 战斗机在初期测试中，有一次要求 10 架战斗机紧急出动，最后只有 1 架按命令及时升空，其余 9 架都必须现场重启刷机才能升空，这在战争爆发的时候是不能容许的。

如果出错，计算机控制系统的模块是可以更换的，尽管代价不菲。但整个系统的更换要尽量避免，这不仅牵涉到系统本身的购置、安装成本，还需要把所有回路、所有控制应用重新安装、投运，这干戈可就动得太大了，没有几个月全面停车时间很难做到，对于大型装置来说，总代价动辄几百、上千万美元。

图 4-2-6：现在已经看不到“机”了，一个机柜里就插进很多组件，
每一个组件都相当于过去一个“机”

如果硬件标准不同了，所有现场仪表都要被迫跟着升级；如果软件标准也不同了，所有控制应用要重写，那麻烦就更大了。正是因为这些原因，大部分工业企业的计算机控制系统常常都是用到不堪使用了，不仅系统老旧，连备件都早已停产、再也买不到了，才被迫升级，性能上落后一两代反而是最小的问题。有爆料说美国核导弹发射井还在用软盘密钥控制发射，其实也是一样性质的问题。

除了系统本身的硬件、软件可靠性，严密的性能监测是另一个确保可靠性的重要措施。通常的办公计算机不需要太严密的性能监测，只要还能完成任务就没有大事，出错了重启就是了。慢慢地，计算机会越来越慢，连续一段时间老出错，老是要重启，这才谈得上认真查错，直至最终更换插卡或者整机。但 DCS 的系统性能检测要严格得多，出现持续的性能退化必须找出原因，马上解决。说到底，首先不能容许老出错，计算机控制系统出错的后果难料。其次，不能容许经常重启，某一模块的重启还好说，整个系统的重启是地动山摇的大事，每一次系统级重启都是捏把汗的事情，因为重启要有一段时间，这段时间里实际上整个装置处于失控或者半失控状态。

为了提高计算机控制系统的可靠性，人们做了很多努力。冗余计算机是最早的解决方案。两台计算机互相备份，互相自检，一台宕机的话，另一台马上接替上去，保证不间断工作。这样的切换式冗余事实上还是需要切换时间的。可靠性和连续工作要求更高的话，可以用“三决两胜”的投票制，三台并行的系统同时给出结果，两台结果相同的为可信结果，另一台自动隔离，呼叫维修。但剩下的两台就无法投票了，只能回到切换式冗余。另外，三决两胜机制依然有投票机构的单点故障问题，要是投票机构故障，依然抓瞎。

但微型计算机（简称微机）的出现在根本上解决了计算机控制系统的可靠性问题。微机的成本低、体积小，可以以微机为基础，构成分散的计算机控制单元，再用计算机网络连接起来，实行数据交换和其他高级功能，于是分散到很多基本控制单元但又通过网络连接的所谓分布式控制系统（也称集散控制系统）就应运而生了，这就是今天的 DCS。

DCS 的基本（下级）单元具有基本的输入/输出（简称 I/O）和控制功能，即使与网络断开，也能保证基本的控制功能。一旦和网络相连，就可以实现更强大的控制和管理功能。通过分散的下级实行基本控制，通过网络和上级集中，实现信息共享和高级计算、先进控制，这就使所谓“集散”的缘由。主要模块都是实时冗余的，故障时在第一时间内切换到备用系统，主系统和备用系统在平时定期互相自检、切换，以保证可靠。另一方面，在组态时，将整个过程装置划分为若干条条块块，对应于 DCS 的各个控制分区，就算 DCS 故障严重，局部失效，也只影响一块，不至于全面崩盘。

三十多年前，美国 Honeywell 公司首先吃 DCS 的螃蟹，以至于至今 TDC（Total Distributed Control，即 Honeywell 的 DCS 的商品名）还在某些圈子里作为 DCS 的代名词。Honeywell 在 1975 年用 8 位的 Motorolla 6800 作为 CPU，自己开发了实时操作系统 RTOS，采用双重冗余的轮询（polling）总线结构，推出了第一代 DCS：TDC2000。20 世纪 80 年代初，TDC2000 升级到 TDC3000，CPU 改用更先进的 Motorolla 68000。直到 21 世纪初推出的以以太网为基础的 Experion 之前，基本结构一直不变，只是 CPU 升级到 68040 了。但 68040 早已停产，除了囤积的备件，只有到华强北去找了。不过现在有现场可变程序门阵列（Field Programmable Gate Array，FPGA），可以用软件模拟“任意”CPU 和功能电路，现在作为替代备件，继续保持现有系统的运作。更新一代的 Experion 的 C300 控制单元当然不能再停留在老旧的 68040 水平，改用 PowerPC，当然是时下的新版，而不是 20 世纪 90 年代的老版。

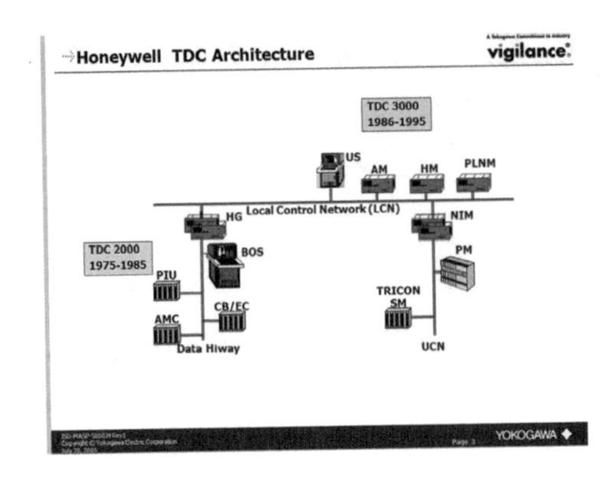

图 4-2-7：在 20 世纪 80 年代，美国 Honeywell 公司首先吃螃蟹，

推出 TDC 系统，开创了 DCS 时代

Honeywell 之后，很多公司相继开发 DCS，但大浪淘沙之后，留存下来的不多。现在主要的有 Honeywell 的 Experion、Emerson 的 Delta V、ABB 的 Symphony 和日本横河的 Centum 等几家。

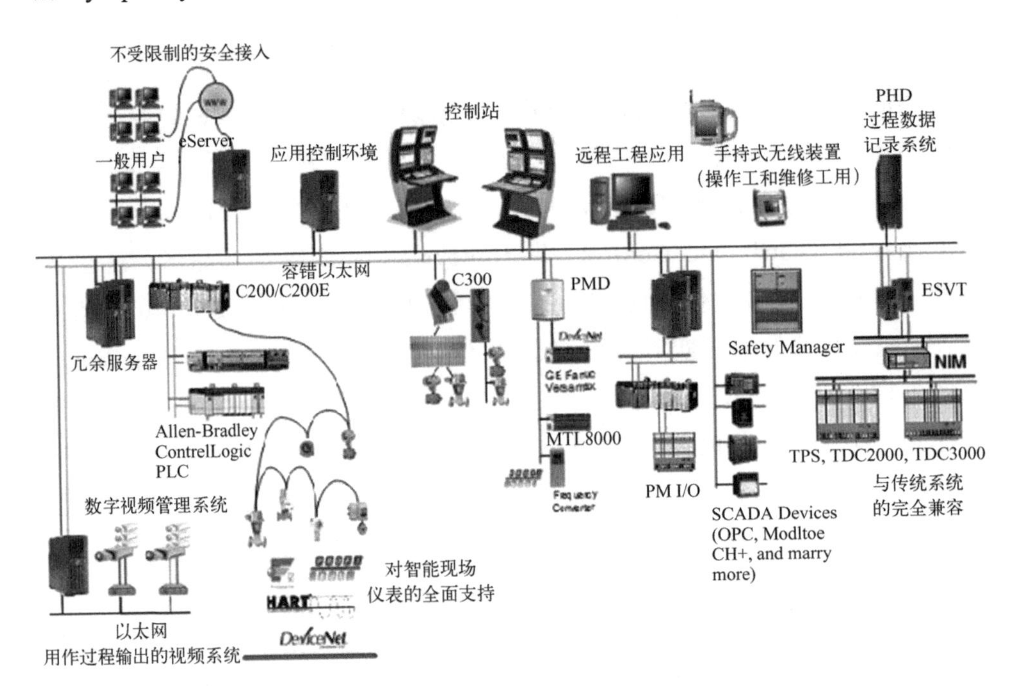

图 4-2-8：最新一代称为 Experion，技术上面目全非了，

但概念上还是继承了集中-分散的理念

DCS 的本意是在地理上分散、在功能上集中，以达到风险分散、功能集中的两全其美。但在实际上，DCS 一般把现场的变送器（传感器）的信号线直接拉到中心控制室地下的接线大厅的一排排机柜内，连接上带屏蔽和电磁隔离的端子板。输出到调节阀的信号线则从同一个接线大厅的接线柜的端子板分别拉到现场。这些信号线的工业标准电流是 4～20mA。对于不大重要的次要信号，或者仅用于监视而不用作控制的信号，有时也用多点切换装置（Multiplexer，MUX），把现场很多信号线连到 MUX，但从 MUX 就拉一根线进 DCS，节约施工和维护成本。现在也可以用现场总线连接，把变送器和调节阀像 USB 总线装置一样挂上去，即插即用，大大简化了仪表的安装工作。最新趋势则是无线传送，相当于工业级 WiFi。由于信号完全是数字的，也容易引入自检功能。

理想是美好的，现实就不容多情了。分散控制显然大大提高了可靠性，但这只针对 CPU 本身的可靠性，现场仪表和接线终端（Field Terminal Assembly，FTA）不是冗余的，整个可靠性链还是有漏洞的。现场仪表或者接线终端出问题，照样歇菜。另外，控制局域网的同轴电缆长度有物理限制，FTA 到 DCS 的长度也有物理限制，所以最后分散控制还是不怎么分散，全是集中在中控室机房里。

新一代 DCS 不再用同轴电缆，而改用光纤，在技术上支持分散在装置各处的子控制室，但这些子控制室都需要加强防火防爆，无人常驻的话需要经常有人巡检，有人常驻的话不仅防火防爆等级要进一步提高，还要装备空调，更是要规划逃生通道和紧急救援预案，麻烦得很，所以最后还是统统拉进集中的中央控制室了事。

不过，DCS 在地理上的集中，并不妨碍其在逻辑上的分散，只要不是一把火把 DCS 的机房统统烧掉，部件可靠性的问题还是可以很好地隔离在小范围内。但分散控制不可能解决的一个令人啼笑皆非的问题是，随着生产过程的高强度化和单系列化，所有主要工艺部分都成为一条线上的蚂蚱，任一主要工艺部分的控制故障都可能迫使全线停车。一个插卡故障问题还不大，但要是一个控制单元死翘了，可能尚未故障的工艺部分连受控的有序停车都不见得能做到，因为这像一列火车一样，不可能只有一节车厢紧急制动而其他车厢有条不紊地慢慢停车，只有大家一起紧急停车。分散控

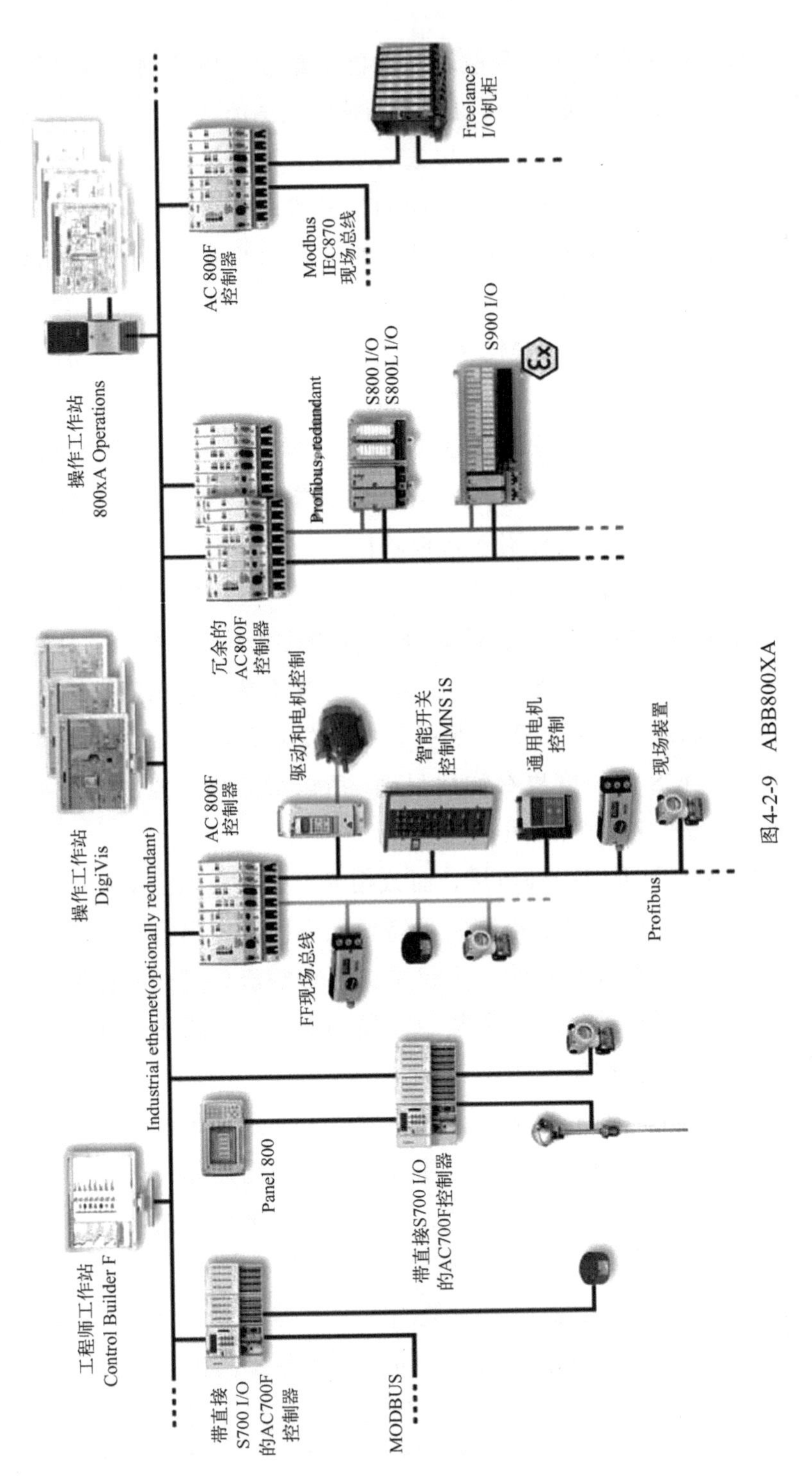

图4-2-9　ABB800XA

制最初还设想：DCS 局部故障还可以不影响其他部分继续生产，实际上这在大多数情况下是不现实的。

图 4-2-10：虽说集中-分散，DCS 的接线实际上都在一排排的机柜里

当年的 DCS 全是量身定做的硬件、软件，采用专用芯片和专用操作系统，这使得系统成本非常高，而且无法借助商用计算机（尤其是 PC）高速发展的东风。20 世纪 90 年代，Honeywell 的 19in CRT 显像管备件就要 19000 美元（没有多打一个零！）一个，比当年一辆中档轿车都贵，这还不包括显控台的台架和键盘等。而且显示屏只有 16 个颜色，相当于 CGA 的显示分辨率，落后于 PC 世界至少 10 年。在 PC 世界中，落后 10 年差不多是石器时代和电气时代的差别了。

用于控制的计算机系统当然有其特殊性，但分解下来可以看到，用于底层实时控制的基本控制单元需要有强大的输入/输出处理能力，动辄需要能同步处理成百上千路输入/输出，需要高度可靠，但 CPU 运算能力要求并不特别高，因此以专用设备为好；上层的显示、先进控制、数据记录和网络管理单元的使用和要求则与商用计算机没有太大的不同，在很大程度上可以通用，而且在上层采用商用标准有利于标准化，与非实时控制网络连接和交换数据，把原本孤立、专用的计算机控制系统整合进更大的全企业通用网络之中，一加一大于二，这就是机会。

图 4-2-11：要是机房一把火烧掉了，什么分散-集中都是白搭

这就是“开放系统”（Open Architecture）的开始，DCS 的制造厂家都纷纷将显示和计算、网络控制单元转向通用的 WINTEL 或 UNIX 平台，自己专注于工控专用装置（如基本控制装置，包括 I/O）和系统的软件整合。底层模块依然是专用的，上层模块直接用办公计算机（现在改用适合高密度机柜的刀片式服务器），但带专用插卡。这样一方面利用办公计算机（或者服务器）的高级计算和网络能力，另一方面作为办公网络与控制专用网络的转接。

这样的“控制计算机”可以用市面上的普通计算机作为平台，但从 DCS 厂商购买还是便宜大卖场购买已经没有实质性差别，因为专用插卡动辄四五万美元，计算机美元的价格几乎是白送的，省个百把美元无关紧要，反而 24/7/365 可靠性更加重要。用服务器更加可靠，价格也更高，但比起专用插卡来，依然微不足道。但是这带来了新的问题：通用/商用硬件、软件的可靠性常常不能满足 24/7/365 的不间断连续运转要求。对于大多数大机构 IT 来说，系统出了毛病，2h 内恢复就是很快的了。系统需要打补丁或者维护升级，弄一个周末或者晚上停机重启就是了。但是对于生产过程来说，这是不可容忍的，必须 1 年 365 天、1 周 7 天、一天 24h 可靠运转，很多大型装置要四五年才有一次停车大修。不贪这个小便宜，用最高可靠性的服务器还是值得的。

图 4-2-12：开放系统使得 DCS 可以大量借用通用 PC 技术，
尤其是显屏、键盘等通用件，并增加网络互联性

开放结构将 DCS 和经营、管理、办公网络相连接，极大地提高了信息交换速度和深度、广度，但也带来了网络安全问题，紧接着就是在 DCS 前面竖起一道又一道的防火墙，极大地限制层间数据分享，远程操控压缩到几乎不可能，在很大程度上抵消了开放结构的优越性。

WINTEL 在分享商用 PC 技术进步的同时，也分享了商用 PC 病毒和恶意攻击的危险。公司或者政府数据外泄当然是很糟糕的事情，但要是控制系统受到病毒攻击，后果就更严重了。2007 年，伊朗核同位素分离装置的控制系统受到 Stuxnet 病毒攻击，是第一个有记载的针对计算机控制系统的恶意攻击，提醒了所有人。恶意病毒攻击使得计算机控制系统死机还是不太糟糕的结果，如果有独立的备用联锁保护系统（安全设计要求有若干互相独立的控制和保护系统，避免单一节点故障导致全盘失控），还可以把生产过程置于安全状态。要是恶意攻击不是相对容易发现的强力攻击，而是更加隐蔽的欺骗式攻击，有针对性地诱使设备超常运转，制造事故，像核反应堆里有意抽出控制棒，后果就只有开动想象力了。

开放结构和高度互联使得网络安全成为现代计算机控制系统的头号威胁，迫使 WINTEL 平台夜以继日地不断更新换代、打补丁，使硬件、软件的稳定性十分糟糕。很多时候软件、硬件本身在功能上没有必要升级，但 WINTEL 的升级要求迫使软件、硬件跟随升级，带来新的磨合与可靠性问题。而且没有过多少时间，又要升级，真是头疼。这是 DCS 的第二个螺旋形上升，希望是上升多余盘旋，而不是盘旋多于上升。

图 4-2-13：开放结构和高度互联也使得网络安全成为计算机控制的头号威胁

另一个问题是兼容性。机械设备的更新周期远不如电子设备那样频繁，但大型机械的专用监控设备性能和可靠性要求非常严苛，而市场又很窄小，更新周期常跟着机械设备走，而不是跟着电子技术走；或者使用要求没变，设备虽老，也依然好用，但在信号和网络接口方面已经严重落后于时代。这样，在有一点年头的工业装置现场，就可能有一堆依然可用但技术上已经严重老化甚至不兼容的电子设备，这是很令人头痛的问题。比如说，传统上很多设备使用串行接口（Serial Link），PLC 与 DCS 的对接、气相色谱、旋转设备的振动监测等都用，但现在的趋势是改用以太网，这一改不光是接口设备，数据结构都有不兼容问题。新 DCS 对老串行接口的兼容性，老 DCS 对新 Ethernet 装置的兼容性，都是问题。

图 4-2-14：随着系统的扩大和复杂化，兼容性是另一个大问题

现在的趋势是扩大开放系统的范围，从底层到上层全面开放，而且在结构上容许“联邦系统”（Federated System）。这实际上是松散网络架构，各部分高度独立，但依然有畅通的数据交换和信息控制通道，而且即插即用。联邦系统与传统的以标准总线为基础的开放系统的差别在于，后者用总线定义最大共用性，各模块不一定用足总线上的所有功能，但总线标准升级需要所有模块一起升级，除非新总线标准与老标准是后向兼容的。

联邦系统则定义最低通用性，各模块之间只交换最低限度的数据，其他可以按需扩充，这使得不同时代、不同标准的模块都可能共享资源（当然是最小公因子资源）。世界上最大的石油化工巨头之一——美国埃克森石油公司和世界上最大的航空航天巨头之一——美国洛克希德-马丁公司正在联手推动相关动议，埃克森具有丰富的使用经验，洛克希德-马丁在研发F-35战斗机的过程中具有丰富的开放系统研发经验，但这一动议成为工业界主流还有待更多石油化工和DCS的行业巨头加盟。

就现有DCS而言，既然现有的DCS是一个局域网，那就有一个通信协议的问题。通信协议听起来奥妙，其实不复杂，就是在系统层面上大家说好谁什么时候发话，要不然大家一起哇啦哇啦，那就谁也听不见谁了。就像课堂一样，一个办法是老师一个一个问过来：“小明，现在你说；小花，现在你说；……小明，又轮到你了……”；另一个办法是让小朋友要说话的时候举手，谁举手谁说话，好几个人一起举手，就由老师决定谁先说。

DCS的两大类型的通信协议也是这样：轮询（polling）由中央控制单元轮流查询所有子系统，无论有没有数据更新，到时候就来问一遍，所以无论什么时候，系统通信流量都很高，但是相对恒定。中断（interrupt）正好相反，子系统自己先检查一下，如果数据没有变化，就不上网更新；直到数据有变化，再上网“打招呼”，要求通话。这个方式的平时通信流量较低，所以网络带宽要求较低。但是生产过程发生异常时，大量警报数据蜂拥而来，如果以平时标准设计，有可能带宽不够，就会发生通信阻塞的问题。所以，中断和轮询到最后对带宽的要求是一样的，因为谁也不能承担生产过程异常时通信阻塞的后果。

图 4-2-15：轮询由中央控制单元轮流查询

图 4-2-16：中断由子系统上网“打招呼”

在使用上，DCS 一般使用组态（Configuration）来编程，往固定的数据表里填写回路的结构和参数。有些系统的组态参数很全，基本上所有功能都有了，只需要用户选择就可以。有些系统的组态参数比较基本，需要用户自编功能然后调用。这其实是两种不同的模块化方法，一个把模块划分得较大，另一个则把模块划分得较小。两种做法各有好处，大模块使用方便，而且绝大部分问题都已经事先想周到了，每个控制点（Tag）自带很多组态参数，但不是所有回路都用得上所有参数，大部分具体的控制点只针对性地用到一部分组态参数，其他经常用不到，所以系统资源浪费较大。小模块比较灵活经济，系统资源浪费很小，但用户的编程工作量大，组态的一致性和编程质量全看用户的水平了。

在硬件上，DCS 最大的优点是模块化，不光可以在系统内部自由增减模块，还可以通过以太网和 OPC（OLE（Object Linking and Embedding）for Process Control）那样的硬件软件网络通信标准挂上外部模块，或者用于与上级的办公网络连接，或者用于挂上高级功能模块。这个模块化的功能不可小看，典型的高级模块有过程数据记录系统（Process Data Historian）、先进控制系统（如 DMC、Pavilion、RMPCT 等，统称为 APC（Advanced Process Control）、控制系统性能监测和自动整定等，当然还包括更常见的网络管理模块（如防火墙、文件服务器、域控制器等）。

图 4-2-17：OPC 为 DCS 打开了窗，使得 DCS 得益于很多高级功能

由于网络技术的发展和 DCS 对网络的连接能力，DCS 已经从早年的单纯控制系统发展到工厂综合管理的重要手段，生产管理（产能和品种）、根据市场和原料情况的实时最优化、仪器仪表甚至机械设备的自检和故障预测、控制系统警报管理、操作记录和电子日志（Electronic Log Book）等都成为 DCS 的职责，DCS 也作为生产过程的黑匣子，用于事故分析和过程优化。早年一两个人就可以管理的系统，现在要一个多专业的部门才能管理得过来了。

DCS 还是 PLC

计算机控制系统（DCS）可以实现继电器控制，用“IF…THEN…”实现开关控制比用硬件容易得多，表述也清楚。硬件的延时继电器更是麻烦。由于早年计算机还是稀罕物件，可靠性又不大高，所以继电器控制得以继续发展，但通过硬接线来改变继电器控制实在麻烦。汽车工业经常要换型，为此不胜其烦，在 1968 年提出对可编程序控制器（PLC）的要求，第一个吃螃蟹的是 Bedford，这就是现在的 Modicon。其他主要的 PLC 厂家还有 Allen Bradley（现属 Rockwell）、GE Fanuc 和 Siemens 等。

在接线上，PLC 和 DCS 一样，也可以按传统分别拉线的方法，或者用现场总线。不过，DCS 的现场总线通常按 Foundation Fieldbus 的标准，PLC 的现场总线通常按 Profibus 的标准，两者并不兼容。传统上，PLC 用直观的梯级逻辑（Ladder Logic）编程，现在也用专用语言（如 SFC）或者功能模块编程。相比之下，DCS 要实现逻辑功能，也和一般控制点一样，主要是通过组态实现的，相当于功能模块。程序语言的执行速度和可靠性一般达不到安全联锁保护的要求。

早年的 PLC 主要是用于嵌入式系统，但 PLC 的吸引力很快为更加广泛的工业界所注意到，通用网络化的 PLC 应运而生。现代 PLC 早已超出开关控制的范围，具有一定的 PID 和像 OPC 那样的通信能力，甚至可以进行一些科学计算。另一方面，DCS 也在不断增强开关控制的能力。由于计算机技术的趋同和连续/开关控制能力界限的模糊，DCS 和 PLC 的界限开始模糊了。

从原理或者系统结构上来说，PLC 和 DCS 没有原则性的差别，但两者截然不同的背景使两者有很不同的特点。由于起源于连续控制的缘故，DCS 的回路功能很强。DCS 的不少“力气”用于回路的初始化和无扰动切换上，这是一个连续控制的独特问题。试想一个串级回路，副回路需要处于串级状态，主回路才能“指挥”副回路。但很多时候由于种种原因，副回路需要处于自主的自动状态，也就是说，与主回路“脱钩”，人工直接设定副回路的设定值。这时主回路被“架空”了，“失控”了，主回路的输出需要“冻结”，否则主回路自以为还在指挥副回路，设定值与测量值的持续不一致可以使得输出跑到天边去，尤其是在有积分控制的情况下，可以一路跑到 100%或者 0%，这也称积分饱和。这本身不是太大的问题，问题出在副回路恢复到串级状态的瞬间，主、副回路之间如何协调。副回路脱开时，主回路的输出没有地方去了，或者乱跑，或者冻结在原地不动。一段时间后，副回路的设定值已经变了，主回路的输出即使冻结，也与副回路的设定值不再对应，如果硬性连接，就会造成不必要的扰动，这里面怎么协调就是一个初始化的问题了。由于主、副回路的控制算法都是多种多样的，协调机制的排列组合很多，这就大大增加了控制算法的复杂性。这只是冰山一角，还有各种手动超越控制功能、警报处理功能、本地串级/远程串级、脱网备份模式（Shed Mode）等。

然而，以开关控制为主的 PLC 就没有这些问题。开关控制没有初始化的问题，手动超越控制也要简单得多。PLC 可以做 PID，但功能上远不如 DCS，互联组态能力也相对有限，更加适用于孤岛控制，而不是作为大型复杂控制系统的一部分。打一个不恰当的比方，DCS 和 PLC 好比 CPU 里 CISC 和 RISC 的差别，不能说谁好谁不好，只是不同而已。或者说像通用 PC 和 PlayStation4 之间的差别，前者通用性强，后者的专长比较偏门，但用其所长的话比 PC 还厉害。

由于这些差别，DCS 通常远比 PLC 要复杂。系统复杂性首先在成本上体现出来。DCS 虽然是模块化的，可大可小，但基本构架在那里，还是很昂贵的，只有大型装置才用得起，也才有必要用。PLC 相对比较便宜，中小装置或许单用 PLC 就足够了。

出于成本的原因，大型工厂也常常是 DCS 和 PLC 混用，不但用 PLC 的开关控制能力，也用 PLC 负责一些次要的工段和装置，或者是可靠性要求特别高但控制功能相对简单而且与主要装置相独立的辅助装置，比如安全放空燃烧系统的专用控制或者简易小锅炉控制。

放空燃烧是石化装置的最后安全保障，一旦装置发生严重故障，首先要做的常常是把容器、管道里的易燃易爆物料放空烧掉，否则积存在失控的装置里非常危险。放空燃烧控制不复杂，但必须绝对可靠，否则在胀气的时候便秘，那是要出人命的。小锅炉控制有点类似，压力不高，出力不大，功能要求上不复杂，远没有大型高压锅炉那么多花样，但安全性要求和大型高压锅炉是一样的，这也是独立 PLC 的用武之地。

系统的复杂性也在采样速度上体现出来，DCS 的采样速度一般较慢，1/4s 就是很快的，1s 才是常规的，高级控制的话动辄 30～60s 甚至更长。

这对一般过程的连续控制来说不是太大的问题，调节阀的反应速度没有那么快，大型过程的温度、压力、液位和流量等参数的变化也没有那么快，1s 足够了。然而，对于设备保护或者安全联锁来说，1s 就太长了，需要降到毫秒级，这就是 PLC 的用武之地了。

另外，机器级控制也常用 PLC。大型压缩机对于生产过程来说，只是温度、压力和流量等几个关键参数，但机器控制本身高度复杂，采样速度要求也远远高于 DCS 的秒级甚至分钟级。每秒几百、千把甚至上万转的旋转设备怎么地也需要毫秒级甚至更快的控制，通常用 PLC 负责具体的机械运转控制，但接入 DCS，从 DCS 接收高层控制指令，相当于 DCS 的副回路。

DCS 适合随时增减和修改回路。调整参数不需要把回路停下来，增减回路也只需要停下局部的回路，其他回路继续运转。DCS 拥有很强大的先进控制算法的支持，包括自带的系统内支持和第三方支持。很多以先进控制为生的公司的产品基本上支持所有主要的 DCS 品牌，但较少有直接支持 PLC 的。

PLC 也可以增减回路或者修改参数，但要烦琐得多，有时需要停下整个系统、重新上载整个组态文件才行，特别是高可靠性的 PLC。这不是 PLC 的设计缺陷，而是设计思想所致。DCS 本来就是为大型连续过程设计的，就是要随时修改、优化系统设计和调试的，在设计和结构上也为此付出代价。PLC 则是安全系统，弄妥帖了就不容许随便更改，这样也增加了系统的可靠性和响应速度。像 FSC 这样变态的多重冗余系统，不把整个系统停下来，再过五关斩六将，在各个冗余模块之间同步版本，根本不可能改变任何参数或者组态，目的也是人为增加更改的困难，确保系统不可能在无意中偏离初始设计状态。

DCS 和 PLC 的另一个差别是人机接口。DCS 都有很完善的人机接口，包括显示屏和键盘，可以显示图形和字符，并输入操作指令。这也是维修和组态的窗口，通过密码（甚至硬件钥匙）和菜单设定，控制可接触维修和组态的人员。过去 DCS 使用专用显控系统，现在就用普通的 PC 作为终端了。新一代的 DCS 甚至可以包括头盔显示器，或者配用像 iPad 那样的手持移动终端。DCS 人机接口既是组态或系统维护的窗口，也是操作人员的使用窗口。

PLC 则有点像“发射后不管”的导弹，组态好了就不用管它，要管也没法管。安全联锁都是在瞬间完成的，再强悍的操作人员也不可能中途干预，所以通常只有组态和维护的接口，没有操作窗口。组态和维护窗口用于操作和监控那是不可能的，使用太别扭了，没有专门培训连进都进不去。通常也要求使用专用终端，有严格的密码保护，避免意外更改。在实用中，PLC 信息一般是挂在 DCS 或者 SCADA（下面要谈到）上，借用它们的人机接口显示操作监控信息。

但 PLC 也有 PLC 独特的优点。由于 PLC 的基础还是开关控制，控制逻辑的测试比较容易。PLC 甚至有测试模式和工作模式，用完全相同的组态在测试模式下测试，假想性地人为触发各种条件，观察系统的反应，然后做相应的调试。完全满意后，切换到工作模式就行了，这就可以投运了。在测试期间，同一控制逻辑的老版本可以平行运行，保证生产过程的继续。

先进 DCS 也开始有测试模式，但这只是简单的离线测试，用人工信号（不需要通过硬接线，只要软件设定就可以了）就可以假设输入为多少数值，可以观察输出。要是聪明一点，还可以编一个程序，自己做一个简单的仿真系统，用于观察 DCS 的响应。但这只能用于接线-组态检查和控制器的正反动作校验，与 PLC 的离线测试还是两回事。PLC 的输出是明确的离散状态，非此即彼，电动机起动、放空阀打开、进料阀关闭等。这是可以用测试信号人为“冒充”的。DCS 的控制输出是连续的，在测试中，温度 525.3℃的时候，控制阀的开度显示为 37.5%，这说明什么呢？除了接上一套真正的过程仿真系统，是不可能知道被控变量是怎么反应的。PLC 还可以把老版本热机待命，必要的时候无需重新组态就迅速从新版本切换回来，这也是 DCS 难以做到的。

PLC 会取代 DCS 吗？DCS 会取代 PLC 吗？随着计算机技术的发展，看来两者不是取代，而是融合。Emerson 的 Delta V 是 DCS，但在一开始就考虑到了 PLC 的功能，所以其 PLC 功能十分强大。在现场总线问题上，Delta V 也是两者通吃，FF（Foundation Fieldbus）和 Profibus 标准都兼容，可能还是要通过某种适配器或者转接装置。Honeywell 也是一样的，新的 Experion 系统中的基本单元 C100/200 系列索性由 Rockwell 下属的 Allen

Bradley 设计，Allen Bradley 本来就是 PLC 最大的山头之一，当然从一开始就考虑了 PLC 功能。新的 C300 是 Honeywell 自己设计的，但依然保留了强大的 PLC 功能。未来可能不再有 DCS 和 PLC 之分了，只是在同一个网络上挂上的不同模块而已。

除了 DCS 和 PLC 之外，还有一种重要的工业监控系统——SCADA（Supervisory Control And Data Acquisition，监控与数据采集）。这是专用于远程监控的系统，比如天然气管道、无人值守的油井等。在结构上，SCADA 有较完善的人机接口和低速远程数据传送网络，甚至是无线链路。在网络的那一头则是现场的 PLC 或者 RTU（Remote Terminal Unit，和现场 PLC 对应的连续控制装置）。

SCADA 的重点在于数据采集，而不在于控制，或者说只有相对简单的就地控制功能。中心控制室的操作人员可以看到远方的低速采样实时数据，也可以偶尔改动控制参数，但基本上是依靠 PLC 或者 RTU 执行就地控制的，有点“将在外君命有所不受”的意思。因此，SCADA 对系统和通信可靠性的要求也大大低于 DCS 或者 PLC，通信中断了，大家转入就地控制，维持现状，等待通信恢复。

SCADA 较低的可靠性和速度要求大大降低了系统的复杂性和成本，除了重监轻控的远程监测，用于小规模的工业控制也是可以的，像天然气管线上的天然气处理厂，相当于一个超级深度冷冻机，用低温把天然气中的乙烷和其他高碳组分分离出来，过程简单，也没有多少危险性。但用于大规模的工业过程，还是小马拉大车了，就好像用低档 PC 和家庭版 Windows 10 作商业规模的大数据服务器一样力不从心。不过现在也有 SCADA 与 DCS/PLC 融合的趋势，或者用 SCADA 作为桥梁，把 Ethernet 装置连入 DCS。

现场总线还是无线

现场总线（Field Bus）无疑是 DCS 和 PLC 问世后工业控制系统中最重要的动向之一。过去的仪表都必须把信号线拉到中心机房的接线板（Marshalling Panel）上，然后再连到 FTA 上，这样，同样远在百米外的 10 台仪表，需要并行拉 10 条线，很浪费。用了类似 USB 的现场总线（Field

Bus），各个仪表可以像“一串蟹”一样“挂”在同一根总线上，然后一根总线连到 DCS 就可以了，大大节约了拉线费用和时间。系统扩展也极为方便，需要加一个测量用的变送器或控制阀，可以即插即用；不需要了，拔下来也就完了。数字化的信号传输使自检变得很方便，这对施工和维护是非常重要的，也可以由 DCS 对新安装的现场总线装置远程询问、确认，甚至实现自动组态。通过现场总线，现场装置还可以就地组成 PID 回路，只向 DCS 或者 PLC 报告“高层次”的参数。

然而，现场总线也有一些问题。一是可靠性问题。如果很多现场装置都挂在一根现场总线上，万一总线挂了，那就毁了一大片，这在很多工业领域里是不可接受的。即使在电子元器件可靠性大为提高的今天，现场的严酷工作环境还是对可靠性的考验。日晒雨淋可以造成绝缘老化，雨雪浸泡可能导致短路，小动物甚至鸟类的啄咬都可能造成问题。为了缓解这个问题，必须限制在同一现场总线上挂靠的装置数量，避免“一损俱损”。另一方面，装置现场还是需要那么多变送器和控制阀，限制每条总线上挂靠装置的数量迫使往同一地方拉几根现场总线，分散挂靠，这就抵消了现场总线的优越性。在极端情况下，一根总线只容许挂一个装置，那就彻底回到分别拉线的情况了。

第二个问题是带宽问题。实时系统的特点就是实时，等不得的。众多现场装置共用一条总线，数据传输率还必须保证，同样只能限制挂靠装置的数量。USB 也有一样的问题，USB 可以用集线器（hub）在一个 USB 插口上接上若干 USB 装置，理论上甚至可以用菊花链（Daisy Chain）接力链接，链接更多装置。但这样速度受到影响，通常高速装置应该避免这样的链接共享。现场总线也是一样的道理。

第三个问题是数字信号传输特有的。高频数字信号传输对屏蔽和带宽要求很苛刻，这就是为什么在家庭影院里，三色的 Component 电缆拉几十米都没有问题，但 HDMI 电缆的限制就要多得多，不能随便拉很长的线，否则带宽不足使得本来清脆的高频信号变得呜哩呜噜分不清楚了。对于现场总线来说也是一样的，要求限制长度，或者使用中继放大器，这削弱了施工、维修方便的优点。

第四个问题是现场总线特有的。现场总线有好几个标准，在不同标准之间衔接很是啰唆，而不同厂家的产品挂靠不同的现场总线标准，或者说DCS用Foundation Fieldbus的标准，PLC用Profibus的标准，同一个阀门既要在正常时候作为控制阀使用，又要在安全联锁的时候作为辅助的隔离阀使用，有时也为此被迫在同一地方拉几根不同标准的现场总线，"一串蟹"就变成一捧花了。

还有的问题比较琐碎，模拟信号用万用表就能测试，现场总线必须用专用设备；数字设备的标准变化很快，未来技术的兼容性是一个问题。相比之下，4～20mA的模拟信号标准已经用了至少50年了，数字系统的标准罕有超过10年而不变的，但工业控制系统的寿命动辄超过20～30年。几百万的投资可不能打水漂了，谁也不愿意为了标准问题而轻易更换DCS，更何况更换DCS远不像换办公室的PC那么简单，所有现场连线要统统核查是否畅通，所有PLC逻辑要统统核查是否动作正确，所有PID回路要统统核查组态和参数整定的正确性，这可是大动干戈了。

和现场总线相容的现场装置可以自带PID，这在现场总线之前就可以实现，现在数字化的现场控制装置也多得是，自带PID是小菜一碟，无所谓特别大的优点。DCS的特点是"电子吸尘器"，现场所有的信息都想知道。这样一来，现场总线依然要把测量值和自检信息送回DCS，加上现场的PID本身多出来的设定值、输出值、控制器模式、PID参数、初始化信息等，PID控制本地化后，通信量实际上是更大了，而不是更小了。另一个问题是，现场总线装置要么是变送器，要么是控制阀，除非是自带变送器的控制阀，否则变送器和控制阀还是两个不同的物理装置，信号还是要到现场总线上转一圈，与到DCS转一圈没有原则差别，用于大型一体化控制系统的时候，并无特别的优点。

现场总线更大的威胁来自无线。在日常生活中，无线或者WiFi的触角越来越长，但在工业自动化领域里，无线还刚刚起步，有用作监控的，但还没有大范围用于控制的先例。现场总线最大的优点在于即插即用和减少拉线，无线也可以即插即用，还不需要拉线，至少不需要拉信号线。控制阀的仪表空气管线还是必须要拉的，现在还没有可以一口气把仪表空气的压力隔空吹过去的无线技术。电源线也一样，除非定期换电池。

其实说这是无线，还不如说像无需移动的手机通信网络，或者说相当于工业级 WiFi。除了现场操作人员的手持移动终端外，大部分发送和接收端都是固定的，这是好的地方。不妙的则是比通常手机远为复杂的工作环境，大功率电机的电磁干扰，同位素探测（常用于复杂物料的料位检测，如浆料、颗粒等）产生的干扰，雨雪风霜雷电对发送和接收天线的影响，这些都是问题，这还没有考虑到环境温度、湿度、振动、风吹雨淋、腐蚀性物料等问题。

另一方面，大功率 WiFi 对传统传感器、其他在线仪表和电子装置的潜在干扰也是一个大问号。民航飞机上曾经禁用手机，就是因为担心干扰问题。但民航飞机上的传感器种类相对明确，也相对容易屏蔽，过程工业所用的传感器种类就无穷无尽了，要统统通过认证确保不受干扰影响或者统统屏蔽就不容易了。

单个传感器的无线信号不是问题，成千上万个无线信号一起在狭小空间里高速传送，而可用的频带只有这么些，如何保证不串号，也是一个挑战。这在技术上是有办法的，问题是不容易兼顾可靠的信号隔离和很高的数据率，而工业监控对采样频率是有较高要求的，尤其是控制和安全联锁信号。

手机信号在建筑物深处不好，人们对电梯里或者地铁里手机容易掉信号已经习以为常，到开阔的地方再接着打手机就是了。工业装置里充满了钢结构，传感器位置常常在犄角旮旯里，很难保证畅通的信号传送通道，要信号中继才能可靠工作。

但对无线最大的担忧还是外界干扰，无论是自然的还是人为的。无意的干扰已经是很大的头痛了，恶意干扰则是挥之不去的噩梦。大型石化装置要是发生爆炸，最坏情况可以有相当于战术核弹的威力。关键回路大量采用无线传输，无疑提高了反恐的负担。工业控制的头号要求就是高度可靠，留这样一个不易保护但性命攸关的通信通道在“外面”，总是令人不放心。在更多经验和更可靠的技术成为现实之前，无线还是主要用作监视用，而不用作控制用。

另一方面，现场总线相当于 USB 的即插即用概念还是有莫大的吸引力。在工业上，要增减一个回路是很麻烦的事：不仅现场拉线是一个麻烦，把物理地址和逻辑地址对应起来也是个麻烦事，否则就像电话号码错号一样，信号就对不上了。另外，现场信号有很多种类，大类有模拟信号（4～20mA 连续变化）和开关信号，各种不同变送器也有不同的通信协议、自检功能等，需要不同的接线板。输入如此，输出也如此。各式各样的信号要分门别类设计、管理、安装、检测，这是很麻烦的事。现在的趋势是采用通用输入/输出（Universal I/O，UIO），无论什么信号，一概通吃，大大简化了回路接线设计。更有甚者，UIO 还智能化了，可以自动识别信号和变送器类型，根据把工艺过程和控制回路连成一体的计算机综合设计的统一数据库信息自动组态，甚至帮助自动形成技术文件备案，极大地简化和加速了工程设计、安装和投运。

控制软件

DCS 的最大优越性是可编程。DCS 绝大多数编程都是控制点的组态（Tag Configuration）。控制点（tag）是 DCS 的基本编程元素，包括一组特定的参数（attributes），实现一个控制点所需要的功能，包括基本属性（名称、功能描述、所属过程单元、量纲单位等）、控制（设定值、测量值、输出值、PID 参数、输入地址、输出地址、正反作用等）、报警（测量值上下限、输出上下限、通信错误、组态丢失、数据乱码等）、初始化（initialization）、和脱网处理（Shed Mode）等，还有其他特殊控制点如计数器、计时器、开关、用户自定等。有的 DCS 以控制点为基本元素，还有的用模块（block）作为更基本的元素，由若干模块组成一个控制点。

现代 DCS 的控制点功能强大，可以完成大部分工业控制任务，甚至包括简化的先进控制功能，如简化版的模型预估控制和自校正控制。控制点或者组态相当于预包装编程，功能完整可靠，运行高度优化。但计算机的魅力在于可以自由编程。所有 DCS 都有自由编程能力，而且是“正规”的编程。DCS 使用的专用语言一般以 FORTRAN、Visual Basic、C++或者其他通用语言为基础，有可能是简化版，但肯定会增加一些工业控制专用功能，尤其是输入/输出处理、数据质量检测等。还会有一些特殊限制，比如循环次数、数组尺寸、程序块字节数等，以限制单次执行的 CPU 时间，避免单一控制点的计算过度占用 CPU 资源，尤其避免一旦出现死循环而造成系统宕机的危险。

DCS 编程和通常的科学计算编程相比，还是有一些特点的。科学计算程序大多是一次性的，这么说或许会引起误解，但科学计算程序通常有明确的起始和终结，每次运行从头到尾，每次运行有一定的准备，可以在启动前做一些调整，以计算不同设定下的解，否则同样的程序、同样的初始条件，算 100 遍出来还是同样的结果。程序从输入数据文件读入初始数据，或者以程序内部清零作为初始化，在结果收敛的时候自动停止。程序运行时间没有什么规定，能快一点出结果当然好，一时半会算不出来，通宵计算也没有问题，只要上机时间能够保证。设计较好的应用可以保持中间结果，计算到一半停下来，有机会再接着计算，也是可以的。比特币挖矿就是这样的。

DCS 程序则不同，首先，程序是重复运行的，每次执行之间没有特别准备，而且要常年处于待命或者执行状态。程序或者定时执行，如每秒执行一次、每 15s 执行一次或者每小时执行一次，或者不定期地按需调用，由人工激活或者由特定事件、状态自动激活。每次运行时，程序的初始值可以是当前测量数据、来自其他程序的计算数据或者上一次运行的结果。这最后一点尤其有用，也称递推计算（Iterative Calculation）。

递推计算是很大一类在线计算的基础。也就是说，当前计算结果是上一次计算结果加上当前修正项。这不仅节约计算量，还有助于判断计算结果的合理性。如果当前修正项异乎寻常地大，就要在输入数据变化中寻找依据，否则就是计算出问题了。如果变送器出了问题，或者计算出现异常（比如发生除零或者对数中出现负数），最保守的办法就是把当前修正项强制归零，这样当前计算值至少可以维持为上一次计算的合理数值，而不是出现没有合理结果可用的尴尬。事实上，数字 PID 中防止积分饱和就是在输出“悬空”时自动迫使控制计算的修正项为零，以阻止积分输出继续“爬坡”；但输出恢复正常后，修正项恢复计算，积分输出“就地重启”。

递推计算的“就地重启”能力在实际上非常有用，是不同状态下无扰动切换的关键。“就地重启”能力的另一个应用是强制初始化。如果由于某种原因，整个计算彻底搞乱了，可以人工假设一个上一次结果，或者与外部参照状态强制对齐，然后从新的起点启动和继续。

递推计算把当前结果存入内存，供下次运行时调用。这既是优点，也是漏洞。DCS 上有很多“公共数据”，供不同程序和控制点读写使用。这些公共数据的读写需要遵守严格的纪律，否则既可以成为共用资源，也可以因为在错误的时间由错误的程序改写而造成巨大的混乱。那时就真的死都不知道怎么死的了。从软件工程角度来说，这样的公共数据区是一个忌讳，但大家都可以读，只有一个模块可以写；或者只有在非常确定的特殊情况下才能由其他某一模块改写，程序执行冲突还是可以控制的。

为了确保 DCS 程序在规定的时间（通常是两次采样之间）里能够完成，DCS 的程序语言有一些前面已经提到的通用程序语言不常见的限制，但这还不够。在有的 DCS 上，程序分为前台程序和后台程序。前台程序必须在两次采样之间完成。更具体地说，不同程序有不同的采样间隔，5s 一次的在 1、6、11、…、61、66、71、…秒上执行，1min 一次的在 1、61、121、…秒上执行，1h 一次的在 1、3601、7201、…秒上执行。每 1s 被进一步划分为 256 个时间段。为了均衡运算负荷，各个程序要有所错开，这样每 1s 甚至每一个时间段内都有差不多数量的程序在执行。所有前台程序都必须在指定的时间段内完成运算，下一次执行时，还是在同一个时间段，所以采样间隔是保证的。如果出现若干次“脱班”，系统就要出错，会逐级警告之后最终停机，因为系统认为已经不可能完成指定的任务了，与其胡乱计算出不合理和不可预测的结果，不如有序停机，等待处理。

后台程序则不同，在指定时间段里不能完成的话，可以把未完成的结果暂存起来，“溢出”到下一个时间段继续处理。如果 256 个时间段都走遍了还是没有完成的话，直接放弃这一计算，若无其事地继续其他任务。反复出现这样情况的话，也要出错，因为最终任务排队积压了，可能导致故障停机。但尽管有所均衡，每一时间段内的运算工作量是不同的，所以到底需要多少个时间段才能完成计算是不确定的，结果是实际需要多少个时间段才能完成计算是动态的，采样间隔并不能完全保证。后台程序的好处是可以见缝插针，大程序在一个时间段里完成不了也不打紧；坏处是采样间隔不完全保证。前台程序用于时间要求严格的控制任务，对系统资源要求高；后台程序用于对时间要求不严格的监控任务，对系统资源要求低。

DCS 程序的特色是实时，所以其执行非常取决于一系列事件在时间上的顺序。时序上要是搞岔了，老母鸡也就变鸭了。问题是，分散控制要求越分散越好，不光是可靠性，在系统资源的调度上，分散了也容易使系统的计算负荷均匀。这样一来，一个大应用常常需要打散成很多小应用，各自的时序和衔接就要非常小心。

控制程序和科学计算程序最大的不同或许还在于对异常情况的处理。科学计算针对一个具体的问题，运行环境相对独立自主，人工干预通常是为了确保程序正常运行。但控制程序不一样，常会有外界不可控因素迫使多变量控制问题的部分变量转入手动控制、而其余变量处于自动控制的情况。这在理论上是一个麻烦，在实践上是一个噩梦，不光要考虑所有变量的排列、组合，还要考虑所有情况平顺地切入、切出，不同模式之间的切换。还有就是要考虑异常情况下如何安全、自动地退出自动控制，交还手动控制。有时操作规程上的一句话，程序写写就是一页；如果操作规程上来一句“视情处理”，那就更惨了。在所有控制程序中，真正核心的数学控制计算经常不超过 30%，20%为人机接口功能，而 50%为异常情况处理。

更大的问题在于各种状态下的人机有效沟通，完全靠人的高度训练和熟记规程是不可靠的，控制应用必须与使用习惯和意外时的人类自然反应高度衔接，否则各行其是，后果不堪设想。民航历史上有过几次臭名昭著的事故，1988 年 6 月 26 日，法航一架才一个月新的空客 A320 在飞行表演低空通过时，俯冲后拉起高度过低，离地只有 10m 高才稳定下来。前方是一片森林。问题是此时飞控模式错误地停留在降落模式，结果飞行员屡次试图加速拉起都被计算机控制系统为避免失速而否决，飞机缓缓地飞入森林坠毁，3 人丧生，幸好 133 人幸存。2013 年 7 月 6 日，韩航波音 777 在旧金山着陆失事，也是类似的飞行员与飞控状态冲突造成的。1994 年 3 月 23 日，俄罗斯 Aeroflot 从香港到莫斯科的航班在飞行中，飞行员把孩子带到驾驶舱开开眼，孩子无意中碰了一个开关，襟翼解除自动状态，飞控进入半自动状态。但飞行员没有意识到飞控状态已经改变，在试图纠正偏航的时候与飞控“打架”，最后时刻飞机侧倾几乎 90°，最终在西伯利亚坠毁。这些都是习惯于日常的高度自控与意外情况下的人类自然反应抵触的情况。控制应用要猜度操作人员的想法和预期操作动作，这很难，但这是必须的。

人机界面

计算机的出现引起了工业控制的一场革命。在此之前，电子单元仪表只能通过接线变化来构建稍微复杂一点的控制系统，气动单元仪表就更麻烦了，简单的计算就需要相当复杂的搭建，所以串级、前馈、比值、分程、选择性控制都成了“先进控制”。另一方面，传统电子单元仪表安装在竖立的仪表板上，一个回路一个鸽子笼，一个操作人员照看十几个回路，再多就看不过来了，距离太远，目力不及。随着工厂规模越来越大，控制系统越来越复杂，传统的仪表板已经不适合需要，几十米长的仪表板需要很多操作人员照看不说，没有一个操作人员可以对全局有一个清晰的概念。但现代大型化工厂随随便便就可以有成百上千个基本控制回路和成千上万个各种监控、报警点，全部装上控制面板的话，仪表板非有几百米长不可，这显然已经不可能了。

为了帮助一溜排开、分管一段的操作人员掌握全局情况，在常规的仪表板上方，开始加装一个标示整个工厂流程的长条象形显示板（Mimic Panel），用图形表示简化的工艺流程，在关键设备上有警告灯标示，表明主要设备的运行状态和关键参数的报警状态。由于所有人都能看见这块过程概览显示板，故所有人都了解重要设备的状态。

图 4-6-1：在传统仪表板上方安装长条象形显示板，十分有利于对过程整体有形象了解，更有助于在异常情况时跟踪故障发展情况

现代工业装置的规模越来越大，复杂程度越来越高，系统的集成度也越来越高，强烈要求集中控制，才能对复杂过程的控制做统筹安排。在某种程度上，更多的操作人员反而碍事，人与人之间的口头交流不仅费时，还容易出错，越来越长的仪表板越来越难以适应现代控制的需要。

计算机的出现不仅在控制算法和数学模型计算的实现上提供了空前的灵活性，对工业控制的显示也是一场革命。计算机显示摆脱了传统仪表板上的一个萝卜一个坑，同一个显示屏可以切换画面，显示从过程概览到回路具体信息，甚至可以显示出传统上为了节约占地而不在仪表板上显示的非常详细的细节。事实上，相当一部分工业计算机控制系统至少在开始时是作为集中显示监控装置使用的，在控制技术上只用到 PID 加串级、前馈之类的所谓“先进过程控制”，并没有充分利用计算机的数学控制计算的能力。一夜之间，仪表板不需要了，由几个显示屏取而代之。

图 4-6-2：计算机的监控能力比传统仪表强大得多，计算机控制一出场，首先取代的是庞大的仪表板，在这里，主要控制由尽头的 5 个显示控制台进行，旁边的传统仪表板都是计算机万一故障时的后备控制板

显示屏可以不止一个。过去显示屏的数量受到成本限制，现在挺大一个 LCD 显示屏才几百刀，对于工厂的建设和运行成本几乎可以忽略不计，所以显示屏成本不再是问题，而是由操作台上显示的有效性决定。显示屏不是越多越好，和常规仪表板一样，操作人员的视力所及范围和注意力能够有效集中的范围是有限的。经验表明，如果水平方向上多于 6 个一字排开的显示屏，一个操作人员很少能用到边上的两个，一般 4 个是有效显示

屏的横向极限。更多的显示屏只有在有增援人员在场帮忙的时候才用得上，否则只吸引无关人员拥挤到操作台，增加控制室的拥挤和嘈杂。

图 4-6-3：随着显示屏成本降低，控制室里多屏显示已经很普及。单操作人员能顾得过来的显示屏其实是有限的，这样的 2×3、2×4 布置是实际上一个人能有效看管的最大范围，更多的显示屏主要供发生异常、需要增援的时候额外人手帮忙用

图 4-6-4：整面墙的显示墙特别酷，电影里也常见，但这样的显示组织适合多个操作人员分工协作控制同一大目标，比如电网控制，墙上的显示相对固定，大家都可以看到。对于需要分兵把守、各自为战的一般工业控制，这样的做法并不实用

在垂直方向上，上下叠起来的“两层楼”可以在操作人员的视界内增

加更多的有效显示，但上层不能太高，以坐姿情况下视线上扬就能看到为宜，最好不要仰脖子才能看清，否则像鸡啄米一样不断地抬头、低头，非常容易造成颈部肌肉劳损的职业病。较好的布置是下层显示屏的顶缘在水平视线略下，可以不用低头就扫视全部；上层不需抬头或只需略微抬头，就可扫视全部。这个要求也实际上限制了显示屏的高度，如果显示屏的长宽比例不变，实际上限制了显示屏的大小。

如此算来，在一个操作人员能够有效顾及的范围内，也就是6～8台显示屏。相比起来，本来的模拟仪表板上所有仪表都在那里，操作人员可以一览无余地掌握整个工艺过程的情况，尤其是可以从长条图形显示板上看到全局。

随着低成本特大显示屏技术的普及和成熟，单一的特大显示屏可以代替成双甚至成四的较小显示屏。现在已经出现55in 4K显示屏，一个顶传统24～27in的至少4个。特大显示屏的好处是可以在单一显示空间里有效组织多个不同功能的“窗中窗”，无框显示避免了本来显屏框架占用的视界，增加了有效显示密度，但需要解决单个工作站的DCS带宽限制问题。有时DCS为了在显示、计算和输入/输出之间有效分配带宽，显示可用的带宽受到限制，比如每个显示屏只能显示不超过4000个控制参数，那样的话，单纯增加显屏尺寸并不增加显示密度，只是把字符放大而已。

图4-6-5：像这样的55in特大显示屏很酷，但由于操作人员的目视范围，实际上可显示的内容并无增加。不过这样的可升降操作台比传统的固定式更加符合人机工程原理，已经开始普及。台面上的小屏触屏作为输入装置，也在得到广泛应用，在一定程度上取代了键盘

图 4-6-6：特大显示屏上方的红色灯光条是警报显示，

可用不同颜色和闪光表示不同警报等级

对于一个典型的大型装置，显示画面一般分为几类：

1）工艺过程概览。

2）工艺过程细节。

3）生产状况（产量、品种、正品率等）、成本显示。

4）水电气、冷却塔、蒸汽等公用设施状态监视（统称 Utility 和 Battery Limit）。

5）仪表、控制系统状态监视。

6）安全状态监视（火灾、泄漏、风向、气温）。

林林总总加起来，一个大型装置大大小小的画面动辄成百上千个，有限的几个显示屏不可能同时显示所有内容，这就带来了什么时候显示什么内容、如何迅速可靠地调用眼下急需内容的问题。在大屏手机时代，显示设计也有类似的问题，不可能把所有应用统统在同一显示里展现出来，同样有一个显示组织问题。

显示组织是工控人机界面（Man Machine Interface，MMI；或者 Human Machine Interface，HMI）设计的核心问题。IT 界常挂在嘴边的图形界面设计（Graphic User Interface，GUI）只是其中的一个子问题。传统的 MMI 好比从望远镜里看世界，细节看得很清楚，但只见树木，不见森林，这就是所谓的“隧道视野”（Tunnel Vision）问题。

还有人记得 Windows 之前的 DOS 操作系统吗？第一代计算机控制的

显示画面基本上就像 DOS 时代的水平，没有同一显示屏内多个视窗的能力，每个显示屏就是一个视窗。操作系统、硬件和软件都是专用的。在操作上，有的系统用触屏完成类似鼠标的功能，有的系统用游戏棒或者滚球控制装置，虽然没有现在常用的鼠标，但可以完成类似的功能。

图 4-6-7：第一代 DCS 的显控台为专用设备，
用大型键盘调用显示画面，有的具有触屏功能

触屏在使用上又方便又讨厌。不需要专门的游戏棒或鼠标是一个优点，看到显示屏上的什么东西，直接用手指一点就行了。但出于习惯，人们经常在解释或询问的时候，在屏上指指点点，这就容易乱套了。另外，手指有粗有细，人的动作也有精确和胡乱之分，也会造成问题。战斗机上现在也用触屏，但只有在飞得四平八稳的时候能用。在做高机动动作的时候，手指不听指挥，会乱点，甚至在大过载重压下根本抬不起手来。

触屏和鼠标只解决了选择问题，键盘依然是主要输入手段。除了标准的 QWERTY 键盘（就是通常的打字机键盘，因为上左 6 个字母是 QWERTY 而得名）外，还有大量的专用键。甚至有用大型薄膜键盘的，业内戏称为“麦当劳键盘”（McDonald Keyboard），因为早年麦当劳店里收款机用的就是这种薄膜键盘，一个键代表一种汉堡包。现在麦当劳也用普通键盘和显示屏了。薄膜键盘防水、可靠，不怕万一把咖啡或饮料洒在键盘上，但用起来很“涩”，没人喜欢用这个东西。

部分出于技术水平的限制，部分出于习惯思维的限制，第一代计算机控制系统的画面大多是黑底彩线的图形显示，包括一些关键参数和模态。详细信息还是用字符显示的，一般是黑底绿字，就像当年的文字处理软件

WordStar 一样（还有人记得这东东吗）。

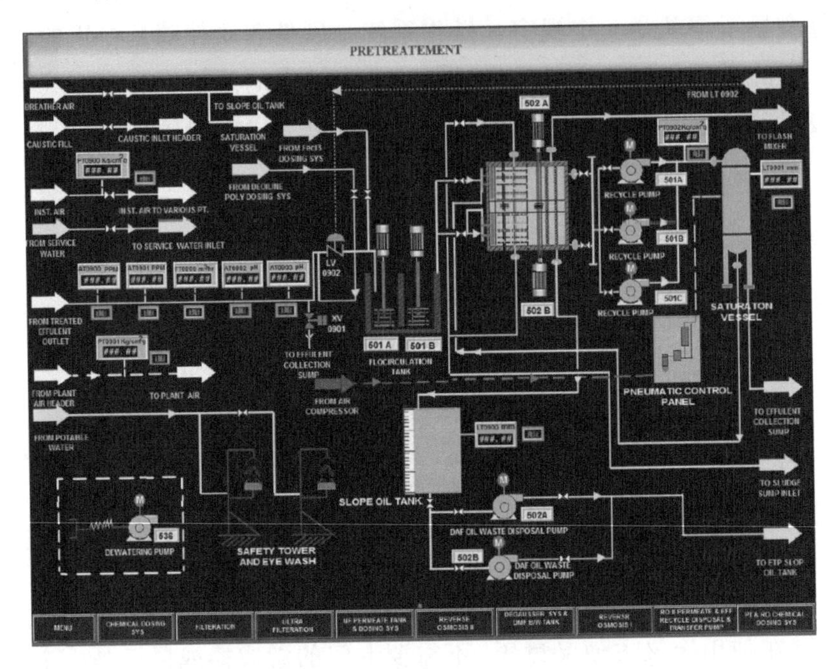

图 4-6-8：显示画面以黑底彩线为主

在不同显示画面之间的切换是一个很大的问题，这就要用到那个很大的“麦当劳键盘”了。很多键就是用于调用显示画面的，一个键一个画面。但键只有那么一点点大，键上的标识只能很简略，不是缩写就是编号，不直观，不熟悉的话猜都不好猜。对于熟练的人来说，键的位置及对应的画面都已经烂熟于心，使用时一按就调出来了，十分快捷；但对于不熟练的人来说，找到需要的画面还真不容易，就像早年用中文大键盘打字一样，简直就是大海捞针。现在的计算机也有大量〈ctrl〉+〈shift〉+某一字母键的所谓快捷键，但如果不是常年使用、熟记与心，一般人是记不住的，这是一样的道理。

即使如此，还是有很多显示画面没有对应的键。如果有在逻辑上比较接近而可以一键调出的画面，可以在这些画面上增加一些“导航标记”，先调出相近画面，再单击这些导航标记来间接调用需要的画面。但这像计算机挖宝游戏一样，要是找不到门，也就进不去宝窟。于是只好有一个专门的目录画面，罗列所有的显示画面，实在找不到，就到这里来按图索骥。

随着显示画面越来越多、操作节奏越来越快，这种目录导航的方式越来越不适应需要了。

20 世纪 90 年代后，UNIX 和 WIN NT 技术先后进入工业控制计算机系统，硬件、软件都成为所谓的“开放系统”（Open Architecture），加上和物理层控制系统连接的专用插板后，可以用普通的商用计算机，显示画面也就和视窗一样了。随着廉价可靠鼠标的出现，除了已有的专用系统，工业上已经不再用触屏了。另外的输入装置就是键盘了。现在键盘很便宜，坏了换一个，即插即用，没有太大可靠性上的顾虑，所以防泼洒的薄膜键盘也开始少见了。

使用商用计算机后，视窗式的显示界面可以大大增加显示密度和图像设计的灵活性。这似乎是理想境界，但这里面的问题要到后来才显示出来。

有了视窗环境，很自然的想法就是在同一个显示屏上开很多窗口，一个显示屏可以顶几个用。但这是一条死路。为了尽可能多地显示信息，画面一般都是撑满显示屏的，如果一个显示屏顶几个用的话，多个视窗实际上是前景的画面把背景的画面遮住，经常需要在不同窗口里切换的话，这与使用单一显示屏在不同显示图像之间调用没有本质的差别。

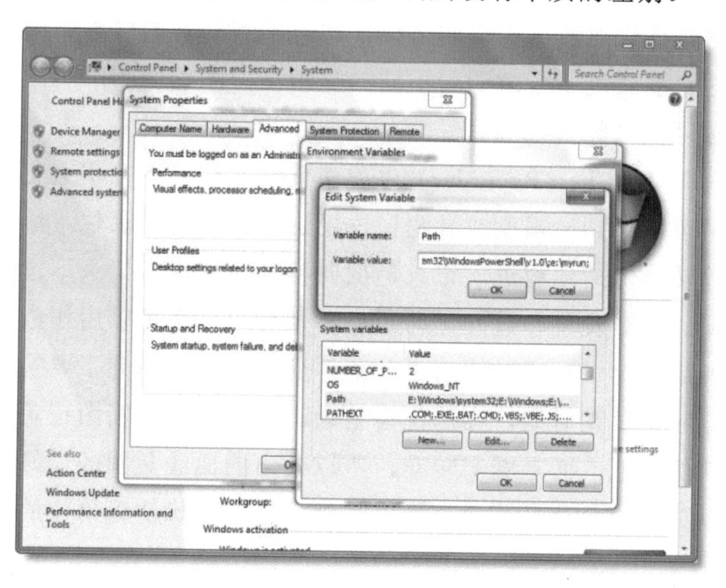

图 4-6-9：在视窗环境里，人们对这样的“窗口叠窗口”已经习以为常，但这在工业控制里是不容许的，后面窗口的有效信息被遮住，可能要误大事

另外，只能看到一幅画面，不等于背后的画面不在同时从 DCS 网络上抽取数据。控制系统有严格的时间响应要求，网络带宽永远赶不上需求的增长，这种不必要的网络负荷是十分忌讳的。就视窗技术而言，每个工作站上可以有实际上不受限制的窗口数量，但每秒可读写的 DCS 数据是有限制的，这也限制了实际上可以同时打开的窗口数量。然而，每个显示屏都使用单一窗口的话，视窗环境和传统的单屏环境就没有实质差别了。工控人机界面的设计似乎陷入了死路。

视窗环境提供了两个新的机会：一是单台显示屏上可以开多个窗口；二是几乎不受限制的颜色选择。新一代的工控 MMI 就从这两个方向入手。

相对于计算机控制的显示屏时代，单元仪表时代有三样东西是人们十分怀念的：

1）长条象形显示板提供的一览无遗的全局掌控。

2）长图记录仪。

3）对偏差而不是绝对值的显示。

仪表板上象形的工艺流程长条显示板和一长溜仪表板上的仪表，使操作人员可以很快地掌握全局情况，在紧急情况时，也容易跟踪事态的进程，好像追踪洪峰前进对流域的影响一样，实时掌握当前的状态。计算机显示屏时代，这只能通过不断地调用不同的显示画面才能做到，实际上割裂了操作人员对过程“脉搏”的感受。

长图记录仪（Chart Recorder）也称滚筒记录仪，现在不大见到了，但电影里还是可以看到地震仪或者测谎仪用这样的滚筒记录仪。滚筒上的记录纸随滚筒转动匀速地前进，记录笔横向移动，这样就记录下过程参数随时间的变化。这对发现参数变化的趋势特别有用，也可以用作故障的事后诊断，或者用来比较不同时期的工艺条件变化。纸筒用完了要换，换下来的纸筒标上起止日期时间，存档作为记录。类似的还有圆图记录仪，记录纸不是线性的进纸，而是圆周转动，所以画出的曲线是圆的，好比极坐标图。一般以昼夜为单位，一昼夜换一张纸，也有以班次为单位的，每班一张图。

图 4-6-10：在仪表板时代，操作人员一眼扫过去，就可以对整个过程心中有数，发生异常的时候，从上方的象形显示板可以实时监控故障发展过程

长图记录仪可以记录的时间更长，看起来直观，追踪同一曲线方便。但比较同一卷纸上不同时间段的曲线时，除非剪下来，否则在时间上同步比较啰唆。但存档保留的话，又不宜随便剪下来。圆图记录仪相反，最大的好处是不同曲线的时间上同步容易，不过记录的时间补偿，保存的话那是一大堆圆图，弄不好就散乱了。

图 4-6-11：没有数字显示，只有模拟的指针显示，加上长图记录仪，反而便于看见森林，而不被树木迷惑

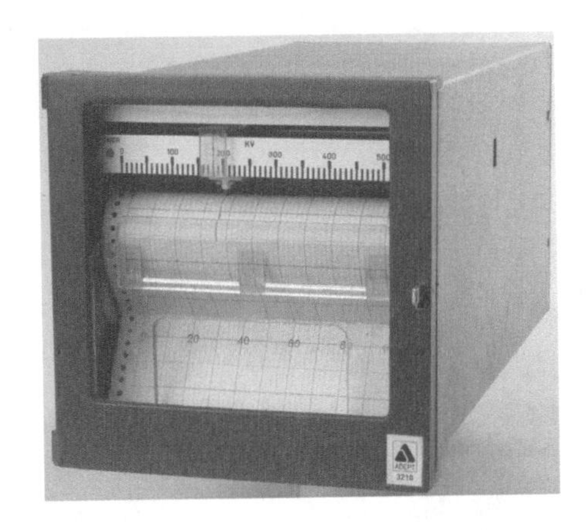

图 4-6-12：长图记录仪用于记录过程参数的趋势

图 4-6-13：测谎仪也是一样的意思，在滚筒匀速转动时，记录笔横向移动，记录曲线

图 4-6-14：除了长图记录仪，还有圆图记录仪，特别适合每天一换的记录

有经验的操作人员经常不是靠监视过程参数的当前值来发现问题的，靠的是观察记录曲线的走向。但在早期的计算机显示屏时代，模仿长图记录仪并不是一件简单的事，需要事先编程才能调用。虽然这不比单元仪表时代更麻烦，但依然很不方便。

单元仪表时代所谓的模拟仪表通常不用数字显示，而是用指针、汞柱等显示。而且是标称化显示，所有参数都是0～100%，不管这是温度、压力还是液位、流量。一方面，这没有数字显示精确；另一方面，操作人员可以很快地概略判断当前状态大势，如果所有指针都在中间位置，那一般没有什么大事。指针“顶天立地”了，那就大事不好了。

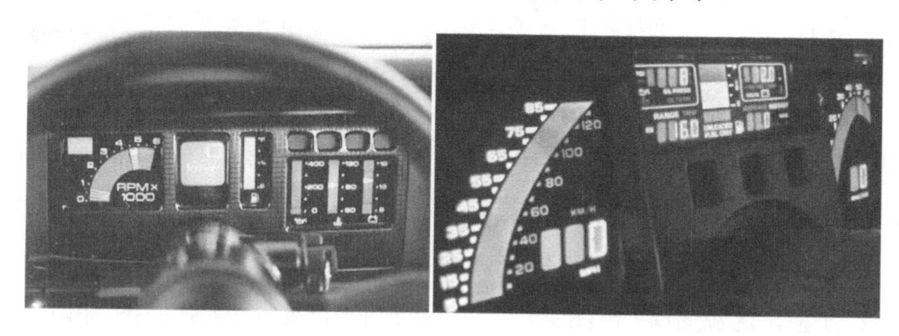

图 4-6-15：数字时代了，用数字显示更精确，但未必符合使用习惯，特别精确的读数未必有用，大致在什么速度，更接近设定值还是上下限，这样的定性信息反而更加有用

操作人员还可根据设定值和测量值指针之间的相对位置和指针的运动方向，迅速判断过程的动态走向。相比之下，计算机的数字显示反而不直观。数值本身常常不是最重要的，数值是在正常工况范围之内还是之外以及运动走向才是最重要的，这和汽车上的仪表显示很相像。20 世纪 80 年代时曾有过一阵潮流，将速度、发动机转速和其他显示用数字表示，很快遭到人们的反对，因为看数字再思考实际速度，反应太慢，还是一眼看到指针大概位置更加直观。手表也一样，全数字手表读时精确，而且成本低，但是人们还是喜欢用带时针、分针甚至秒针的传统显示手表，哪怕不是机械式而是石英的全电子式手表。随着 iPhone 时代人们对数字显示的接受程度更高，现代汽车上好像又回归直接用数字显示速度和转速了，但高档一点的汽车即使用全电子显示，也要模仿机械指针的效果，原因还是在于概

略判读更加方便。

图 4-6-16：数字显示技术进一步发达后，现在反而有回到数字化的模拟显示的趋势，模仿传统仪表，因为这更加直观，便于迅速判读

视窗显示的图形功能是分辨率和色彩能力相当于 CGA 彩显标准的传统工控系统显示系统所望之莫及的。连上过程数据记录系统（实际上就是海量硬盘）后，可以读取历史数据，在视窗环境下也可以较容易地模拟长图记录仪功能，这就是趋势图。用户可以根据需要增减趋势图窗口（trend）的数量，每个趋势图可以根据需要增减“记录笔”（traces）的数量，并用不同的颜色、线条粗细和虚线实线区分不同的记录笔所代表的工艺参数。把光标放在“记录笔”的线条上，还可以读取精确的时刻和数值。

视窗环境使得改变趋势图的灵活组态十分便捷，可以由操作人员在任何时候自由增减所记录的工艺参数，自动或者人工调整纵坐标的上下限，以便于观察微观变化或宏观趋势，也可以调整时间轴的长度、起点和终点。纵坐标自动调整是很容易做到的，随着数据的变化，自动放大细节。但有时这并不是必要的，甚至很容易误导。任何实际过程曲线只要放到足够大，总是能看到险峰深渊，但实际数值的变化可能微不足道，只是过程噪声，根本不需要、也不应该以此做出反应和调整。这时人工（或者按照预设工艺条件）固定在常用的上下限反而容易判断曲线的升降代表真实的过程突变还是噪声。需要的话，也可以把一段时间内整个的数值列表显示，甚至打印输出，或者按文件输出，便于分析。

视窗的图形功能同时将具体参数的显示用数字和指针结合起来，兼顾指针可以快速判断和数字显示更加精确的优点。指针可以像钟表指针一样左右摆动，也可以像汞柱温度计一样上下浮动。指针指向中间，或者汞柱的高度在中间，不用看具体数值，就知道处在正常工况。指针或汞柱偏离目标值达到一定程度时，自动变色，提醒操作人员注意。图形显示上有很多数值，不看旁边的说明（如“冷凝罐 V102 液位”“主泵 P001 出口压力”等）或者计量单位（比如 t/h 肯定指流量，MPa 肯定指压力，%一般指液位等）的话，光看数值是不知道这到底是什么东西的。但经常看说明或者计量单位，总是有点小麻烦。设计巧妙的话，还可以用不同形状表示温度、液位、压力、流量等不同类型的工艺参数，这样一眼就可以分辨出不同参数的类型，而不需要读旁边的说明，进一步加速判读。

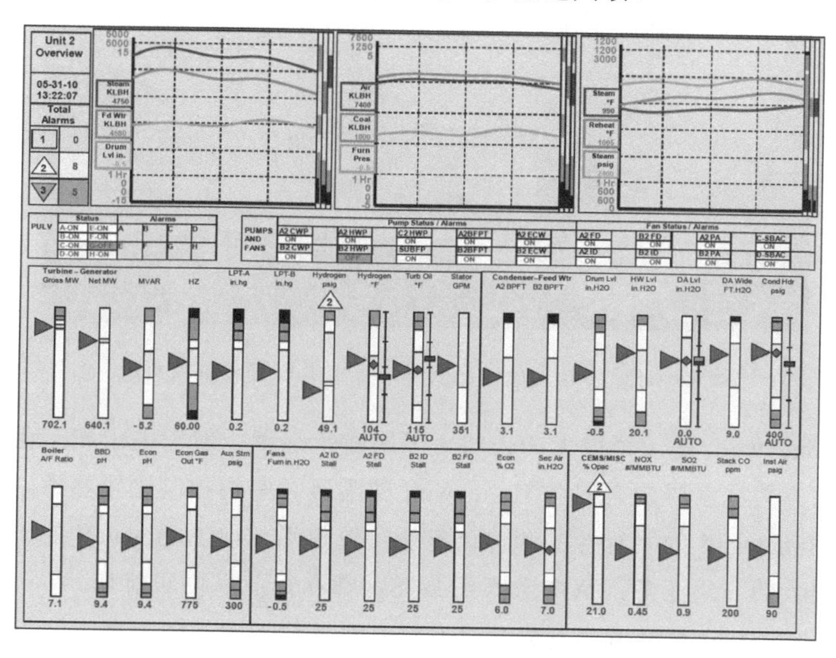

图 4-6-17：在过程控制中，用条形图、趋势图有时也比直接显示具体参数数据更有用，尤其适合一览无余的概况监控

单个的显示图面可以用象形或者模仿流程图的手段显示，但如何把多个显示画面用符合逻辑的方式直观地联系起来，如何组织显示画面使操作人员既看到树木又看到森林，这是一个很不简单的问题。

在另一个的层面上，老式显示环境提供了大约 640×480 的分辨率和 16

种色彩。这对模拟仪表已经是非常奢侈了（一般只有红、黄、绿警告灯，没有别的色彩了）。视窗环境提供 16 位甚至 32 位的色彩，从实用角度来说，几乎是无穷多种色彩了。这似乎是一件好事，但实际上带来了极大的困扰。工业控制环境的色彩选择不是一个美学问题，而是一个人机心理的问题。色彩的选择应该和人对色彩的反应相联系，不同的色彩应该有不同的含义，否则，五彩缤纷的显示很容易把真正重要的信息掩盖了。到底应该用什么样的色彩才合适呢？

图 4-6-18：指针式的速度表图（顶上）也有类似的功用

Honeywell 是一个很大的公司，下属建筑空调、航空电子和工业自动化部门。关注家居的人们对 Honeywell 的暖风、空调控制比较熟悉，军迷们对 Honeywell 的飞行控制和玻璃座舱比较熟悉，但 Honeywell 的工业控制是很大的一块业务，从变送器到 DCS，都在行业里位居前列。

航空科技在很多方面是先导，在控制系统显示上也不例外。飞行员在遇到紧急情况的时候，有大量的信息需要处理，需要及时反应，否则飞机就可能掉下去，或者被敌人打下来。现代大型化工厂也面临同样的问题，对紧急情况处理不及时的话，事故就可能迅速升级到不可收拾的程度。Honeywell 在航空电子方面的经验使 Honeywell 在工业控制软环境设计方面具有独特的优势，从 20 世纪 90 年代开始，Honeywell 凭借贯通航空电子和工业控制的优势，组织了一个“异常情况管理”（Abnormal Situation

Management，ASM）的松散研究组织，专门研究控制系统 MMI 的问题。后来更多公司和学术界投入相关研究，但 ASM 是先驱，为工控 MMI 研究打下基调。

ASM 通过对人机心理和工控环境的研究，发表了一系列 MMI 的设计原则。ASM 原则后来为很多其他行业组织和公司采用，其中，显示系统的色彩和画面设置是一个重要内容。ASM 的研究结果表明，斑斓的色彩和炫目的图形设计是工业控制的大敌。在天下太平的时候，这可能使得画面看起来很有趣，但在紧急情况发生时，真正的警报信息就可能淹没在斑斓和眩目之中。

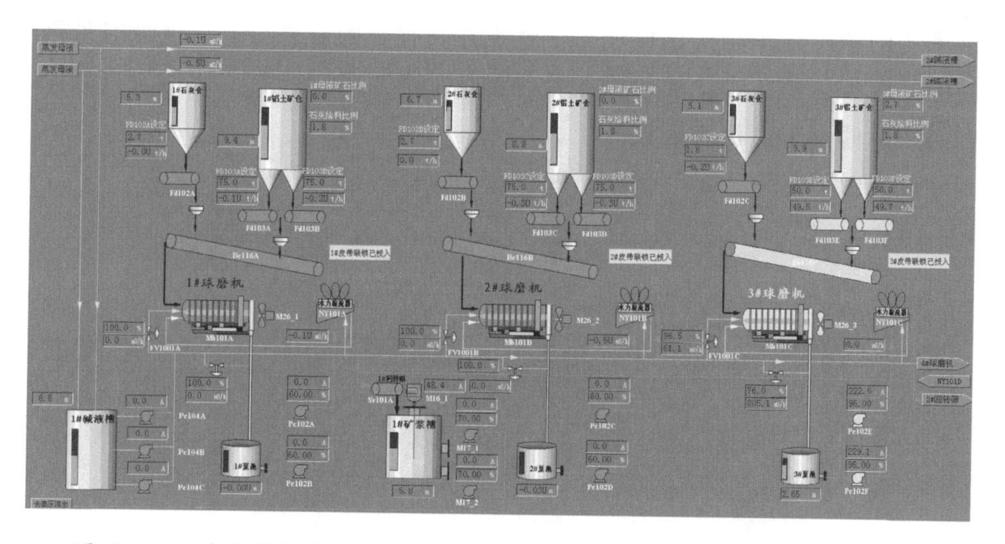

图 4-6-19：有众多色彩可用的时候，容易情不自禁地用各种颜色区分设备、管线和状态，但这样五色缤纷的图面环境里，一旦真有异常，需要用颜色提示的时候，就容易淹没在色彩的海洋里，要误事的

事实上，航空界很早就注意到这个问题了。飞机座舱里除了各种仪表和开关外，指示灯也越来越多，提醒飞行员各个系统的工作情况和任何异常。传统上，如果一个系统在运转，和这个系统相应的指示灯就是亮的；一旦系统停转，指示灯相应熄灭。以后开始用不同颜色区分不同的状态，绿色表示正常，红色表示故障，有时候还加上黄色，表示异常但还不到故障的地步。随着系统复杂程度迅速提高，座舱内很快就变成了

灯的海洋，在工业界就被戏称为“圣诞树”，好像圣诞节前夜红红绿绿挂满彩灯的圣诞树。

有些系统在正常的时候并不需要工作，或者只有在某种模式下才需要工作，比如起落架，着陆的时候不能放下起落架是要命的事，但在飞行的时候就不需要放下。如果不分状态，简单化一下，只能取保险的状态，也就是放下了是正常，不放下就是不正常。这样一来，起落架的指示灯在整个飞行时间里倒有大半时间是红的。这样的系统多了，灯海里红的、绿的就不再容易分辨到底谁是真故障，谁是真正常。空客在设计 A300 的时候，就开始采用所谓的“暗舱”原则，正常的系统指示灯根本不亮，只有不正常系统的指示灯才亮，这样一下子就抓住飞行员的注意力，以便及时处理问题。瑞典萨博在设计战斗机座舱时也是一样，后来还把“暗舱”设计原则用在萨博汽车的仪表板设计上。

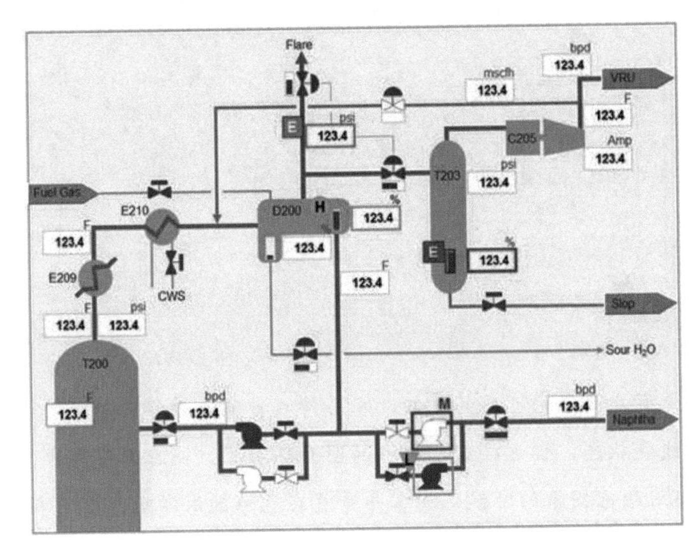

图 4-6-20：相反，这样灰秃秃的画面在平时看着很乏味，

但一旦有警示，就十分抢眼，便于迅速抓住问题

ASM 将这个“暗舱”原则应用到工业过程控制人机界面设计中，只着重显示异常状态。电动机是在转还是不在转这个信息并不重要，该转的时候不转，不该转的时候自说自话转起来，这才是重要的信息，必须立刻提醒操作人员。从这个原则出发，工控画面设计以下几个原则：

1）背景使用最枯燥乏味的浅灰色或其他所谓的“中性色”。

2）所有设备、管线、字符和静态画面元素使用中灰色，和背景有足够反差就够了，不用过于醒目，不宜无谓地争夺注意力。

3）尽量使用指针、汞柱等模拟显示，降低对数字的依赖，便于快速判读。

4）只有动态数据、指针、汞柱采用较深的灰色。

5）避免一切不必要的、纯粹为了好看的图形细节，比如三维的容器、渐变色、旋转的风扇叶片、设备边缘的勾勒线等。

6）色彩只用于警告显示，严格限制色彩的数量，每一个颜色都具有特定功能，比如红、黄、蓝只用于表示警告等级，紫色只用于状态异常（控制系统不在自动状态等），不用于任何其他用处。

7）为了便于色盲人士判读，符号和信息不宜单纯用色彩标识，还应该辅以特定形状，比如高等级警报用向上的三角，中等级用方块，低等级用向下的三角。

8）设备的正常起动、停止不是警报，不用色彩表示，最多在深灰和浅灰之间切换，以避免和真正的警报混淆，比如双套互为备份的泵在正常的时候一台运转，另一台停机待命，转和停都是正常状态，用深浅灰色区分，只有在该起动而不动的时候，或者该停下而不停，才以红色或者其他报警色显示，标示故障。

使用这样的“暗舱”原则设计的工控画面在正常的时候是很乏味的一片灰色，但一旦出现异常，那几点“万绿丛中一点红”就非常醒目，马上就抓住操作人员的注意力，有利于得到及时处理。很多研究比较了传统显示与ASM显示，研究结果一再确认：ASM显示有利于操作人员快速抓住过程异常和做出正确判断，显著提高反应速度。

由于这个设计原则和传统的工控画面太不相同，一开始实施的时候，容易受到操作人员的强烈反对，特别是有经验的老工人，最大的反对理由如下：

1）传统的黑背景、彩色线条和色块更加醒目。

2）传统的用颜色区分设备和状态更加醒目。

实际上，这种传统恰好是ASM要根治的。黑背景是有原因的：过去显示技术不发达，色彩少、亮度低、反差不足，只好用黑色作为背景，增加反差，增加可读性。这和早年的文字处理与DOS环境也是一样，WordStar就是黑底绿字，DOS到现在还是黑底白字。随着显示技术的进步，人们开始用浅色背景和深色字符，因为这样使眼睛比较舒服，可以长时间阅读。现在的文字处理或一般软件等已经基本看不到黑底白字了，基本上都是白底黑字，如常用的Word、Excel等。个别网页依然用黑底白字（或者绿字、黄字、红字），这使得彩色图片更加鲜艳。但要是以文字或者字符信息为主，阅览的人要不了多久眼睛就很不舒服，感到刺眼了。工控显示是一样的道理，除了习惯，没有理由采用黑底白字。事实上，采用浅色背景还有利于消除灯光或环境光线在屏幕上的反光，有利于增大室内光亮。人都适合在明亮的环境工作，昏暗的环境使人昏昏欲睡。采用浅色背景可以大大提高控制室内的明亮度。

用颜色区分设备和状态增加了很多并不提供额外信息的静态信息，等真正需要抓住操作人员注意力的警告色出现的时候，容易淹没在五颜六色之中，不利于及时发现和处理异常情况。过于精细的设备细节也是一样的，并不提供有用的信息，只是美观而已，但增加画面的拥挤和琐碎。

使用高亮度的浅色背景当然也是有代价的，代价就是显示器的寿命将要缩短，可能从一两年缩短到6～10个月。好在现代LCD/LED显示器价格不高，而且在稳步降低，寿命也在稳步提高，这点代价对工业应用来说微不足道。

在使用直观手段显示数据方面，ASM鼓励使用图形，包括一些平时不大常用的图形。人眼对数字的变化不敏感，但对于图形样式的变化很敏感。这就是人眼为什么容易识破伪装的道理，也是ASM鼓励使用图形而不是数字显示的道理。一个大型装置有成千上万个测量点，其中蕴涵了装置的大量健康状态和产能信息，在一个画面统统显示出来既不可能，也会造成不可想象的信息过载（Information Overload）。有时有那么十几个实际过程参数可以直接表征装置的基本状态，或者通过PLS等数学方法将大量相关的信息提炼、浓缩成少量“合成参数”，用来监测过程概况。如果对这些关键参数进行标称化（normalization），也就是除以正常值，这样正常的时候，标称化后的参数值就是1，显著小于1或大于1都是不正常的。当前值减掉正常值是另一种做法，这样 0 就是正常状态，显著大于 0 或者小于 0 都是不正常状态。不过与除以正常值的做法相比，减法受实际数值的大小影响较大，1.5 对当天人民币对美元比价变化是显著变化的，但对当前道琼斯股指的浮动就微不足道了。但除以正常值之后，0.95 代表 5%的相对下跌，更有可比性。

用标称值的话，十几个参数可以用条形图表示。正常的时候是平顶的，出问题时哪一个太高或太低很容易看出来。另一种表示方法是用所谓的“蜘蛛网图”或极坐标图，每一条放射线代表一个标称化了的参数。正常的时候蜘蛛网是近乎圆的，一旦变形，就代表出了问题。不同形状表征不同的问题，甚至还没有到告警的程度，就很容易抓住操作人员的注意力。

解决了色彩和图形的问题，下一个就是画面布局和联系的问题。这里有两个问题：

1）解决“隧道视野”的问题。

2）解决画面切换的导航问题。

ASM 用一个全新的多层次画面结构同时解决了这两个问题。这是一个通过视窗环境实现的多窗口显示体系，在一个显示屏上同时显示 4 个窗口，每一个窗口有固定的位置、大小和功能。具体来说，两大主要显示左为系统级（相当于车间级）显示，比如化工厂的反应器系统、精馏塔系统等；右为单元设备级（相当于工段级），比如反应器系统里的进料泵和阀，精馏塔系统里的某一个塔及其附属设备。这两级显示以图形和字符为主，两级之间的关系犹如文件系统的上下级目录树，系统级当然是根目录，单元设备级当然是子目录。图形表示设备和管线及其状态，字符表示具体数值和设备标号。为了避免画面过于拥挤，很多控制系统的具体状态参数（如手动/自动，初始化状态，设定值、过程测量值、控制输出等）不在主要画面上显示，但另外有所谓的“成组显示”（Group Display），分组专门显示若干相关的控制和监测回路的具体信息，如上述状态参数。这些成组显示也属于上述树结构，挂在单元设备级显示的下一层。但具体到每一个控制和监测回路，还有更多的具体信息，如控制律参数整定（还记得 PID 控制吗）、警告限、具体的回路组态参数等，这就需要左下的另一个单回路显示（Detail Display）。单击任一画面上的任一控制或监测回路，这个回路的具体信息就在单回路显示里显示出来。成组显示和单回路显示以字符为主，没有多少图形。单回路显示有自己的专用记录仪显示，用于观察控制回路的设定值、测量值、控制输出的响应曲线，对于参数整定特别方便。另外还有一个公用的多笔记录仪显示，供操作人员按需要增减记录参数。

各级显示画面上像 Excel 的电子表格（spreadsheet）一样，有一系列标签（tab），每一个标签代表一个系统或单元设备，单击标签就自动调用相应的画面，单击系统级的标签连单元设备级的画面一起更新，单元设备级画面更新导致成组显示也更新，就像在文件系统里单击不同的层次的目录名一样，所有相关的下级目录树一同选中。这从根本上解决了画面之间的导航问题。标签还有另外一个作用：这个标签下属的回路中如进入警报状态的话，标签本身按警报等级自动改变颜色，操作人员可以很直观地一下子就看到哪里出了问题，如果不是当前标签的话，直接单击就调用了出来，便于及时处理。单回路显示用不着标签，由单击别的画面上的控制点来更新，或者手工输入回路名调用。

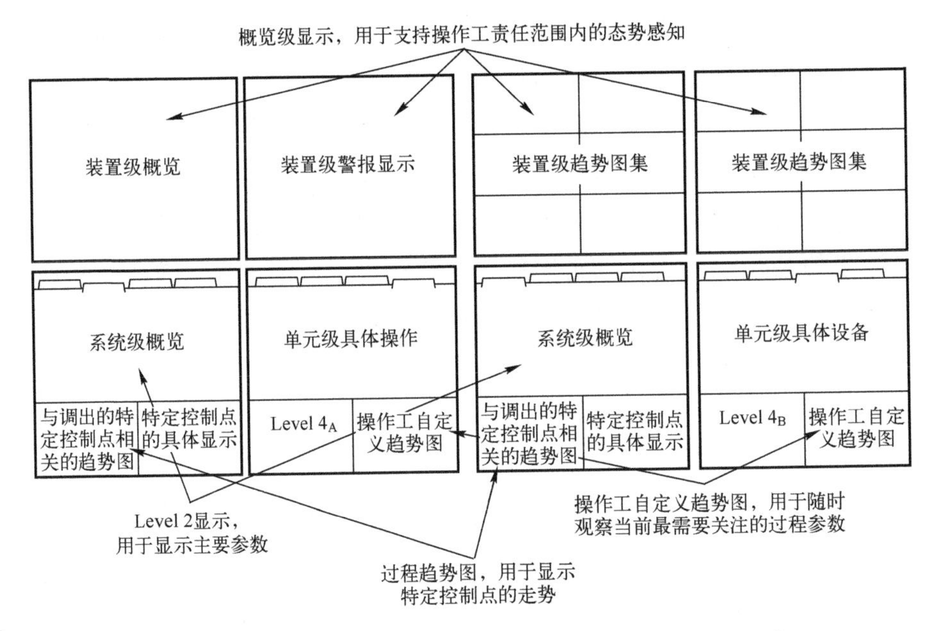

图 4-6-21：用四个一组的显示画面，便于有序组织显示的信息流程

所有窗口的大小、功能和位置是固定的，这是为了避免在不同的操作

班组之间造成任意性的混乱。一般避免使用弹出窗口，这是为了避免对重要信息的遮盖，如果经常需要移动弹出的窗口，一是增加不必要的麻烦，二是容易在紧张关头误事。弹出还有另一个问题：位置不固定，接连弹出几个窗口，还要找哪个是谁，在关键时刻容易误读。但特别重要的操作还是可以用弹出窗口，确认操作动作后自动消失。

除了上述系统级和单元级画面，还有一个装置级的显示。这是一个操作人员可以有效监控的最大范围了，更大的范围就不是他/她的责任范围了，实际上也是力不能及了。这个显示不用于直接控制具体回路，只用于监视整体工况。和装置级显示并行的是警报显示和关键参数记录仪显示（Critical Trends），用于把握大的动向。

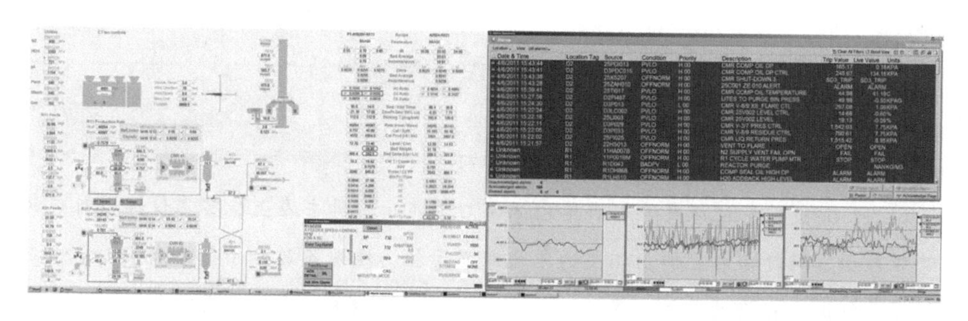

图 4-6-22：典型的装置级画面，左为这一操作人员的责任范围内的装置级显示，右侧的警报显示用的是嵌入式软件，没法改底色，否则会与左侧的统一，单击正在报警的控制点直接把该点“拉进”左下的单回路显示，可以观察具体信息，右下的趋势图显示需要时刻保持观察的关键参数

这样的分级显示结构可以从装置级到系统级到设备级到具体参数一目了然，窗口之间的逻辑关系十分清晰。控制室里有若干控制台（Control Console），每个控制台有多个控制站（Control Work Station），一个控制站用于装置级显示和警报显示，其他控制站分别就是这样一组四个窗口，几个控制站组成一个控制台，就可以监控一片责任区域（比如乙烯装置的裂解部分），两三个控制台就可以控制一个规模相当大的工厂（比如整个乙烯装置）。对于电站、交通控制、航天控制等地方，还可以有整个一堵墙的巨型显示，专用于总体概况的显示，供所有人共用。

就具体画面设计而言，分辨率和字符大小是很关键的。分辨率当然是越高越好，但字符就不是越小越好了。高分辨率容许减小字符尺寸，但以清晰可辨为度，而且要在一定的距离上清晰可辨。所以实际分辨率高到一定程度就不再有效果了，不能进一步缩小字符的物理尺寸。另一个是显示屏尺寸，当然也是越大越好，但在分辨率没有提高的情况下，增大显示屏只增加字符大小，并不能增加字符密度。另一方面，操作人员的视野是有限的，很大但信息量并没有增加的显示屏徒然增加操作人员扫视的距离和角度，因此也不是简单的越大越好。

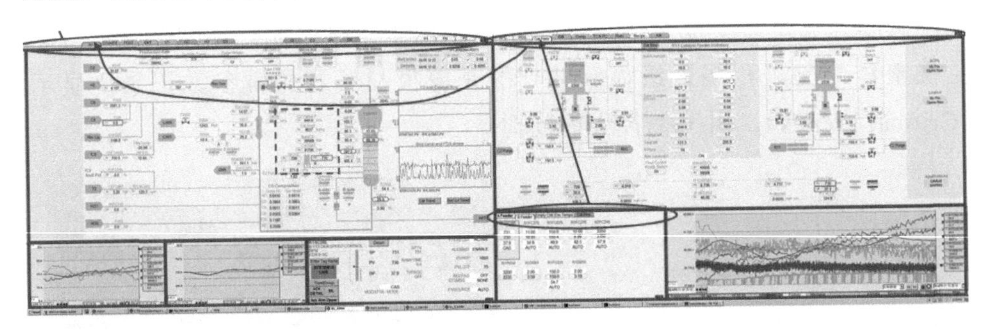

图 4-6-23：典型的系统级（左）和单元级（右）显示；单击左上标签不仅调出对应的系统级显示，同时在右上调出相关的单元级显示组，组内各显示由标签表示；单击右上标签不仅调出相应的单元级显示，同时在右下调出相关的多回路显示组，组内各显示由标签表示；单击任一显示上的控制点调出左下单回路显示，旁边的专用趋势图对回路整定特别有用，右下为本系统的关键参数趋势图，可再任意显示上右键单击任意控制点增减需要显示的参数）

超高分辨率、特大显示在理论上可以增加显示内容，但在实用上可能会造成判读困难，这就好比大开幅、高密度但并不熟悉的工程图纸阅读并不容易，适当限制信息量反而有助于判读和抓住主要信息。另外，DCS 的网络带宽也限制了每个工作站能从系统“抽取”多少信息，过量的信息极大地增加了网络流量，对系统响应不利。现代 DCS 经常是 WINTEL 的通用 PC 与专用工业控制模块组成的混合系统。WINTEL 和 PC 在一波又一波的 IT 革命中迅速更新，DCS 则基于非常成熟可靠的技术，久经考验，但原始设计根本没有考虑现代应用的数据率要求，典型带宽有的只有 4Mbit/s，与现代 Ethernet 动辄 100Mbit/s 以上的速度很不匹配，容易形成瓶颈，在 PC 端“过度”索取 DCS 数据时，造成 DCS 通信过载问题。随着显示密度越来越高，先进控制应用之间的通信量越来越大，系统带宽成为越来越严重的瓶颈。这是系统进行结构性升级的一个重要动力，需要全面采用开放标准的 Ethernet（实际上是工业标准的容错 Ethernet）。不过这事说着容易做起来难，这样的大规模升级兹事体大，相当于整个 DCS 重新设计、投运，很少会光为了显示图形的要求而这样大动干戈。

工业控制的人机界面设计是一个很不简单的问题。在视窗环境提供强大显示功能和人们对五色缤纷的软件环境习以为常的时候，要特别注意抵抗将工控 MMI 设计成计算机游戏界面的诱惑。工控 MMI 的第一任务是迅速、有效地引导操作人员的注意力，使操作人员可以有条不紊地按优先次序，及时处理最大量的问题。美观、有趣反而常常会不必要地在最不合时宜的时候分散操作人员的注意力。

控制室设计

对于一个现代大型工业过程来说，中控室（全称中心控制室或者中央控制室）应该是神经中枢了，所有仪表信号都连到这里，所有重要的控制决策都从这里发出。这里一般也是大人物或者新员工参观的必经之地，自然光鲜度也较高。不过，中控室设计很容易陷入误区，尤其被科幻电影或者形象工程所误导。事实上，很多中控室的设计都不符合人机工程的原则，包括全新建造的工厂。大而无当的控制大厅里，一排排控制台像列队的士兵，光洁的大理石地面反射着满天星斗的灯光，人们在忙碌地穿进穿出。这其实是很糟糕的控制室设计。

中控室是控制集中化的结果。原始自动控制由现场的气动仪表实现，工人需要在现场巡回检视，抄录数据，调整参数。控制技术进步到单元仪表后，控制信号开始引入中控室，操作人员可以全面掌控整个工厂的情况，做出最优的操作决定。气动单元仪表需要接通气动信号管线（一般是铜管或者铝管），安装、维修、重组十分麻烦。电动单元仪表前进了一大步，但也很快落后于化工控制的需要。计算机控制才解决了集中控制的问题。

现代化工厂的最大特点如下：

1）大型化，规模出效益，所以化工厂都是越造越大。

2）单系列化，能够用一台大型设备的地方，绝不用两台中型设备。单系列在可靠性上有所损失，但在效率、占地和维修上，利远远大于弊。

3）参数极端化，为了最大限度地提高效率，工艺参数都全面向设备极限逼近，使得操作的差错余地极小。

4）能量和物料的流动高度整合化，热尽其用、物尽其用，牵一发而动全身。

这些特点决定了监测和控制参数越来越多，精度要求越来越高，反应时间越来越短。所以，中控室首先是一个工作场所，首要的设计考虑是人机效率，舒适是次要的，光鲜更加是非常不重要的。

中控室的设计考虑从地理位置开始。再现代化的工业装置也不可能全盘自动化，除了中控室操作人员，还有现场操作人员。很多关键设备不容许远程起动，必须现场目视确认设备状态后，才能由现场开关起动，或者把现场开关设到“容许远程”才由 DCS 起动。现场操作人员绝对不是中控室操作人员的小当差，而是中控室操作人员的耳目和触角，两者必须紧密配合，才能把工厂运转起来。尽管现代仪表可以测量非常多的东西，但还是有太多的东西只有在现场巡视才能发现，比如异常噪声、异常气味、管路滴漏、设备振动、雨雪风霜对设备的影响等，还有很多次要阀门在改变生产状态时需要开关，从新引导能源和物料的走向。这些阀门使用不多，不值得全部远控化，但要用到的时候，只有召唤现场操作人员了。

现场操作人员需要休息和办公的地方，比如填写报表、阅读手册、修改规程、领会领导精神等，在工作上也需要和中控室操作人员建立紧密的工作关系和个人关系，有助于建立团队精神。所以现场操作人员和中控室操作人员的交流和共同工作环境是中控室的一个很重要的设计考虑。现场操作人员需要离装置近便，休息室最好在装置的中央。中控室出于安全考虑，一般不能设置在装置中央，最多只能设置在装置边缘，甚至需要远离装置。如果多个大型装置共用中控室，那就距离边远装置更远了。

为了离重大设备更近一些，有时可以设置卫星控制室（简称卫控室），专注于控制某些重大设备。如果重大设备需要控制室操作人员身兼现场操作人员，那就更需要卫控室了。卫控室和中控室分离的问题在于，中控室人员和卫控室人员只是在电话上联系，缺乏面对面接触，容易造成隔膜和鸿沟，也容易造成“老连长固守边疆几十年如一日”的事情，不利于人员流动。人员如果不流动，时间一长，就会乏味，不利于员工的个人发展。如果可能的话，尽量不要使用卫控室。

但使用集中的中控室，多大的集中程度才是合适的，这是一门艺术。现代大化工装置经常不再是单打独斗，而是采用“石化总厂”的方式，在一个地方同时建立热电厂（包括提供工艺蒸汽）、水处理厂、炼油厂、乙烯厂、聚乙烯厂、乙二醇厂、涤纶厂等。这些厂高度关联，集中控制有很大的好处。最大的好处还是打破条块隔阂，建立个人关系，疏通工作关系。

但是每个厂毕竟还是有一定的独立性，当一个厂发生局部故障时，总是伴随着大量的警报声、对讲机对话、人员进出。在一个统一的集中控制室里，很难不对没有受到故障波及的其他控制台造成影响。中国人说话比较大声，隔几步路不愿意走过去说，而是扯起嗓子喊。印度人也是一样，噪声问题更大。欧美人实际上一着急起来，也是同样的问题。人都是差不多的。

比较好的办法是既有集中，又有分隔。方法之一是在开放式大厅里做菊花式布局，每一个菊花瓣是一个马蹄形控制台，对应于一个装置，背后是出入口，供现场操作人员和换班的中控室操作人员出入。每个菊花瓣底部有一个可以拉下来的“窗帘”，可以阻挡视线，还具有有限的隔音作用。平时“窗帘”升起，有利于各控制台的人员视线交流；故障时把“窗帘”放下，别的控制台的人既可以了解故障装置的动态，又不至于太受声光和人员活动的影响。但更好的办法是像棋盘格一样，控制台之间由玻璃墙分隔，保留大型通道口以维持开放设计概念，但在故障时可以关门隔离，并可以落下窗帘隔离视线干扰。当然，超大无框玻璃墙也不是没有问题的，但稍不留神，走路就直接撞上去了。到处是超大玻璃墙保持既分隔又通透的苹果总部就老有这样的问题。

具体到控制台设计，传统控制台是一字排开的，这有容易扩充的好处，可以在两端自由延伸。但太长的话，不便观察和操作。马蹄形控制台容易操作，但侧后的控制面板实际上反而不容易观察和操作。弧形控制台介于两者之间。

但中控室总是有人进出的，不是现场操作人员、工艺工程师，就是“体察民情”的头儿、脑儿或者参观的人。控制台应该面向人流还是背向人流？这个事情不好一概而论，两个做法都有优缺点。

图 4-7-1：这个设计比较适合单一大中型装置，大玻璃后的办公室可供车间主任和工程师使用，随时观察情况，随时介入

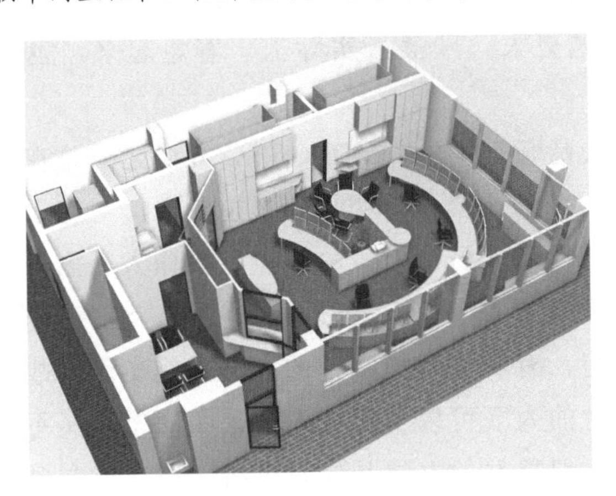

图 4-7-2：这个设计适用的装置更大一点，左侧的午餐室有通向控制室的门窗，既有分隔，保持隔音，又便于观察和迅速进出

人都不喜欢背后围着一群人评头论足，在紧张的时候最好也不要有人在背后看着干活。从这一点来说，控制台面向人流比较好，工作空间相对背离人流的视线。但传统控制台是“实心”的，坐着的人看不到控制台背后的人流，人流到后来还是要转到这一边来。现在控制台通透一些，显示屏之间有一定的空隙，但人流往来是一个视线干扰，容易分散注意力，也

不好。一般说来，还是背对人流好一些，但要控制进入中控室的人流，在必要的时候可以有所分隔。比如说，中控室操作人员背后的直接空间较小，只有紧密有关人员才能进入，再后面有玻璃分隔，容许参观人员站在后面观察，既阻隔交谈的噪声，也可以在必要的时候拉下帘子集中注意力。这样专用的“参观空间”比较浪费，中控室是在防爆结构内，寸土寸金，很多工厂不一定愿意花这个投资。但对 NASA 这样的公关价值很高的地方，这不失一个有效的做法。

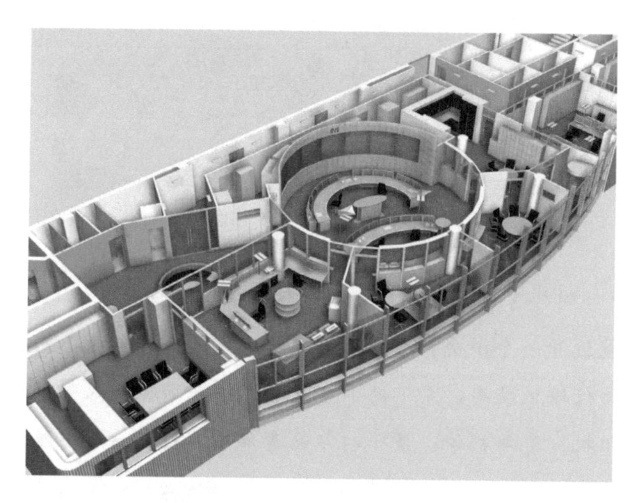

图 4-7-3：这个设计适用于大型装置，对办公和辅助面积的考虑也较周全，中控室左侧倒马蹄形办公桌的空间是给现场操作人员使用的，与控制台操作人员既近便，又有所分隔，并在靠左上的墙壁一侧有绕道的走廊，供一般通行使用，避免无关人员穿越控制室

说到人流控制，中控室里进出的人很多，有现场操作人员、工艺工程师、仪表和维修人员、自控和系统工程师、大头小头、参观人员等。各人有不同的功能，需要一定的“交通指挥”，明确哪些区域在什么时候只对哪些人开放。用固定的墙（包括玻璃墙）效果最好，但有的时候不现实，或者太浪费空间，于是就要用灯光、地面的颜色或者图形、质地（地板、地毯、地砖……）、墙壁色彩、天花板顶棚等暗示功能分区，引导不同的人流。

中控室的气氛和噪声控制很重要。这不是一个使人兴奋或者使人放松的地方，太兴奋或者太放松都不好，需要的是冷静和稳健。中控室的墙壁颜色应该是中性的，灰色、米色、淡紫色等。不要清一色的颜色，那样使人压抑，也容易疲劳，但也不能太花哨，分散注意力。墙面应该有降噪处理，最好是粗麻布那样的覆盖，像电影院里一样。

图 4-7-4：这个设计同样考虑了必要的办公和辅助空间，还有左上的小会议室，遇到疑难问题时可以就近开一个小会，而不影响操作人员的工作，还在侧墙上留出投影屏幕，供班组会和岗位培训使用，左下的小空间也是给现场操作人员使用的，同时放置各种打印机、复印机等，便于打印注意事项、检查清单、物料单等

图 4-7-5：这个设计适合特大型装置，左侧靠墙的是机柜空间。这样的设计很紧凑，沟通方便，便于协调，缺点是一个控制台有异常时，所有人都受到声光报警和人员进出的影响

图 4-7-6：这也同样适合特大装置，但相对有所分隔，互相影响较小，
如果能用垂帘或者活动玻璃隔断，分隔效果更好

地面切忌抛光大理石之类的光滑地面，一方面容易滑倒，另一方面反射噪声很厉害。地面滑倒是一个很重要的考虑。中控室不是真空室，现场操作人员和仪表机修人员要从外面直接走到这里来的。外面的雨雪风霜都随着脚步带到这里来，门口的地毯上脚底搓几下根本不能解决问题。光滑如镜的地面看起来光鲜，但要是有人在匆忙之中滑倒了，什么光鲜的好处统统抵消了。

图 4-7-7：这样高敞光鲜的控制室看起来高大上，实际上非常不合理，嘈杂，毫无声学处理的墙容易引起回声，不易交流，还对人流毫无控制，面积也毫无必要地巨大

在灯光上，现在有两派针锋相对的意见。从人机工程和工业心理角度出发，中控室应该明亮，在明亮的环境里，人们不容易瞌睡，容易保持警醒。从操作人员的习惯角度出发，昏暗中控室里的明亮显示屏才显眼，昏暗的中控室也暗示人们不大声喧哗和保持与控制台的距离；再者，传统中控室都是昏暗的，现在改习惯很难。

图 4-7-8：显示画面的色彩与中控室的灯光要配合起来，
像这样的黑底显示在军舰作战情报中心上还是常用，
但这只适合注意力高度集中的短时间使用，像每 2h 就轮换一班，
而不是工业上每 8 ~ 12h 才轮换一班，而且环境光线要暗

另一个理由现在已经不是很站得住脚了，明亮灯光容易在显示屏上形成光点，采用浅灰的明亮背景的画面和平面的 LCD 显示屏后，这个问题已经基本解决。现在看来，只有全新设计而且不考虑操作人员意见而设计的中控室才采用明亮的灯光，老厂改造升级或者操作人员有较大发言权的地方还是采用昏暗灯光的为多。

图 4-7-9：室内明亮的光线是好事，但在浅底色显示和黑底显示之间来回切换，非常伤眼睛，很不合理

图 4-7-10：长时间在昏暗的中控室工作容易使人昏昏欲睡，尤其是倒夜班的时候，但明亮的中控室要与浅底色显示相配合，否则容易造成视觉疲劳

图 4-7-11：把吃的东西带进中控室，不仅不容易保持卫生，
还可能招引老鼠，咬坏电缆

由于中控室操作人员在值班期间不能离开控制台，中控室近旁应该有一个小厨房和就餐室，供他们短时间离开加热自带饭菜，即使有送餐，需要有这样一个近便的“午餐室”（其实操作人员的早晚餐也在这里）。午餐室应该有大玻璃窗和控制室分隔，有方便的直通通道，可以看到和听到声音，万一这段时间里发生异常，操作人员可以发上发现并及时处理。但中控室里尽量不要带食物进来，一是不容易做好卫生，二是残留食物容易招引老鼠。老鼠不光令人恶心，还可能咬断信号电缆，那问题就大了。所以餐饮直送中控室的做法不好。

中控室操作人员也需要参加“班组学习”，在西方称之为 Team Meeting。由于他们不能离开控制台，所以一般做法是在控制台的操作人员空间的背后放一个大长桌，操作人员可以在参加会议的同时，转身就可以观察和操作。这一方面是会议桌，也是摊放大尺寸图纸、手册、维修/检修工单的地方，在客观上也把一般人员和操作人员隔开，保证操作人员有一定的私人空间。现在使用PowerPoint或者电子报表越来越多，背向操作人员的地方设一个大型投影屏，可以整个当班班组可以在小组会上一起看公司的最新指示、财务动向、安全教育等，很是方便。

还有一个问题是DCS机房（Rack Room）和仪表接线。DCS机房和一般机房一样，要求防火、防水、恒温、恒湿，此外没有太特别的要求。一般把DCS机房放在地下层，在中控室下面，现场接线进入地下进入终端室，然后连通到DCS机房，DCS机房出来的接线直接从地板穿上来，连到中控室，这样比较方便。

但地下、地面就是两层了，对于防爆建筑来说，建造成本较高。尤其现在很多采用卫星接线终端室，不需要把现场信号线拖到控制大楼。这样可以取消地下层，DCS机房设在地面层，和中控室相邻，中控室地面架空，地板做成活动的，上面盖上可以方便移开的方块地板（Floor Tile，大概一尺（1m=3尺）见方），便于在夹层空间里检修或者拉线。虽然顶棚大多采用吊顶，可以容易地打开、进入，但很少使用吊顶拉线。从顶棚下来到控制台看起来实在恶劣，太业余了。此外倒也没有什么理由非不能这么用。

扩大了说，中控室在控制大楼里，控制大楼至少包括中控室、卫生间、午餐室、DCS机房、仪表接线室、UPS电源等。但这之外，就八仙过海了。有一种做法是把工厂的办公部分和控制大楼相连，这样管理层、工程师、维修人员、实验室和操作人员紧密相连，工作流程比较顺。但这样做的问题有两个：

1）控制大楼需要离现场近，但那么多与现场操作不直接相关人员每天离现场那么近，有违安全原则。

2）控制大楼是整体防爆的，这说得好听，是为了操作人员的安全，其实是为了在事故期间依然保持控制，最大可能减小事故规模。但把那么多“无关人员”也包括在防爆结构里，建设成本剧增，把控制大楼造成一半防爆另一半不防爆，在现在已经不可能通过安全审查了。

在实践中，控制大楼还是常常和办公大楼分开，两者之间用停车场或者仓库什么的分隔。但这样做使得控制大楼和办公大楼之间人流往来络绎不绝。办公大楼是作为非防爆区域处理的，所有人员日常着装就可以了。

控制大楼属于防爆区域。人来往于两者之间，按照防爆要求全副武装的话，安全是安全了，但也忒麻烦了，尤其一天要来回几次的话。但不按防爆要求着装进入防爆区域也不妥。现在还没有什么理想的解决办法。

控制大楼还要有现场操作人员的休息室、办公空间、更衣室、淋浴室。还要有地方存放消防装具，现场操作人员是抢险灭火的第一线力量。还有一个很重要的工作区域是专用于签发当日工单的地方。这是现场操作人员审核当日机修、仪修工单和签发许可的地方。这里应该离控制台有一定的距离，减少人流干扰，但又不能太远，因为时常需要和控制台操作人员核实事情。

这里也是签到板的地方，任何时候任何人进入现场，都要在签到板上标明姓名、前往位置，出来的时候取下。过去用白板和彩笔，现在用磁性板和个人姓名磁条。这是万一发生事故时抢险救人的依据，马虎不得。谁要是稀里糊涂进去不签到、出来不取下，轻则喝茶，重则走人。万一出事故，抢险队是要冒着生命危险进去救人的，这可不能开玩笑。

如果办公大楼和控制大楼分离，控制大楼应该增加一些非绝对基本的功能。根据人机工程和工业心理研究，中控室旁边应该提供休息室和健身室。不是每一个人都需要时时刻刻瞪大眼睛的，而人是总归是要疲劳的，尤其是夜班期间。与其三令五申不许睡觉，不如主动引导，在稳定正常的时候打一个小瞌睡（如 20min），这样精神反而好。这样会有人滥用这种关怀吗？可能性总是有的，但每个班组都是最少人手，你打瞌睡别人就要加倍工作，你如果老是不识相，那就是自找“被辞职”了。健身室也是一样的意思，在夜深人静的时候，活动一下，不打瞌睡。控制台旁还有专用小卫生间，这些是操作人员专用的，上白班的人不得使用，越界是要被人翻白眼的。

另外就是小会议室，和中控室有大玻璃隔开，自有大型投影屏，可以把 DCS 上的信息在这里播放。有时过程出了问题，一大堆技术人员蜂拥而来帮助解决，都拥在中控室里，人声嘈杂，影响工作，在这里近便，有事情可以马上和操作人员交流，要讨论、争论又不影响操作人员，是一个很有用的地方。

还有就是系统开发室以及自控和仪表人员的办公室。系统开发包括组态、人机界面、编程和一般IT的任务，这需要和DCS连得近，所以一般不设在办公大楼。但自控和仪表人员的办公室是设在控制大楼还是办公大楼就不容易定了。设在办公大楼，地方宽敞，不占用防爆控制大楼的宝贵面积，但自控和仪表（尤其是PLC）人员所需要的响应速度和一般工艺工程师甚至机修人员不同，常常是在出问题的时候，分秒必争，需要尽快解决，几分钟可以是全面停车或者化险为夷的差别。相比之下，机修人员或者工艺工程师的时间没有那么紧迫，小问题没有那么急，大问题几分钟也解决不了。

这些都是往大里说，往小里说，控制台也是中控室操作人员的工作场所，他们需要8h（或者12h，看是两班倒还是三班倒）在控制台工作。即使在其他地方另设办公空间，对他们也没有用处，所以控制台还需要考虑办公功能。

具体来说，需要有空间放一台办公电脑，供读电邮、公司内部电子文件、操作规范、标准工艺参数等。另外需要有台面，可以供他们摊开纸质的手册、笔记/记事本等。为了便于阅读，需要有任务照明小灯，一般是固定在控制台上的可以拉进拉出和“拧脖子”的小灯，既方便阅读、书写，又不影响观察和操作。控制台附近方便的地方，要能存放图纸、标准工艺参数、操作手册、紧急求援规程及电话号码、个人物品等。就近存放的目的是便于拿出来用，所以这相当于一个小图书馆。

控制台是放置DCS显示屏的地方，显示屏的布置在人机界面里已经提到了，这里不重复。但说到显示屏，不能不提一下控制台前方的大型投影屏。看过科幻或者战争电影的人，都对大型中控室前整个一堵墙的显示屏印象深刻。宇宙飞船发射的时候，每个人都有自己的具体系统显示屏，但大屏上显示飞船在发射台上的情景，和一些所有人都关心的关键数据，然后是飞船升空，在深蓝的天空消失，然后就是飞船的轨道轨迹投影。军事指挥中心里，这个大屏则显示战场总体战况，敌我兵力、位置、动向、交战位置、交战强度等。这个概念也可以用在化工厂中控室，尤其是现在大型投影屏的成本越来越低，分辨率越来越高，真的可以派一点用场了。

图 4-7-12：宇航发射控制中心是必然使用大屏幕的地方，
所有人都有分工，但火箭发射的基本信息、火箭状态、
运行轨迹是所有人都需要关注的，这是 SpaceX 的发射控制中心，
美中不足的是有大量侧前方过来的散乱光线，可能会形成干扰

但是派什么用场呢？工业界的使用单位和设备制造厂家为了这个问题纠结了很多年，到现在还鲜有成功的例子。很多工厂装了，但无法有效应用，后来要么作为一般的 PowerPoint 和班组会使用，要么索性拆了。

问题出在信息的组织。这个大型显示屏的目的是显示公用信息，但操作人员所需要的公用信息已经显示在面前的显示屏上了，并没有对额外公用信息显示的需求。需要一直监视的公用信息是有的，比如放空燃烧（Flare Monitoring）和厂区监视，后者不是用来防范坏人的，而是看诸如火车车厢移动、天气、设备维修等情况的。天气对于大型化工装置来说很重要，精馏塔大多采用空冷，冷却塔更是“看天吃饭”，雨雪风霜对设备冷却效率影响很大。在极端气候的时候，现场操作人员更是要看一看天气再出去，避免安全事故。但这些监视普通的 28in 就足够了，还是用不到大屏。

图 4-7-13：与工业中控室一样，背后的特大玻璃墙不仅有效隔绝噪声，也创造了较好的办公环境

图 4-7-14：这样的发射控制中心更加传统，这是欧洲空间局的发射控制中心

北海石油平台是较少的成功使用大屏的例子。石油平台的中控室需要和其他平台协调，所以大屏上显示所有平台的运行、输油和油船靠泊情况，自己眼前的显示屏则用于本平台的监控。对于一般化工厂来说，总厂级的整合还没有到需要共享监视的程度，厂内监控控制台已经足够，不需要大屏。另外的例子包括交通控制中心、电网控制中心、宇航发射控制中心等。

另外一个实际问题是，采用上下显示屏之后（2×1、2×2、2×4），操作人员的正前方视界已经填满了，大屏不大好放，放低了看不见，放高了需要仰着头看，一天 8～12h 下来对脖子很伤，不好。

传统控制台是一大个整体的铁家伙，这是因为显示屏控制设备体积重量、发热、噪声都大，需要封闭的控制台改善控制室工作环境，也美观整洁一些。现代 LCD 显示屏显示面积大，但体积、重量、发热、噪声大大降低。控制设备大多可以虚拟化后远程安装，所以控制台实际需要的硬件只有显示屏、键盘和鼠标，用办公室规格的电脑桌和显示屏支架就可以了。这使得中控室的环境更加通透，骨骼式显示屏安装架也有利于适应不同尺寸的显示屏，没有固定的封闭式控制台的开孔问题。办公室家具的来源多、品种多，也容易适应操作人员的要求和与时俱进。比如说，桌面高度可调，甚至可以把整个桌面大幅度升降以适应坐式和站式监控。上夜班时，站一会有助于克服瞌睡，也可以活动血脉，避免种种办公室久坐带来的职业病。

图 4-7-15：传统控制台比较“实心”

除了显示屏、鼠标和键盘，控制台上还可以按规定或者需要安装硬件警报和联锁按钮。DCS 的可靠性已经很高了，但很多地方法律规定，必须有硬件警报和联锁按钮，万一 DCS 宕机，还能有秩序地关闭装置。这个东西需要一个专门的面板。另外，控制台上还要有电话，用于操作人员和友邻工厂联系（“我们要启动啦，要用很多高压蒸汽”），或者在异常情况时通报工程师和头儿，包括半夜把他们从床上叫起来。另外一个就是数字对讲机，用于和现场操作人员或者维修人员对话、协调。少数带有科研任务的工厂还需要有一个地方夹纸条，提醒操作人员当天的注意事项。尽管很多东西都计算机化了，有时贴在眼前的纸条还是最管用的。

图 4-7-16：现代控制台就很“通透”

图 4-7-17：可以坐下或者站立工作的坐立式控制台越来越流行，更加符合人机工程原则，避免长期坐着或者站立带来的疲劳或者不适

说到鼠标，现在也有触屏。触屏在30年前就有了，曾经很流行，但用于工控并不好。触屏的“分辨率”不好，画面精细了，手指容易点到别的地方去。触屏需要伸手去点，一天8～12h下来其实很累的，而且伸手可及的范围有限，远不如移动鼠标可以控制的范围大。还有一个实际问题，在讨论问题的时候，人们习惯于在屏幕上直接指指点点，这时候触屏就要发神经病了。触屏还容易脏，脏的时候清洁，又是光标一顿乱跑。

拉拉扯扯说了那么多，肯定还有遗漏的地方。说一千道一万，关键就是一条，中控室是工作的地方，工作效率第一，职业健康第二，气派、舒适是遥远的第三。

走出自动化

上海有一个大世界，这是一个老派的游乐场，当年最吸引人的东西是哈哈镜。人们对着哈哈镜自己照照，胖子变成型男，豆芽菜变成壮大汉，大家乐不可支。自动化是一个大世界，也充满了各种好奇。但自动化的世界已经远远超过传统的自动控制理论和硬件软件，现在扩充到很多非传统领域。

仿真

计算机和过程数学模型的另一个用处就是仿真。仿真（simulation）也叫作模拟，但是模拟容易和模拟电路（Analog Circuit）搞混，所以现在叫仿真更多。仿真，顾名思义，就是模仿得像真的一样。仿真并不神秘，只要对实际过程有一个足够精确的模型，计算机也可以相当精确地模仿实际系统的行为。这数学模型可以是像公式那样的，可以是图表的，也可以是隐含的。军事上的沙盘作战演习也是一种仿真。但这里讨论的还是主要以数学公式为基础的仿真。

图 5-1-1：飞行仿真是人们熟悉的训练仿真系统

最简单的仿真可以用牛顿第二定律来作例子。牛顿老爷子说了，$F=ma$，F 为力，m 为质量，a 就是加速度。因此，如果用的力固定，施加一段时间后，质量为 m 的物体就从初始速度 v_0 加速到 v_1。这个过程精确地复现了物体在一定的力的作用下的加速，这就是给定固定的力的情况下匀加速过程的仿真的数学基础。类似地，一壶水在一定的火力下可以在多少时间里加温到的温度也可以计算出来。这些都是与时间有关的仿真，对象特征随时间变化有确定的变化关系，也叫作动态仿真。

与动态仿真相对的就是静态仿真，说白了就是能量、物料平衡，有时再加上动量平衡。物料平衡说白了就是物质不灭的数学表述：

所有进料中任一组分之和 = 所有出料中该组分之和
（要计入化学反应中的生成和消耗）

图 5-1-2：悍马在公路上遇到路边炸弹袭击时，有一整套应对方法，包括在轮胎炸坏时的应急驾驶以脱离危险区，这也有专门的仿真训练系统

能量平衡当然也就是能量不灭的数学表述：

所有进料所含能量之和 = 所有出料所含能量之和
（要计入反应、燃烧、相变等导致的放热、吸热）

把整个过程装置分解成坛坛罐罐和管道阀门，在正常生产情况下，把化学反应、加温冷却、补料排放统统算进去，能量、物料和动量都是平衡的，一头进和一头出都相等。把所有有关的方程联立求解，就可以计算出所有部分的流量、温度、压力和组成。这是一组巨大的非线性代数方程，描述过程性质空间分布的微分方程也可以用差分和有限元方法分解成代数方程。这是工艺设计和计算的重要依据，通常也是根据这些关键数据来进行具体设计的。

现代静态仿真已经可以做得相当精确，但这是在用多年实际过程数据“磨合”、校验模型数据才做到的。静态仿真大量用于工艺设备的设计计算，但是对研究实际过程的真实动态行为的作用有限，这是因为实际过程在大

部分时间里都是不平衡的，只是平均下来处在平衡状态而已。

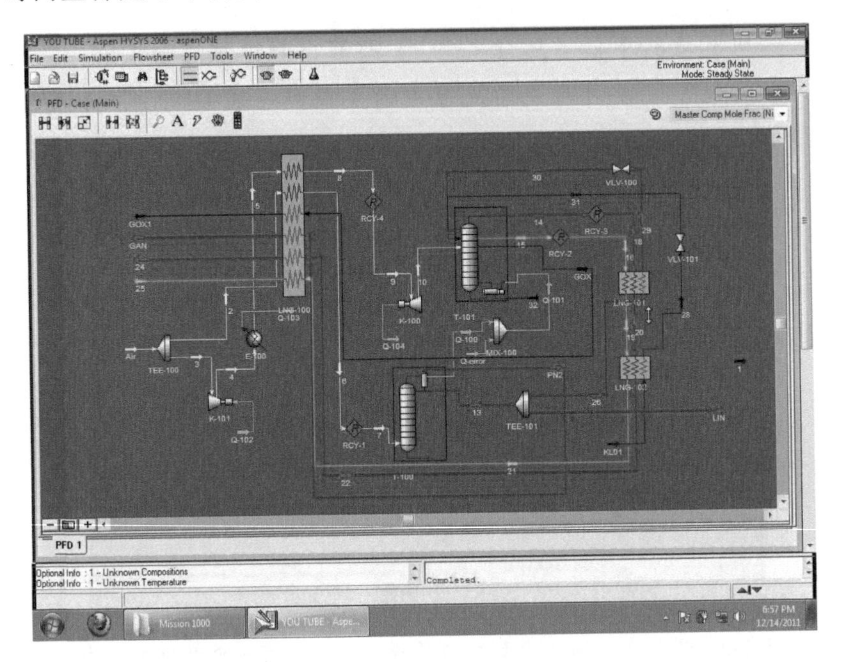

图 5-1-3：在过程工业上，数字仿真同样重要，不仅用于操作人员培训，也用于过程设计和控制应用的研发和验证

对于物料平衡的系统来说，容器容量多少无关紧要，反正进出是平衡的。但一旦出现不平衡，就可能溢出或者枯竭，就可能导致整个过程的崩盘，这是不容许的。这和家常理财一样，如果收入与支出永远平衡，理论上可以不需要任何银行存款（或者床垫底下的小金库）。但要是有一个月工资晚开了一天，家用开销就要青黄不接了。在这样的极端情况下，工资早开一天也同样不好，因为“多出来”的钱没有地方存放了。实际上总是需要缓冲容量的，收支平衡只是平均而言。所以只计算每月平均收支（静态仿真）是算不出需要多少银行应急存款才够用的。要考虑到工资晚好几天甚至更长才开支的情况，那银行存款（或者小金库）还不能太少。这样考虑时间和存储容量关系的情况就是动态仿真的活了。

动态仿真的另一个例子是电脑游戏，汽车的加速是有一个过程的，飞机的转向也是有一个过程的，这就是动态。动态仿真需要的数学模型是带时间因子的微分方程，大量微分方程联立求解在数学上不是一个简单的事

情，尤其是数值求解的累积误差问题，这属于数值计算方法问题，这里就不扯远了。

图 5-1-4：电脑赛车游戏是动态仿真的一个例子，汽车的加速、过弯、减速都有惯性效果

图 5-1-5：游戏机的飞行仿真也有动态在内，微软的飞行仿真据说动态还很逼真

由于动态仿真可以模仿真实过程的实时响应，对于操作人员的训练特别有用，当然对电脑游戏也特别有用。用于训练或者游戏的动态仿真要求计算速度达到实时，只能比实际更快（可以人为放慢速度），但不能比实际更慢，否则对于实时仿真就失真了，黄花菜都凉了，这还怎么玩？

由于要达到实时或更快，动态模型一般只能大大简化，否则计算速度跟不上，收敛性也难以保证。但这样的累积误差就比较大，鱼与熊掌难以兼得。静态仿真由于不计较什么时候才能计算出结果，可以求解的问题更大，不必强求很为难的简化，精度容易更高。随着计算速度的极大提高和计算方法的进一步发展，有朝一日，动态仿真也可以达到与静态仿真同等的精度，而不必担心损失计算速度。

仿真在工业上十分有用。现代化工厂越来越稳定，越来越安全，很多操作人员一辈子也没有遇到过真正危险的情况。但没有遇到过不等于不会遇到，操作人员必须接受足够的训练，只有这样，才能在真的遇到危险情况时，首先能及时、正确地识别故障，然后才能及时、正确地做出反应。

图 5-1-6：在高度逼真的仿真训练中学会熟练应对各种危急情况后，在现实中碰到真正的危急情况就会应对有据，战斗机飞行员的训练也是一样，这是电影 Top Gun 的场景，说的是同样的道理

真正危险情况的困难在于两方面：一是情况本身的危险和复杂，另一个就是操作人员的惊愕，后者实际上是更大的危险。由于真正危险情况很少遇到，第一次遇到的时候难免大吃一惊，从不相信（“这怎么可能？刚才还是好好的！”）到惊慌失措（“糟糕，这可怎么办？培训的时候是怎么说来的？我怎么脑子一片空白？”）到最后盲目行动（“这么做行吗？顾不得了，就是它了”），没有严格的训练和坚强的心理素质，操作人员能可靠地做出及时、正确的反应才是碰巧。这就要靠仿真训练了。

这和战斗机飞行员的对抗训练很相像。战史记录表明，大部分飞行员伤亡都在菜鸟中发生，老鸟反而越战越强。这里面有个人素质的因素，但老鸟见多识广也是很重要的因素：“啊，跟我玩这个，我见得多了！”美国海军在越南战争后期开办了 Top Gun 学校，专门用高强度对抗训练培养尖子飞行员，在和平环境里营造实战气氛，取得很好的效果。在海湾战争中，飞行员普遍反映，遇到的伊拉克飞行员还不如在演习中的对手强悍，轻而易举就击落了。

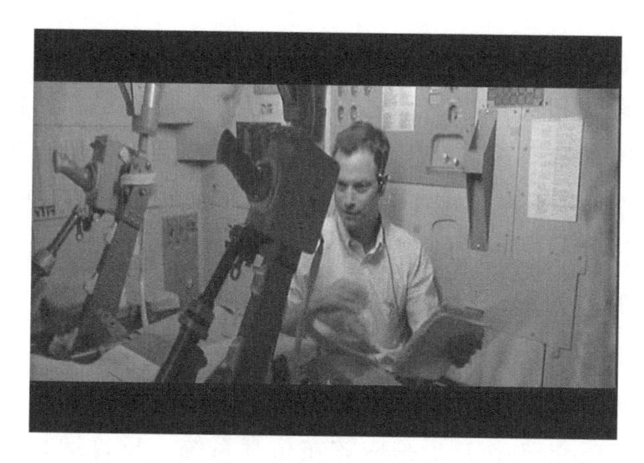

图 5-1-7：阿波罗 13 号在登月飞行中发生事故，原定返回方案不再可行，NASA 在地面用仿真系统研究和演练应急返回方案，最后成功返回。这是真事，但这是电影《阿波罗 13 号》里的场景。在工业上，不仅应急操作也可以这样先在仿真系统上验证一遍，还可以用于验证新的操作方法

这对操作人员也一样。负责训练的教官在仿真训练中设定正常运行情况，培养良好操作习惯；再设定各种异常情况，培养应急处置技能。第一次遇到严重异常，谁都会慌乱。但在引导下正确处理后，能培养良好的心态和习惯。当真的出现异常的时候，首先判断主要问题，采取应对措施；然后解决次要和衍生问题；最后恢复正常。操作人员在仿真训练中遇到过大量典型危险情况，不仅熟悉了应对技巧，更培养了临危不乱的心态。后一点尤其重要，因为再完善的仿真训练也总有疏漏的地方，总有考虑不到的情况，再有经验的人也会遇到新问题，这时就要靠操作人员在严格训练中养成举一反三的英雄本色了。

现代工业早已过了“一步到位”的阶段，设计、建成时的产能和产品系列只反映那个时代的水平，在工厂动辄几十年甚至更长的使用寿命中，必定要经历各种挖潜、增产、拓展产品范围。这一切都需要不断地拓展工艺参数的极限，经常需要做各种各样关于提高产量和拓宽产品的试验。各种静态的设计研究当然是必要的，但动态仿真也是十分重要的。这不仅可以用于研究和校验各种设计概念和工艺条件，在实际试验前进行虚拟预演，还可用于操作性研究。有针对性地改进和完善工艺和操作细节。通常说到知识产权，人们首先想到的是设备参数、工艺条件和产品配方等，但正常

操作规程、应急操作规程也是知识产权很重要的一部分，离开可靠、有效的操作规程，设计和优化都成了空谈。动态仿真是制定和优化操作规程的重要工具，否则就只有拍脑袋，或者要等多年以后从使用经验中积累了。

说起来，仿真并不在自控工程师的传统职责之内，但由于这牵涉数学、编程和计算机，还与 DCS 挂钩，弄到最后，常常成了自控工程师的副业。但这不是分外的苦差事，动态仿真也是自控工程师的好帮手。新的控制应用首先放到仿真系统上试一下，得出初始整定参数，验证异常情况的处理能力，然后再放到真家伙上，可以避免很多不必要的惊讶。操作规程自动化（Automated Procedure）更是应该在仿真系统上反复运行，不仅验证正常运行下的执行正确度，还可以用来验证异常情况下的反应。

图 5-1-8：现代飞控已经高度复杂，需要搭建铁鸟台对所有飞控部分进行仿真和验证，这是空客 A350XWB 客机的铁鸟台

现代工业过程已经高度复杂，高度互联的控制应用的逻辑关系更是横七竖八，牵一发动全身，传统“纸上演习”一样的危害与操作性分析（HAZOP）对过程设计已经有了很成熟可靠的方法，但对于“看不见摸不着、剪不断理还乱”的自动化应用和操作规程还缺乏足够的结构化和系统化方法，还是一个靠经验的拍脑袋过程，依然容易挂一漏万。在动态仿真上按照所有正常操作条件和已知异常情况反复运行几遍，这是比拍脑袋可靠得多的危害与操作性分析。新战术想得天花乱坠，但总要在实战演习中滚几遍，才敢真的用到战争实践中去，也是一样得道理。在动态仿真中，

还会触发灵感，设想出新的异常组合的可能性，并验证执行正确度，这是极端有效的工具。当然，对始终没有想到的异常组合还是无法检验，但这样的情况拍脑袋也想不到，同样可能疏漏。在歼-10和歼-20的研制中，飞控部分特意搭建了“铁鸟”平台，正是在用仿真手段验证飞控设计的正确性，这是歼-10和歼-20飞控系统成功的重要因素。

RTO

仿真的一个远亲是实时最优化（Real Time Optimization，RTO）。对于斤斤计较的现代工业，随时随地的实时最优化当然是求之不得的。实时最优化就是把整个生产过程当作一个非常大的实时静态仿真来运算，通过系统的搜索和求解，实时（实际上是每小时甚至每几小时）计算出最优工况。对于炼油厂、乙烯装置这样的高产能、多原料或者多副线产品的情况来说，RTO可以有很大的经济效益。比如炼油厂，每天的原油进料可以有好多来源，可以是船上直接下来的沙特原油，可以是油罐区里储藏的大庆原油，还可以是管道里过来的俄罗斯原油。各种油品的价格不一样，成分特性也不一样：轻质原油炼制成本低，适合于提炼汽油、柴油；重质原油炼制成本高，适合于产出芳香烃等化工原料。不同的成本、产品组合还要看当前市场上不同产品的价格，而这些参数是随原料和销售市场在不断改变的，一天里都可以变好多次，甚至每小时都有改变。RTO可以随时根据不同的成本和价格，调整工艺参数，将原料与产品做最优配对，以最低的成本获取最大的利润。

想法是好的，困难是多的。首先，很多工艺过程没有严格的机理模型，有不少经验参数，而经验参数是有适用范围的。在搜索过程中，过程参数可能跨越适用范围的边界，使用不同经验参数可能造成计算结果的跳变，造成不能收敛的问题；其次，那么大一个方程组要一揽子搜索的话，数值计算的累积误差很可观，收敛不容易。要划成很多条条块块，分别求解，然后拼起来。其实，这两个问题都是“拼接”问题，第一个是在不同条件之间的拼接，第二个是在不同子模型之间的拼接。

不同条件之间的拼接可以用内插解决。内插说起来好像很高深的东西，实际上中小学数学课本上查表都用到。有的简单一点，三角函数表对度数的划分只精确到度（°）和分（'），0°、2°30′等可以查到精确数值，0.32°、2.21°就无法直接查表了。怎么办呢？在表格数据之间内插呗。用几何方法的话，就是把数据标注到图上，在数据点之间画直线，然后读图。更加精确的办法是用解析几何中的直线方程和相邻的两组数据点作为起始点和终止点，然后计算数据点之间的估计值，这叫作线性内插。更加精确的方法可以把相邻的三组数据点用二次曲线（抛物线），或者相邻的四组数据点用三次曲线连接起来（三次曲线比二次曲线更“柔软”，可以更加“贴合”地连接相邻的数据点），这也叫作数据拟合。更重要的是，不同数据点组拟合出来的三次曲线还可以在边界点上把斜率对齐，使得整个数据区间的拟合曲线平滑、光顺。在不同工艺条件和经验参数下计算出来的不同结果用拟合曲线（实际上是高维拟合曲面）简化表达出来，就可以解决不同条件之间的拼接问题。

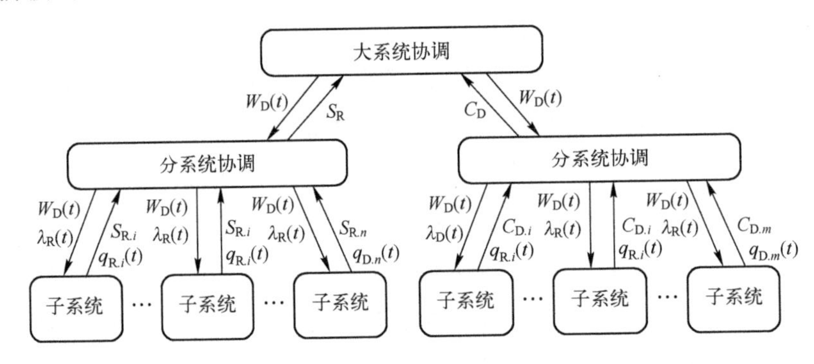

图 5-2-1：大系统最优化不能一锅煮，需要分解-协调

不同子模型之间的边界条件拼接问题有几种解决方法。子模型描述过程的一小部分，比如说只描述一个精馏塔。但精馏塔的进料来自上一装置，出料去向下一装置，上下游装置分别是另外的子模型。这是比较简单的顺序或者串行情况。如果精馏塔的出料与其他装置汇集到一起，才成为下游装置的进料，比如说精馏塔出料只是反应器进料的一部分，这又可能存在并行情况了。更加复杂的是返混情况，下游装置的出料又返回到上游装置，成为上游装置的进料。比如说乙烯装置，裂解炉的产物里有乙烯和未转化的乙烷，在后续的精馏塔中，乙烯和乙烷分离，乙烯作为产品输出，乙烷

回到进料，再次进入裂解炉参加热裂解，转化为乙烯。这样，精馏塔的进出料就是这个子模型的边界条件。

上面只提到流量作为边界条件，实际上边界条件不止于流量，还有组成、温度和压力等。大系统划分成子模型分别求解的关键就在于边界条件的“传递”和对齐。上游装置的出料必须等于精馏塔的进料，精馏塔的出料必须等于下游装置的进料。一种办法是最简单的“凑”，在计算结果上加一个校正因子，说白了就是凑数。

凑数当然不能乱凑。最好的情况是基准工况与当前实际工况一致，主要边界条件可以直接测量，那就用实测值与计算值之差或者之比作为校正因子，把计算值与实测值对齐了。然后假定改变工况时这些校正因子不变，因此可以直接用于不同情况下计算出来的假设工况。校正因子不随工况而变的假定尽管粗糙，但实际上一般在不偏离基准工况太多的情况下还不是太离谱。最优化着眼的是微调，而不是大幅度调整，所以问题不太大。更大的问题来自很多实际情况下部分边界条件不可测，比如非关键环节的物料组分，这就只能估算了，或者从已知结果倒推。

由于经验参数、校正因子和估算的缘故，RTO在实用中常有可信性不足的问题。既有这样的情况：实际最优工况已经偏移了，但计算不够敏感，没有及时发现。另外的情况就是误差因素太大，计算结果太敏感，矫枉过正，盲目照搬就容易搬起石头砸自己的脚。RTO的本意是把工艺条件最优化变成一门科学，而且频繁计算，抓住市场细微的变化，随时保持最优。但实际上这还是一门艺术，要成功、可靠地运转起来，需要很多经验和判断。花了大钱，最后搁置的也不在少数。不过这东西也和仿真一样，应该是由工艺工程师负责的，但常常弄到后来变成自控工程师的事情了。与计算机、数学沾边的，常常“自然”地滑到自控工程师的桌上了。

人工智能

《最后的莫希干人》是美国作家詹姆斯·库珀在1826年出版的一部小说，好莱坞多次将这本美国文学史上的名著拍成电影，最近的是1992年版，这也是今天人们所熟悉的版本。小说描绘美国土著的莫希干人在1757年英法争夺北美的战争中站错了队，英勇壮烈但悲剧性地灭绝了。从此，“最后的莫希干人”成为美国语言中最后一代壮举的代名词。在谷歌赞助的超级计算机 AlphaGo 已经大败人类围棋大师的今天，人工智能是否会主导未来社会，人类本身是否会成为“最后的莫希干人”，这已经成为一个问题了。这一点在军事上特别突出，美国空军多次宣称 F-35 将是最后一代有人战斗机，未来是无人战斗机的天下，其核心不在于会自己起飞、着陆、编队和机动飞行，而在于具有自主交战能力的人工智能。人工智能与自动化是紧密相连的。传统自控可以采用复杂的数学控制律，但依然是机械重复的。智能控制可能就要更上一层楼了，但这是怎样的一层楼呢？

人工智能的概念是在 1956 年提出的，这是对人的意识和思维的信息过程的模拟。人工智能不是人类智能的实际复现，而是功能复现，也就是说，以在相同激励下产生与人类智能相似的反应为目的。人工智能从来不以超越人类智能为目的，但不可避免地，人工智能有一天是否会超越人类智能，这是一个不灭的问题，不仅具有科学上的意义，还有深刻的人文和哲学意义。不过，人类对于人类智能的理解实际上很有限，人类是否能完全理解人类智能是另一个哲学问题，有可能会陷入量子力学里测不准原理一样的困境，也就是人类不可能完全理解人类智能，宏观和统计意义上的理解已经是极限了。不管怎么说，至少在现在没有真正理解人类智能的情况下，谈论人工智能是否能在某一具体问题上超过人类智能是没有意义的。但这是另一个话题。

图 5-3-1：人工智能是当代最富刺激的挑战之一

图 5-3-2：但驾驭不当的话，人工智能可能加速制造人工愚蠢

人工智能的第一步是研究知识，包括知识分类、知识创造、知识获取和知识积累等方面。一般说来，包括机器人、语言识别、图像识别和自然语言处理等，深度学习和专家系统等则属于人工智能的方法，已经获得研究和发展的还有很多其他方法。但人类的情感、审美、信仰、好恶等还不属于人工智能的研究重点，很多“只可意会不可言传”的知识当然也无法列入系统的知识研究。

人工智能的概念肯定是存在的，但到底有没有精确的、共同接受的定义，还是有争议的问题。不过对于什么不是人工智能，还是有共识的。凡是可以通过简单搜索和决策（包括计算）的都不能算人工智能，因此电子百科全书尽管有海量的知识，有问必答，这不能算人工智能。会算术曾经是学问人的标志，计算机加减乘除的速度早就是人类不可望其项背的，但单纯计算依然不是人工智能。推而广之，在简单搜索和决策基础上可以内插或者外推得到的结果，也不能算人工智能。比如说，谷歌搜索在输入关键词后，可以联想：打入“泰勒”，会自动跳出“泰勒·斯威夫特”等几个常见名字，但这样的联想还是不算人工智能，这只是在所有含有“泰勒”的关键词中找出最常见的（据说谷歌后台会人工操纵关键词排序，但这是另外的问题了）。至于所谓的智能电饭煲、智能洗衣机什么的，那肯定是不属于人工智能的，只是相对简单电饭煲或者洗衣机来说，有更复杂的程序而已。

图 5-3-3：记忆好不算智能，电子百科全书具有海量的知识，

有问必答，但依然不算人工智能

图 5-3-4：会写写算算曾经是聪明人的标志，

但如今计算机的运算速度早已超过任何人

要能谈得上人工智能，至少要有简单搜索、内插、外推不能得到的结论才行。从这个意义上来说，1997 年，IBM“深蓝”战胜国际象棋冠军卡斯帕罗夫，这到底是不是算人工智能都是可以争议的。“深蓝”在国际象棋有限的棋盘上，在人类对手落子之后，用穷举法算出所有应对的可能，从中选出最大胜算（在概率上具有最大胜率）的步子。这样的确定性的穷举法计算当然超过简单搜索、内插和外推了，但归根到底还是高度复杂、高度有效的搜索和决策，最多只能算比较初级的人工智能。

图 5-3-5：国际象棋冠军卡斯帕罗夫在 1989 年战胜 IBM“深蓝”的时候，坚信计算机不可能战胜人类。到 1997 年，“深蓝”已经把卡斯帕罗夫打得没了脾气。但这是不是算人工智能，还是有争议的

但谷歌赞助的 AlphaGo 对李世石和柯洁等人的围棋世纪大战就不同了。围棋的棋盘比国际象棋大得多，即使以今日超级计算机的速度，穷举法也不管用了，根本没有可能在有意义的时间限制里得出有用的结果。电脑围棋必须在有限输入的条件下，利用电脑的归纳和推理能力，这就进入人工智能的范畴了。

图 5-3-6：但 2016 年李世石 1∶4 惨败于 AlphaGo，被公认为人工智能的胜利

谷歌团队在最初“喂”了 AlphaGo 多达 3000 局历史上的经典棋局，

以此为基础，通过 AlphaGo 左右手互搏，自我训练，自我学习，棋技很快达到非常高的境界。在与人类高手对决后，新的棋局作为新的数据，结合已有积累和骇人的计算速度，迅速进一步提高。AlphaGo 对人类棋手差不多是完胜。这当然不一定是人类围棋的终结，但对于人类对自我智能的自信无疑是巨大的打击。更加惊人的是，谷歌团队再接再厉，“AlphaGo 之子”从一张白纸开始，彻底没有人类棋局的初始数据，完全靠左右手互博，自我训练，也很快达到了“不可战胜”的地步，还琢磨出一些人类觉得匪夷所思但精妙无比的棋路。

一般认为，人工智能的基础是图灵机，这当然是艾伦 • 图灵发明的。图灵是一个数学奇才，从小就很出众。剑桥毕业后在普林斯顿获得博士学位，回到剑桥后赶上二战，被军方招募，领导破译德国密码的工作，破解了号称不可能被破解的埃尼格玛密码，被丘吉尔称赞至少使二战缩短两年。虽然图灵的结局很凄惨，但这不妨碍人们对图灵在计算机和人工智能方面的奠基性成就的尊重。

图 5-3-7：艾伦 · 图灵是一个身世悲惨的数学奇才

图灵机不是一般意义上像柴油机或者纺织机一样的机器，这是一个数学概念。说白了就是走一步看一步，把一个复杂的求解过程分解为很多步，第 N 步的结果决定了第 N+1 步的选择，直到最终找到结果。图灵机是人工智能中树形搜索的基础，今天的 AlphaGo 依然使用深度发展的树形搜索，并结合了蒙地卡罗方法。但图灵机的应用超过人工智能，有种说法说现代计算机所用的顺序程序语言也是图灵机概念，这也是为什么有人把图灵认为是现代计算机奠基人的原因。

冯·诺依曼奠定了用二进制进行数字计算机的理论基础，二进制完美地统一了数值计算与逻辑计算，因此本质地超越了模拟计算机。模拟计算机可以用电子管、晶体管和运算放大器实现，可以实现四则算术运算和微积分运算，但“编程”靠搭电路，也难以实现 IF…THEN…那样的逻辑运算，虽然有运算速度快的优点，最终还是偃旗息鼓了，如今只有在很特殊的场合还有应用。数字计算机的优点就太多了，不仅可以实现几乎无限难度的数学计算，而且可以有机地整合逻辑运算。

数字计算机的一大缺点是短字长导致数据的截断误差，但随着浮点数和多精度运算的普及，短字长造成的截断误差影响降低到几乎可以忽略不计的地步。数字计算机的另一个缺点是计算速度，这是顺序执行程序所必然的。相比之下，模拟计算机的速度限制只受电流通过电路和元器件的速度限制，至少在早期要快多了。不过现在数字计算机的速度极大提高，速度也早已不成问题了。或许可以说，冯·诺依曼建立了现代数字计算机的硬件理论基础，而图灵建立了数字计算机的软件理论基础。

从 20 世纪 50 年代起，人工智能一直在时紧时慢地发展中。20 世纪 50 年代是数字计算机的初生时代，人们对数字计算机的潜能充满期望。这也是人工智能的初创时代，很多基本概念都产生于这个时代。1955 年，Logic Theorist 问世，这是第一个人工智能程序，将每个问题都表示成一个树形模型，然后选择最可能得到正确结论的那一支求解。1957 年，Logic Theorist 团队编写了通用解题程序 GPS，在树形搜索上增加了反馈。1958 年，人工智能专用语言 LISP 诞生，1963 年，美国军方开始研究具有自主能力的人工智能，但整体上这是人工智能的低潮阶段。这好像人们刚发现新大陆的时候，开始的登陆和拓展很迅速，但稍稍立下脚跟了，面对茫茫荒原，反倒有点茫然，一时不大好拿主意，对到底哪一个方向才值得进一步深入探索产生了疑惑。

20 世纪 70 年代，人工智能又一次进入迅速发展期，这一时期产生了专家系统（也称知识库系统）将专家的知识“固化”成可以查找的信息，并容许一定的模糊性，用于预测特定领域问题的解。这也是定性知识“定量化”取得显著进展的时代，因为知识库首先要把知识变成计算机可以检索的信息。专家系统在股市预测、矿藏定位、医疗诊断、反潜防空、威胁

排序、情报鉴别等方面取得应用。

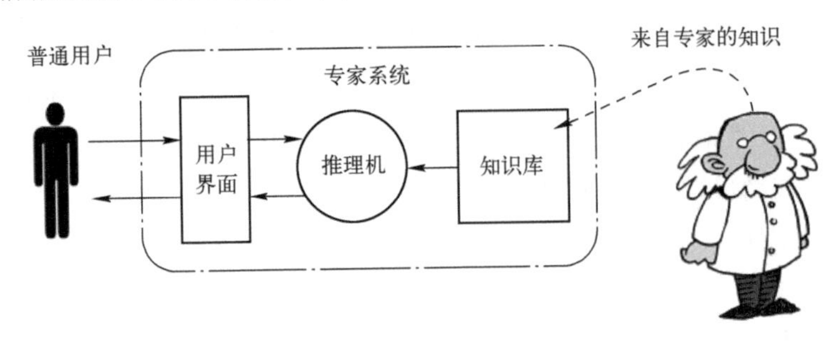

图 5-3-8：专家系统以知识库和推理机为核心，将专家知识定量化，可检索化，成功用于股市预测、矿藏定位、医疗诊断、反潜防空等方面

20 世纪 70 年代还发展了计算机视觉，也称为图像识别或者模式识别，通过阴影、形状、边界、纹理和密度等特征自动判读图像。模式识别不仅用于可视图像的识别，还可对抽象数据的图形表达进行识别。这也是现在卫星遥感、视频监测、导弹成像制导的基础。如今，数码相机的人脸识别(用于自动选择对焦点和曝光重点)和自主驾驶汽车对过路行人和动物的自动识别和避让也是从这里来的。在工业上，从简易到复杂的高速自动图像识别也用于从花布染整到复杂形状制件的各种质量检测，尤其是图案、纹理、疵瑕、表面光洁度等。

图 5-3-9：图像识别则是人们最熟悉的人工智能应用

20 世纪 80 年代，模糊逻辑获得很大发展，一时间，洗衣机、电饭煲都号称采用模糊控制。这如果不算真正意义上的人工智能，那也得算近亲，至少在实用中是把模糊逻辑当作人工智能用的。

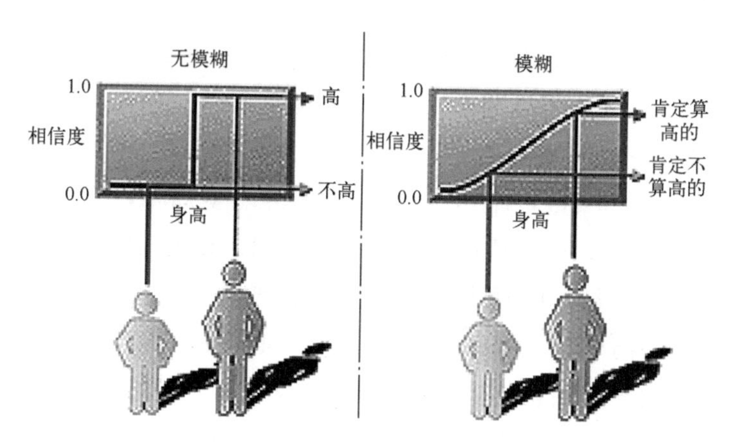

图 5-3-10：模糊逻辑在非黑即白的二位逻辑之间，增加了一段模糊的过渡，以全新但直观的方式引入了对模糊性、不定性的严格数学处理

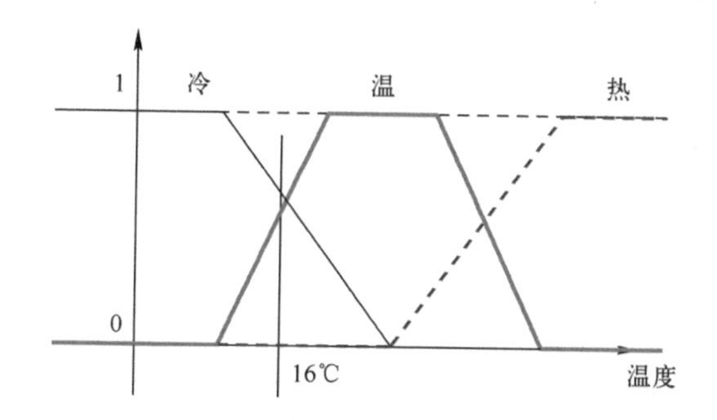

图 5-3-11：细线在“1”时为冷，在“0”时为不冷；粗线在“1”时为温，在“0”时为不温；16℃时既有点冷，也有点温；虚线在“1”时为热，在“0”时为不热。斜线则表示过渡，或者说表示隶属度

模糊逻辑是相对于确定性逻辑而言的。本来，但凡逻辑都是确定性的，是非黑白分明。是非黑白是二位逻辑，只有两个确定的状态，“是”/“非”，“对”/“错”，“运转”/“停止”，“活着”/“死了”，等等。还可以有多位逻辑，只要每个状态都是确定而且是独特的就行，比如交通信号灯（俗称红绿灯）就有红黄绿三个状态。这些都属于传统的确定性逻辑。

但模糊逻辑在两个（或者多个）确定性状态之间增加了一个模糊状态。模糊状态实际上是有点误导的说法，这个中间状态是平滑过渡的，但并非随机或者混沌意义上的不确定，只是不属于相邻的两个独特状态而已。比如说，人群按高度可分高矮，按照确定性逻辑的话，需要有一个明确的分界线，比如说男子以 1.75m 为界，1.75m 以上为高个，1.75m 以下为矮个。但这样一来，1.749m 就算矮个，1.751m 就算高个，而两人的实际高度相差几乎可以忽略不计，这不合理。更合理的划分方法是，1.8m 以上算高个，1.7m 以下算矮个；1.8m 以下但接近 1.8m 算差不多高个，1.7m 以上但接近 1.7m 算差不多矮个。更具体地来说，在 1.7～1.8m 之间拉一条直线，1.8m 端为 100%高个（或者 0%矮个），1.7m 端为 0%高个（或者说 100%矮个），1.76m 就是 60%高个，或者勉强算高个；1.74m 算 40%高个，就勉强高个也算不上了。女子身高也可以照此办理，1.7m 以上算高个，1.6m 以下算矮个，两个界限之间的高度也可以同样模糊化。这样一条直线就在模糊数学里称为隶属函数，表征属于某一状态的程度。这样，任何实际变量都可以处在清晰区或者模糊区。

单一变量的模糊化没有多大意义，但多个变量都模糊化，逻辑运算就比较有意思了。逻辑运算指“与”“或”“非”等关系。比如说，“高男和高女结婚所生的小孩也高”“矮男和矮女结婚所生的小孩也矮”。如果输入都在清晰区的话，按照常规逻辑处理，比如男 1.81m 和女 1.72m，这就属于“高男和高女所生的小孩也高”的情况。但只要有一个在模糊区的话，就要看最后的逻辑运算结果。比如男 1.81m、女 1.68m，按照直线隶属函数和“和”运算为算术平均的话，那就是男 100%高个、女 80%高个，结果是小孩为 90%高个；如果男 1.74m 和女 1.68m，结果就是小孩为 60%高个。以中点为界去模糊化后，这两个情况最后小孩都划入高个，尽管高个的“程度”显然有差别。但如果男 1.74m 和女 1.64m，结果就是小孩只有 40%高个，去模糊化后刚好达不到高个标准，或者说算不上真正的矮个，但实在是不高，这与生活中的体验是一致的。

隶属函数也可以是其他形状的，比如 S 形，只要搭接两端状态就行。“和”运算也可为几何平均或者其他计算方法。模糊逻辑或者以模糊逻辑为基础的模糊控制考虑了黑白之间的灰色情况，比套入非黑即白的硬性套子确实要更合理。

模糊逻辑还只是数学游戏，但与定性知识数值化相结合的话，就有意思了。定性知识千差万别，但有很多是可以用编码来数值化的。比如说天气，有晴天、多云、阴天、雨天、雪天，可以分别用 1、2、3、4、5 来代表。这只是用便于编程的数字代表天气现象，不等于晴天加阴天就成了雨天。对于气候，还有温度、湿度、风向、风速、气压、季节等因素。都编码化后，再与经验相结合，比如“春天时湿度高温度高南风低压无风会下雨”，施加以模糊逻辑，就构成了基本的专家系统。在20世纪80年代，这是人工智能的主要形式。

20世纪80年代末、90年代初兴起的神经网络才是当前人工智能的主力军。神经网络的核心在于神经元，据说这是研究人脑细胞后发展出来的基本数学模型，但人脑细胞究竟是怎样工作的并无定论，神经元模型只是对人脑运作的一种简化的功能模拟，其典型数学表达的核心是S形函数（Sigmoid Function）。

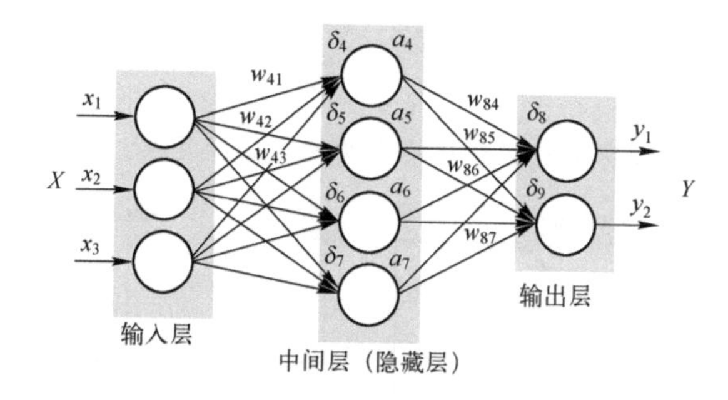

图5-3-12：进入20世纪90年代，神经元网络成为人工智能的主要工具

冯·诺依曼对计算机最大的贡献是用二进制把连续的数值与离散的逻辑有机统一了起来，S形函数则从另一个角度把连续的数值与离散的逻辑统一了起来。很陡峭的S形函数相当于开关切换函数，中间的过渡基本上可以忽略不计；较平缓的S形函数则很接近于最简单的线性函数，没有特别突出的独特状态，适用于数值的连续表达。S形函数的这种双重性有利于模仿人脑里既有是非黑白判断逻辑功能、又有连续数值计算功能的特点。每个神经元有众多输入，加权叠加后作为S形函数的输入，S形函数本身又有几个参数，用于控制S形函数的形状。

单个神经元没有多少作用，但把神经元连成网络就不一样了。最简单的神经元网络有输入层和输出层，处理所有输入输出信号。但最重要的是中间层，也称隐藏层（Hidden Layer），这一层一方面接收所有输入层传递过来的信号，典型方式是把所有输入加权叠加，另一方面做神经元运算，以及把结果输出到输出层。中间层可以有多层，每层可以有不同数量的神经元。当然，层次越多，神经元数量越多，模型性能越高，可做的运算越复杂。事实上，深度学习就是有很多层的神经元网络，可以多达几百甚至更多层。

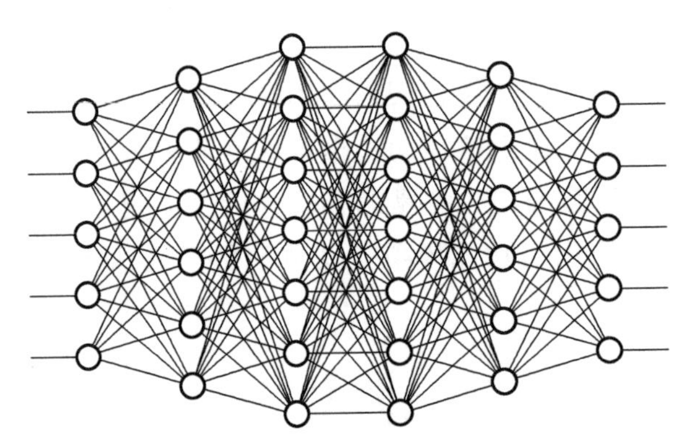

图 5-3-13：具有很多层次的神经元网络在特性上高度复杂，被称为深度学习网络

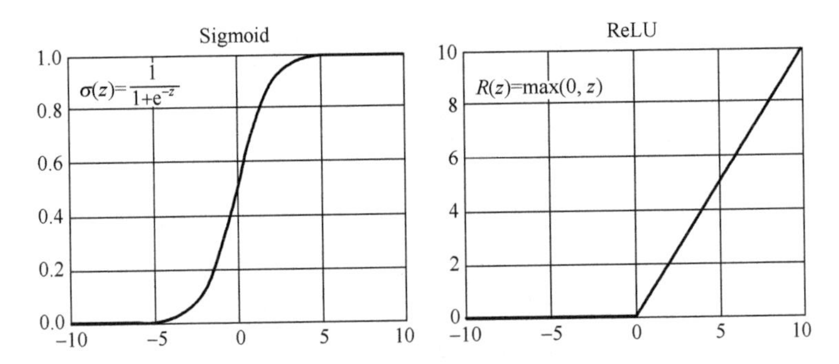

图 5-3-14：核心都是 S 形函数，现在有用简化的线性整流函数（Rectifier Linear Unit，ReLU）的趋势

所有权系数都是可调的，这是决定神经元网络行为的根本，需要针对样本数据集进行“训练”或者“学习”才能计算确定。这是一个最优化的过程，以所有权系数和神经元参数作为搜索变量，使得最终的累计误差达到最小。显然，神经元网络越大，参数越多，模型学习时的数值计算要求也越高。

实际上，用观察数据集对神经元网络的各个权系数进行“训练”或者“学习”就是一种曲线拟合。曲线拟合早已有之，中小学里用直尺通过尽可能多的点就是最简单的拟合，前面的模型辨识也是。但由于S形函数高度灵活，神经元网络可以拟合的曲线几乎是无限制的，这和传统的曲线拟合不一样。传统曲线拟合需要首先选定函数的形式与性质，这不仅是一门艺术（选好了是画龙点睛，选糟了就削足适履了），也在一定程度上给予函数的形状和特性以一定的限制，使得传统曲线拟合难以做到神经元网络那样几乎任意的灵活性和柔软度。这好比骨骼系统的内在构造决定了再柔韧的人也难以做到在脑袋平转向后时双手从背后拥抱自己。而神经元网络就像所有关节都可以360°转动的超级异类，怎么转动、怎么拥抱都没有问题。

但这也有问题。传统拟合的基础函数给已拟合出来的曲线以基本形状，只要对这个基本形状的判断正确，数据点之间的内插和数据集之外的外推都可以保证一定的有效性和准确性。但神经元网络就不一样了，由于拟合曲线具有几乎无限的柔韧性，数据点之间间隔不均匀的话，间隔较大的区间内拟合曲线受区间两端数据点的分布影响很大，有可能因为最后几个数据点“突然”有所转向，而造成区间内形成显著的波峰波谷，尽管就整个数据集的大趋势来看，并无这样突然转折的理由。同样，外推也可能受到端点附近局部数据趋势的很大影响。

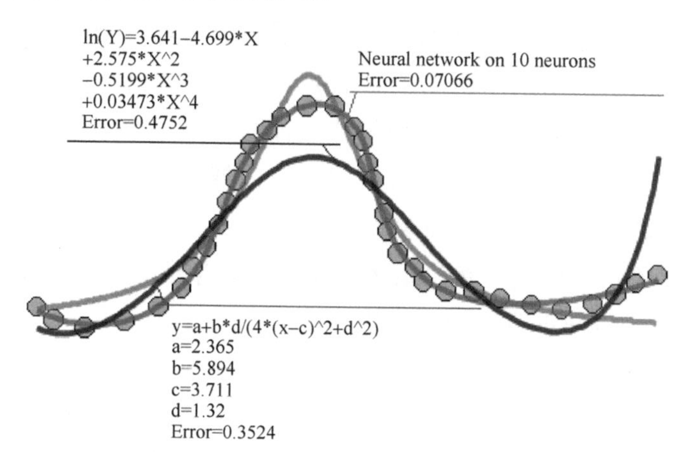

图 5-3-15：在这里，神经元网络对数据点（“灰球”）的拟合显然更加密切，但要是端点附近恰好是噪声较大的数据点，外推就成问题了

在学习时，是可以对这样“莫名其妙”的转折加以限制的，但那就失去采用神经元网络的意义了，需要更加“刚性”拟合曲线的话，还不如采

用传统的拟合方法。

另一个问题就是训练或者拟合的数值计算问题。由于神经元网络的参数众多（每个神经元加上各个路径的权系数），曲线拟合在本质上是一个最优化问题，把模型行为与观察数据之间的误差最小化。但由于神经元函数的高度非线性，而复杂的神经元网络使得非线性进一步加剧，传统最优化固有的局部最优问题更加突出。

最优化可以比作爬山，无论是闭着眼睛完全靠感觉判断哪边是上坡（搜索法），还是睁着眼睛观察山坡的坡势（梯度法），传统最优化方法只能登上眼前最近处的山头。如果这是平地上唯一的山头，这就是最高点了。问题是，这可能是一片丘陵地带，有很多山头。非线性进一步扭曲了地形地貌，平地也弄出点凹凸来。这就给传统的局部最优化带来了很大的问题，谁知道登上的是最高峰，还是眼前的小土丘？

数学上不是没有办法概略判断最高峰还是小高峰的，比如对整个参数空间打上细密的网格，计算网格上所有节点的“山高”，是可以大体判断整个地形走势的。但网格的合理大小不好掌握，太小了计算量太大，实际上相当于穷举法，维数高了、尺度大了根本无法计算；太大了可能会漏掉节点之间的尖峰。这是一个手艺活，只有对手头的物理问题和数据性质有深刻理解和大量经验才容易掌握得当。否则就只有多来几次，搜到山峰后，闭上眼睛傻跑一阵，从新搜索，如果几次都回到同一个山峰，那这个山峰是最高峰的可能性就比较大了，否则就要扩大搜索范围，多来几次。

AlphaGo 的深度学习是高度复杂的神经元网络，层次巨多，网络连接方式复杂，神经元的数量当然也很多。这不光是需要用超级计算机的问题，还需要在数学上另开思路，才能走得通。

S 形函数有很多好的性质，但成千上万个 S 形函数加上几百层，这是计算上的不可承受之重，学习问题几乎不可能解决。但简化的线性整流函数（Rectifier Linear Unit，ReLU）用折线段代替 S 形函数，直线（哪怕是折成两段的折线）就比曲线好“伺候”多了。ReLU 在 2000 年提出，此后深度学习迅速发展，不是偶然的。

这不是人工智能的唯一重大发展，线性的 ReLU 也发展成了非线性的，但深度学习在本质上“只是”非常多层的神经元网络，这一点没有改变。

这依然是一个输入-输出网络，只是由于输入-输出关系高度复杂，加上采用了最大似然法结合了随机因素，似乎具有出乎意料和灵机一动的能力了，实际上依然不是这么回事。在根本上依然无法突破不确定和不完全信息、规则不明或者变化以及突变思维的问题。

神经元网络是现代人工智能最重要的方法之一，人工智能已经大量用于图像和模式识别（包括计算机视觉、指纹识别、人脸识别、虹膜识别、掌纹识别、用于探测路边炸弹的路面情况识别等）、专家系统、自然语言理解、自动化编程、机器人、遗传算法等，在自动控制中当然也有大量应用。典型的应用是用神经元网络描述非线性过程。在数学上，凡不是线性的过程统统是非线性过程，因此非线性可以多种多样，难以用统一的数学模型来描述。仅有的几种还算有那么一点通用性的非线性数学模型在数学上也不好处理。神经元网络具有超凡的“柔软度”，可以对绝大多数非线性特性“通吃”，自然成为很受欢迎的非线性模型的基本架构，当然也带来模型“训练”和内插外推时的种种问题。

神经元网络模型很少直接用于控制器设计，经常是用作典型线性或者简单非线性的修正，比如用神经元网络计算时变或者非线性系统的线性化增益，有时还用于计算时间常数，但模型的基本架构还是线性的。这样的混合结构不能算真正的非线性控制，但在实用上还是解决了不少问题，有关优缺点在前述模型预估控制中已经谈到。

神经元网络直接用于控制在理论上也是可行的，用一大堆输入、输出数据学习就是了。在数学上，这是模型辨识的逆问题，没有太大的了不起。但神经元网络的数学基础尚且不像微分方程那样成熟，神经元网络的动态反馈回路的稳定性和其他动态响应的分析还较难做到，也还没有形成系统的神经元网络控制器设计的方法。当然，要是有成功的手工控制先例，有大量的现成输入、输出数据，用神经元网络模拟和逼近，那还是比较容易做到的，那实际上相当于模糊控制的神经元网络化，与一般意义上的神经元网络控制还不是一回事。

典型神经元网络并没有脱出对已知行为或者观察数据用模型重现的层次，因此到底有多少程度能算作人工智能还很难说。深度学习的神经元网络具有一定的左右手互搏的自学习能力，但现在依然在渐进优化的层面，看不出有产生本质的抽象归纳、逻辑推理甚至突变性思维的能力，也与人类智能有显著差距。但换一个角度来看，人类活动包含大量重复劳动（包括重复的、简单甚至不那么简单的脑力劳动），这些领域最终被人工智能“侵蚀”是很可能的事情。说到底，写写算算中的加减乘除早已被计算机所取代，在计算机上填表已经有很多可以根据历史记录自动填写名字、住址、电话、网址等，更复杂但在本质上尚且简单、重复的文字工作被计算机取代或许并不是太遥远的事。

谈到人工智能，很难回避人工智能是否会超越人类智能的问题，人工智能的极限是一个哲学问题。人类对自身智能的本质和极限还远远谈不上了解，在这些问题没有解决之前，计算机是否可能比人聪明实际上是空谈。事实上，人们津津乐道的图灵测试本身就是有问题的。图灵测试指出，如果对于同一事件，人类与计算机做出的反应没有差异，那计算机就是具有人工智能的。这事实上指定了人类作为测试者和裁判，内在假定就是人类智能永远超过人工智能，人工智能的极限就是达到人类智能。否则的话，如果人工智能有一天超过人类智能的话，人类是无法设计出有意义的测试的，也没有资格作为裁判，因为从更高级的人工智能角度出发，人类智能的反应不同于人工智能，正是因为人类智能更弱。这就像猴子只能判断人类手脚的快慢，但无法判断人类的智能情商。因此图灵试验在本质上是不能证明人工智能是否可能超过人类智能的。

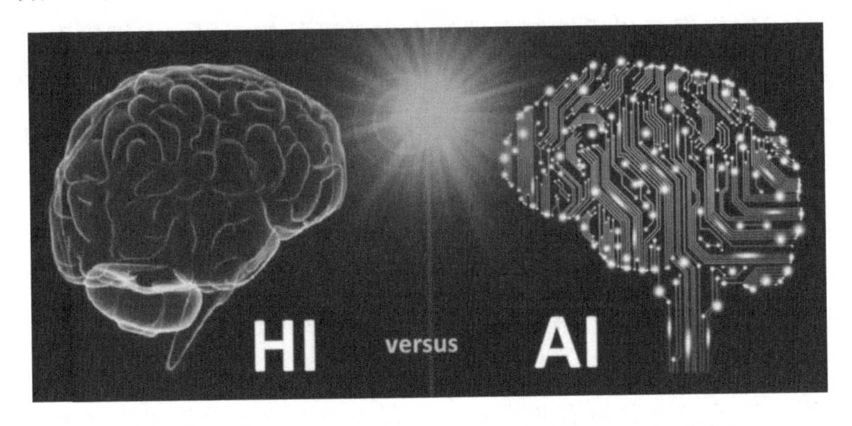

图 5-3-16：人类智能（HI）会被人工智能（AI）超过吗？
与其说这是一个科学问题，不如说是哲学问题

人类智能的另一个说法就是智慧，智慧到现在为止依然是一个无法定性和计量的东西，智慧的生成、演进、转移和储存都是远远没有解决的问题，人类智慧是否可能完全理解人类智慧，这也是一个逻辑和哲学上有趣的问题，或许最终导向某种测不准原理而为未可知。智慧更有显性和隐性两部分，显性智慧由各种成文的知识和思维方法组成，复制显性智慧至少在理论上是可能的。但隐性的智慧充满了“只可意会不可言传”的东西，连描述都困难，更谈不上复制或者超越。应该指出的是，这些“只可意会不可言传”的知识未必是因为不愿意传授，而实在是无法用语言或者其他常规手段来精确完整地表示。比如说，如何掌握学习方法就是这样一个“只可意会不可言传”的东西。还有就是生活中的交友识人，各种大全指南汗牛充栋，但没有也不可能有真正说透了、读完了就能照搬的。

图 5-3-17：“好消息是计算机通过了图灵测试，坏消息是你没通过”

智慧也不是知识的堆积，熟读甚至背出百科全书依然只是知识多，而不等于智慧多。具有海量的数据库和闪电般的快速检索并不能绕过“知识的堆积不等于智慧”这个死结。把律法背熟了不等于好律师，把兵书背熟了不等于好将军，把数理化经典背熟了不等于好科学家，把工艺手册和操作规程背熟了不等于好技工，这些都是一样的道理。另外，面对同样的数据，不同的人会做出不同的反应，人工智能要超越的是谁的智能呢？

最重要的是，人类智能本身也在不断演进。人类智能的一大特点就是会有阶跃性的突变，有时甚至可以是反常识的，比如背水一战这样违反战法的战术，或者青霉素的发现这样的“意外”。人类具有“换一个角度”的深层思维和突变思维能力。在平面几何中，两点之间最近的距离是一条直线；但在球面上，两点之间最近的距离是一条弧线，这就是温哥华到上海的航线不是从中途岛通过，而是往阿拉斯加“绕一圈”的道理。但从平面几何到球面几何这样的思维突变现在还看不出来是人工智能可能达到的高度。

提问是求知的第一步，是智能进化的第一步。人工智能还无法问问题，而只能根据给定的评估准则在已知的选择中海选，包括基于精确匹配的各种数学搜索，以及容许搜索判据具有一定模糊性的概略或者最大似然搜索。换句话说，人工智能尚不存在自主进化的前提。人类每一个科技发明和人文概念都是首先从设问开始的，然后是人类智能突变思维的结果，理解和认识这种突变机制本身就需要人类智能的一个突变。人工智能要复制和超越人类智能，可能就像兔子要吃悬吊在鼻子前的胡萝卜一样，永远只能逼近，但不可能超越。

另一个问题是解的存在性。人工智能说到底是一个数学问题，数学就是要求解的，但很多时候这个解不一定存在。无人驾驶汽车在遇到对面车辆撞过来的时候，是避开来车撞上人行道的路人，还是主动撞上去牺牲自己和车上的乘客、以保护路人，这就是一个不存在“正确解”的问题。“老妈和媳妇落水了先救谁”也是这样的问题。人类遇到这样的情况，只有依靠道德、直觉、利益等不确定规则，因此也不存在一致的、可重复的决策过程，会因人因事因时因地而异。对于依靠数学求解的人工智能来说，在无解的情况下怎么办呢？数学的人工智能能做到超越数学吗？

还有一个问题是信息的不确定性、不完整性和不一致性。在信息不完全的时候，尤其是互相有冲突的时候，人工智能就抓瞎了。美国军方在测试中发现，F-35 战斗机的雷达（实际上应该说是火控系统）时常需要在空中重启，就是因为这个问题。F-35 的雷达图像不光包括雷达数据，还包括光电和机外数据。换句话说，飞行员不再是看着分别的雷达图像、光电图像、数据链传送过来的态势，然后在脑袋里整合成统一的完整战斗态势，而是由电脑整合出统一态势，然后提供给飞行员。问题是，若干来源提供互不一致的信息时，系统的信息融合就会出问题。信息融合本来就是为不完全一致的信息而设计的，但信息不一致度有一定的极限，包括距离、性质上的差别和一段时间里的累计不一致量，超过一定极限后，系统就崩溃了。人类也会碰到过这样的情况，战场上所谓“战争之雾”指的就是这个。

人类对于这样的不定性没有一定之规，否则按部就班、按图索骥就可以了，也无所谓不定性了。在这样的情况下，人类常常依靠经验，或者更加准确地说是直觉。要是人类碰到F-35雷达这样的问题，或许会根据直觉，选择性无视雷达或者光电或者机外的信息，然后以自认为尚可信任的信息源为基准，重新标定。但到底在什么情况下以什么信息源为基准，并没有一定之规，而是靠直觉或者经验。计算机现在没有这个直觉。以后计算机会有直觉吗？现在还看不出这个可能。

AlphaGo已经接连战胜人类最高水平的围棋手，人类围棋被计算机棋手碾压，这已经成为事实。这是在有限“棋盘”和明确规则的条件下，再复杂的对策都只是一个复杂性的问题。随着计算机的速度提高和学习能力的提高，总有可以战胜人类的一天。国际象棋已经走到这一步了，可以可靠地战胜人类对手。现在围棋也差不多走到这一步了。计算机算数字的本事早就超过人类，电脑搜索信息的本事也早已超过人类，这两个问题在解决的时候都非轻而易举，只是人类如今已经习以为常罢了。谷歌、百度、必应搜索世界上难以计数的网页，定时收集海量信息，在搜索时很快提出有效而且正确率相当高的答案，而且在不完全输入甚至部分错误输入时提供具有不错准确度的猜测，这在计算方法上是一个了不起的突破。只要给定规则，计算机善于归纳总结，善于逻辑推理。AlphaGo采用深度学习，比过去的简单的“IF…THEN…”确实要进步很多，但说到底还是巴甫洛夫式的条件反射。狗是人类的朋友，不仅因为狗忠实，还因为狗聪明，善于学习。但再聪明的狗也谈不上智能超过人类，计算机也一样。假以时日，人工智能将在很多确定的、可重复的事情上能对同样的激励做出与人类相似的反应，但现在还看不出计算机有突变性思维的能力。比如说，项羽的破釜沉舟和韩信的背水一战都是违反兵家常识的，也是战例上没有的。或者说，在人工智能的评估中将得分很低，因为兵家常规恰好是人工智能对各种选择的评估依据。人类在拼死相争的时候，经常会出急智，也就是突变性思维；条件反射式的计算机思维则导致决策同质化。另外，如前所述，现在也看不到计算机提问题的能力，设问、求证、归纳、推想是真正智能的关键元素。

人类智能是与语言分不开的。人类通过语言来记录、理解、诠释和传授知识，这使得知识得以广泛传播，得以传承。这一点非常重要。比如说，

在下棋中，人类棋手发现了一个新的走法，不仅会记录下来，还可以描述新走法的形成过程，还会分析新走法的优缺点，以及适用场合。更重要的是，在新走法的启示下，进一步探索更新、更好的走法。

AlphaGo 在左右手互博中，已经形成了一些匪夷所思的新走法。但人类对于这样的新走法的形成一无所知，AlphaGo 也无法解释为什么会形成这样的新走法，以及新走法对未来棋艺有什么指导作用。即使 AlphaGo 可以连算法带数据一起复制到另一台超级计算机上，但这依然不是知识传授，因为这只是下一台超级计算机的初始条件，进一步的探索依然是“盲目”的。不仅如此，如果人类不在超级计算机之间复制，超级计算机之间是无法主动交流的，因为不存在相当于自然语言这样一种记载和交流的工具。计算机语言也叫语言，但只是算法的描述而已，和自然语言是两码事。

另一个问题，人工智能的学习与人类学习也有不一样。人类学习不是对事务的简单归纳，那样不分因果是要闹笑话、被人骂的。但计算机学习是基于人类已经把因果分清楚的数据，计算机是不知道因果关系的。有研究表明，人工智能在分析肺癌得病率的数据后，得出结论，抽烟提高肺癌死亡率，这是对的。但同时得出的结论就匪夷所思了：哮喘有助于降低肺癌死亡率。这是不分因果、把原始数据直接“喂”给人工智能的结果。实际情况是，哮喘病人通常会因为哮喘而早早看医生，在看病的过程中，及早发现肺癌迹象，及早治疗，这才有了降低肺癌死亡率的结果。人类可以对因果关系进行分析，人工智能还没有这样的能力。

“那现在看不出计算机有这样那样的能力，你怎么就知道未来计算机不能呢？”人工智能是否会超越人类智能，这是一个科学问题，不是宗教问题。科学的方法是从已知探索未知，而不是从不可证实或者证伪的假定出发，做出更多推断。如果对人工智能的未来只有一句：“你怎么就知道未来计算机不能呢？”除了反问一句：“你怎么就知道未来电脑能呢？”就不必多花脑汁了。

如果人工智能极限是一个哲学问题，在实践中是否可以不去理睬它，直接用越来越快的计算机挑战人工智能极限呢（见图 5-3-18）？在热力学第二定理出现之前，人们对永动机还心存幻想。在追寻梦想的过程中，尽管最终没有突破永动机这个极限，还是发现了各种提高机械和热工效率的方法和装置，实质性地提高了工业技术水平。人工智能也是一样，在某种程度上，这是更深层的自动化，目标是自动化的自动化，包括自我复制，以及由人工智能自动产生常规意义上的自动化系统。这在一定的程度上已经实现了。在工业规模（而不是实验室规模）的机器人制造过程中，机器人得到大量使用。这就是某种意义上的自我复制。新一代 DCS、传感器和控制阀具有自动组态功能，自动组态本身也是某种程序编写自动化。但顶层输入依然是人工的。事实上，机器制造机器，最终战胜人类，这不是人们在现在才有的忧虑，在机器时代已经有了。在儒勒·凡尔纳的小说《蓓根的五亿法郎》里，邪恶的德国化学家苏尔策教授建造了一座巨大的工厂，用机器制造更大的邪恶机器，妄图毁灭人类。小说里法国工程师马塞尔深入虎穴，战胜邪恶，但这确实反映了人们对机器自己制造机器、最终主宰人类的恐惧。人工智能时代使得这种恐惧以新的形式重返而已，然后再次“发现”孙悟空原来还是在如来佛的手掌里。

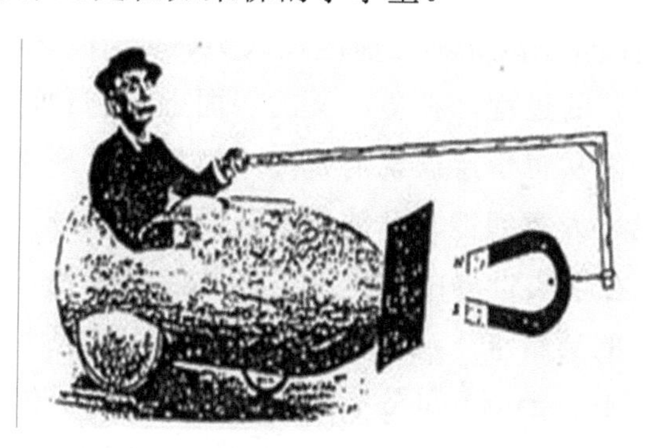

图 5-3-18：如果不理会那些哲学问题，直接用越来越强大的计算机暴力破解，最终会超过人类智能吗？这或许是一个永动机一样的问题

必须由人类手把手教和悉心辅导的人工智能还谈不上真正的人工智能，人工智能的关键在于自学习。自学习说到底是数学的一个分支，数学是对现实的抽象，但不下功夫理解现实表象背后的深层本质，抽象就成了无源之水、无本之木，必定要误入歧途。在模型辨识、自适应等章节已经多次谈到，试图回避物理世界的现象和本质，单纯用数学黑箱去套，这是行不通的。这不是真正解决探索未知的问题，而只是把一种未知转化为另一种未知。历史上如此，未来也如此。

从更高的哲学层次上，人工智能的极限是什么？这个问题最终是绕不过去的。这不是茶余饭后啜牙花的谈资，而是和永动机一样，关系到有意义的科学突破还是无意义的冲撞南墙。哲学不光是唯物主义、唯心主义、辩证法、形而上学，还涉及科学范畴的存在性、唯一性什么的。比如说，能量守恒、物质守恒，这就是上升到哲学高度的科学原理。热力学第二定理是另一个，规定了任何闭合系统都是熵，只能递增，世界是从有序到无序的单行道，从高能位向低能位的单行道，这是永动机不可能的基本道理。热力学第二定理在哲学界造成过热寂论的恐慌，但现在人们似乎对自然进程的单向性心平气和了，对大爆炸理论的接受就是一个例子。

但热力学第二定理描述的是闭合的物理系统，对于闭合的信息系统（智能应该属于信息系统）是否适用还不知道，至少没有被证明。如果闭合信息系统里也存在热力学第二定理，那人工智能是否能战胜人类智能的问题就解决了。人工智能是人类智能创造的，按照熵增定理，人工智能系统的熵不可能低于创造时刻，因此不可能超过人类智能。但这里面有一个问题：人类智能是一个熵减的过程，在更广义的层面上，物种进化也是熵减的过程。现在还没有人能从哲学层次说清楚热力学第二定理为什么不适用于物种进化和人类智能。人类智能是开放系统还是闭合系统，这些都是问题。

有意思的是，在现实世界中，莫希干人并没有灭绝。早年来到新英格兰的欧洲移民泛指的莫希干人（Mohicans）实际上包括两个名称相近的部落——莫黑根人（Mohegans）和马希干人（Mahicans），库珀小说里的人物和故事也取材于这两个部落。莫黑根人在 1994 年被美国联邦政府正式承认，受封祖居的康涅狄格州新伦敦县内一块地方为保留地。马希干人已经离开祖居的纽约州阿尔巴尼地区，散落各地，其中在威斯康星州的一支在 1934 年就得到了联邦政府的承认，得到了自己的保留地。人工智能是一个挑战，但人类比莫希干人更有出息，不仅在世界的天空里找到自己的一片保留地，还会继续创造新的天地。

复杂规程的自动化

现代工业在很大程度上以连续过程为特征，即使是对汽车制造这样包含很多分步过程的情况来说，整个流水线依然可以看作连续过程。化工厂、炼油厂、造纸厂、钢铁厂这些更是典型的连续过程。连续过程产能大、效率高、自动化程度高，但有一个回避不了的大问题：启动和停止是很复杂、冗长的过程，不仅步骤多，而且条件复杂，容易出错。启停还不仅仅是因为设备大修周期，有时因为原料或者销售原因，也必须计划外启停。还有就是由于供销和工艺要求，两类不同的产品需要两种不同的物料，互不相容，好像同一口大锅又要用于煮汤，又要用于大油锅炸，只能清空、洗净、换料，重来。供销方面要求缩短资金和物资积压周期，最好现产现卖，但两类产品又不相容，就只有频繁启停、换产了。

启停过程中，很多关键步骤处在临界点，有严格的时间要求，在很短的时间里，要么向前推进到下一步，要么退回来准备重来，不能在眼下的“三不管地带”犹犹豫豫。由于设备高度复杂和工艺参数高度优化，操作弹性和误差空间极大压缩，有时启动停止步骤要包括很多“善待”设备或者避开不利甚至危险工艺条件（结焦、沉淀、变质、自燃等）所需要的额外步骤，不仅增加复杂性，有可能根本是违反直觉的，更加容易出错。

另一个情况就是故障应对。故障是各式各样的，有的有时间可以慢慢处理，有的必须当机立断，避免故障扩大化，后者不仅要求及时判别故障性质，还要求步骤正确、及时、果断。电影《壮志凌云》里，小汤哥的角色被问到空战紧张关头时脑子里在想什么，他回答一句：你什么也不想，你要是还在想东想西，你就死定了。这当然是电影里的台词，但也不无道理，紧要关头确实没有时间多想，当然不动脑筋地完全跟着感觉走也肯定是不行的。

通常这两种情况都有严格、规范的操作程序，遇到需要启动、停止或者应急处理时，调出相应的操作规程，正确地按步执行，通常就能取得良好的结果。但实际情况是，操作规程可能详尽、严整，但步骤实在太多，时间实在太紧，而每一步都不能出错，操作人员的压力非常之大。更糟的是，重大故障发生时，即使训练有素的人也会在第一时间发懵，需要一点时间才能理清头绪，正确判断，开始做出规定反应，这一切进一步压缩了本来就有限的反应时间，甚至可能在压力下做出错误反应，加剧故障的深度和广度。切尔诺贝利核电站灾难、法航 447 坠机等重大事故都有操作人员在巨大压力下做出错误响应或者在最后关头来不及做出正确反应的因素，重要规程的自动操作有特殊意义。

与典型的自控回路或者自控应用不一样的是，复杂规程自动化（Automated Procedure）由一系列自动执行的步骤组成：有些步骤是顺序执行的，上一步的完成触发下一步的启动；有些步骤是并行的，两个步骤同时进行；有些步骤是递归的，由某些下游条件触发，要回过去重新执行已经执行过的部分步骤。更糟糕的是，很多步骤可以互为条件，有可能互相锁死，需要特定组合条件才能解套。这一切都使得复杂规程自动化十分复杂。

复杂规程自动化的程序实现在某种程度上可与大大简化的操作系统相比，一方面要妥善调动各种资源（开关阀门、起停泵机、设定工艺参数等），另一方面要随时对外界中断做出响应，比如泵机起动失败、过程超压、阀门位置确认、操作人员确认或者人为介入等。事实上，全自动执行是最简单的，允许操作人员随时介入的半自动才是最难的。半自动执行需要考虑操作人员在不同时刻、不同组合的介入，有的在人为介入后，相关参数的后续执行完全交还人工处理；有的要容许操作人员暂时介入后，恢复自动执行，需要考虑的情况指数增加，复杂性极大提高。但半自动执行又是必须的。全自动执行只考虑有限的、清晰的、理想的情况，很多时候实际情况与设计情况有微妙的偏差，或者出现设计时没有考虑到的情况，或者不能只凭一两个关键参数而需要操作人员凭经验判断状态的情况，或者一切正常、但操作人员看到可以缩短启停过程的有利条件而抄近路，这些都需要允许半自动。

需要操作人员凭经验判断的情况需要多提一句。反应器“点火”成功可以用一两个关键参数看出来，容易做到自动判别。但有时由于各种因素，比如进料纯度不够，催化剂活性不足，反应器预热不足等，反应器点火响应可能比通常迟缓，但再给一两分钟就应该足够了，这时应该让进程继续下去，而不是机械地误判点火失败；相反的情况是，再给一两分钟也解决不了问题，应该果断“撤火”。这需要丰富的综合经验，和根据不完全信息的主观判断，这是自动判别做不到的，只有操作人员才能做出判断。核武器发射也是一样，不能在接到对方发射预警时自动发射，必须要有训练有素、心理素质特别稳定的人在可靠确认后才按下最后的按钮。关键步骤在

操作人员认可之后方才继续，这是半自动的另一个突出优点。

在具体实现上，如果有现成的商用软件，可以用组态实现复杂规程的自动化，这是最理想的，省却了很多编程工作，可靠性、易维修性和升级路线也有保证。没有这样条件的话，用DCS自带的编程语言也可以自己编写，要费很多事，但针对性强，与实际过程结合紧密，效率反而更高。但这不仅工作量大，而且维修、升级什么的样样要自己动手，不过成就感也更大。自私一点的话，这东西搞成了、大量使用了、成为日常运作的必须，那你也就成了公司必不可少的关键资源了，因为这样的复杂应用把源代码统统交给别人，也没人敢随便接、敢乱动。这东西平常运行得好好的，不会没事去乱修改，但到了要修改的时候，常常是“时间紧、任务重”，读通别人的源代码本来就不容易，这东西还常常跨越诸多主要控制应用，逻辑关联高度复杂，而且是动态的，错误的代价远远不止难看的眼色，重赏之下都难找勇夫。在技术层面，DCS自带语言与系统结合更加紧密、直接，不需要 OPC 这样可能限制采样速度的软件接口，容易与在线图形显示整合，所以也不是没有优点的。最理想的当然是DCS自带的专用软件，既有商用软件的组态能力，又保持与基本控制层和图形显示的密切结合。

在具体编程上，首先要把复杂规程分解成较小的模块：模块划分既不能大而无当、丧失模块化的意义；又不能过于琐碎，在另一个极端上丧失模块化的意义。这种“既不能…又不能…”只能从一般原则层面上谈，只有结合具体软件工具环境，并积累足够多的工程经验，才容易掌握尺度。

每一个模块应有适当数量的输入/输出参数和控制“开关”。输入/输出参数包括连续变量（温度、流量、压力等）和状态变量（开/关、启/停、完成/未完成等），控制“开关”则决定当前模块是否执行。还可以有一些公共变量在不同模块之间共享。公共变量应该尽量少用，但在复杂规程自动化中常常不可避免，这实际上可以避免一对一传递可能造成的不同步甚至不一致的问题。对于公共变量来说，多个模块都可读取同一个公共变量，甚至可能出现多个模块都有权修改同一公共变量的情况。读取一般没有问题，但多个模块都有修改权限的情况要特别小心，弄不好就出现交替修改的情况，这就容易乱套。不过，各种状态变量是十分有用的，不仅对程序进程的控制有用，还对人机界面的显示有用（也就是图形啦）。

说到图形，程序或者软件实现只是复杂规程自动化的一半，图形显示是另一半，而且是十分重要的一半。只有有效的图形（包括符号）显示，操作人员才能有效监控复杂规程的执行，随时发现执行异常，或者在发生过程异常时准确了解当前执行状态，并正确介入。最忌讳的就是黑箱执行，操作人员只能全盘托付给自动执行，又瞎又瘸，什么也干不了，看到要撞墙了但制动都找不到，实际上很危险。在任何时候，自动化只是辅助角色，操作人员才是当家做主的。操作人员是永远的“船长”，这是必须要记住的。如果操作人员被阻隔于自动进程之外，不仅在心理上非常容易引起抵触，在使用上也无法有效结合自动化的精确和一致与操作人员的经验和判断，最后造成没人使用，全自动的初衷反而适得其反。

成功的自动化必定是“参与式”的，允许甚至鼓励操作人员全程监控，并且便于随时随地人工介入。更加周到一点，还要考虑在执行过程中，遇到设备故障，可以有序地暂停，在设备抢修后，再有序地恢复执行，而不是一下子乱了套，或者一棍子打死、全部清零，只能放弃已经完成的步骤而从头开始。事实上，自动化的操作规程常常是更大的操作规程的一部分，自动部分与人工部分相互交织、相互补充。有些设备和阀门是全手动的，或者由于不常使用，自动化会导致不必要的成本，比如次要管线上的隔离阀；另外的情况是事关重大、必须有人在现场亲眼核实状态，比如危险物料的通断或者大功率电动机的起停。这些设备必须在现场人工操作，便于核实操作动作，也同时核实设备执行状态。隔离阀控制物料的流向，弄错了要出大事情。大功率电动机及相关的齿轮箱、泵机、风机、压缩机的起动要密切监视，异常的声音、振动甚至跑冒滴漏、设备松动必须及时采取措施，这些都是 DCS 从远程难以观测核实的。

图形显示可以很复杂，把整个工艺的简化版画出来，用图标显示当前进程所在。但工程上有一个 KISS 原则，就是 Keep It Simple Stupid，或者说最简单、最“笨”的常常是最好的，过度复杂的结果常常是聪明反被聪明误，简单到极致了反而不容易出错，出现异常也容易理解问题、做出正确反应。因此，复杂过程自动化的图形显示常常“退化”到简单的表格或者文字显示，像纸面的操作规程一样，1234、ABCD 罗列好，用色彩（比如灰色表示还未执行，黄色表示正在执行，绿色表示执行完毕，红色表示警示提醒等）或者符号（比如沙漏表示正在执行，打勾表示执行完毕，感叹号表示警示提醒等）或者两者的某种组合，来表示当前状态。由于和纸面规程形式相近，形式简明易懂，容易两相对照，往往更受欢迎。在压力下，美观常常不是最重要的，简洁明了更加重要。

与纸面操作规程容易对照还有另一个作用，纸面操作规程可以作为复杂过程自动化执行过程中的校核清单，一面进行、一面确认。这还不仅是对控制应用动作的确认，还有很多控制应用内不包括的内容，两者在一起，才能完整、准确地执行全部过程。

还要指出的是，配合复杂过程自动化的图形显示与日常运行的图形显示互相补充，而不是互相替代。

过程自动化发展到现在，连续过程的自控回路和高级应用已经深度发展，但复杂规程的自动化还在初级阶段。随着过程和规程越来越复杂，人手越来越少，正品率和开工率要求越来越高，复杂规程的自动化越来越重要。如今连续回路和高级应用做得好已经不算什么了，这已经成为普遍期望。但复杂规程自动化也做好了，这将大大减轻操作人员的工作负担和心理压力，也有利于从高层次观察和思考，发现问题和改进措施，并有时间照看次要设备和过程。悄悄说一句，复杂规程自动化做好了，可以赢得很多铁哥们，操作人员自不待言，头儿都对你另眼看待。复杂过程自动化后，不仅可以缩短启动和停止所需要的时间，提高开工率，也加速转入正品生产，并减少不同操作人员固有操作行为的随意性。这是皆大欢喜的事情。

操作规程都是文字的，有文字特有的模糊性，有时有“在 xxx 时候，注意观察 yyy，并采取必要措施”这样的字眼，或者“把温度从 xx 升高到 yy”，但并不明确到底在多少时间内缓慢上升，还是一步到位。自动化后，所有模糊性都必须消除，明确化的结果是使得意图和执行更加一致，有利于确保生产过程的最优化。另外，自动化后，本来为了均摊操作负担而分开的操作步骤也可以同时进行，缩短总时间。人工控制增加 20 个流量要是不分摊到至少 5min 时间里的话，那叫一个手忙脚乱。但程序执行就是小菜一碟，几秒钟、十几秒钟内可以统统解决，再加 20 个也不成问题。几个回合下来，节约的总时间就很可观了，这些时间用于及早转入正常生产，就是真金白银的盈利运行时间，年终时可以绝对理直气壮地上报作为自控业绩。

操作规程在传统上被看作工艺和操作的"领地"，自动化有助于自控与工艺和操作的零距离结合。这不再是简单的操作规程自动化，而是整合了自动化特长的一体化的人机操作最优化。爱屋及乌、良性互动，自控、工艺、操作打成一片，都成为"我们"而不是"我们"和"他们"，这对自控应用的成功至关重要，这一点后面还要谈到。还有一点：操作人员的心理压力降低了、心情愉快了，头儿也好做，干自控的人的价值得到赏识，日子也好过了。

警报与异常管理

设计得当、保养妥善、运行正确的连续过程很少出现故障，大型炼油厂和乙烯装置可以一次性连续运行三四年甚至更长时间再停车检修，电厂也类似。一旦出现故障或者异常，DCS 会自动报警。

报警有两大类：参数报警和状态报警。过程超温、超压等属于参数报警，泵机停车、联锁触发等属于状态报警。从报警性质划分，有的属于真正的报警，有的属于仪表故障的误警或者处于维修状态的假警，还有的是次生报警，比如泵机停机了，相应的下游管道出现流量过低、压力过低等次生报警。在平常的日子里，一天没有几个报警，不少还属于误警和假警。一旦真正的紧急情况来了，可能会有成千上万个报警像潮水一样涌来，根本无法及时、准确地识别和反应。报警管理和异常处理成为现代工业过程高密度、单系列化后的巨大挑战，很多重大工业事故都与警报与异常处理不当有关，比如造成墨西哥湾灾难性漏油的英国石油公司"深水地平线"钻井平台爆炸事故。

在单元仪表时代，报警与控制是分开的，控制回路只管控制，联锁保护只管联锁保护，报警是单独的系统，用仪表板上方的大型图形显示板上的报警灯或者专用网格式灯箱报警，并伴随警铃提示。PID 控制器也可以设置报警，测量值越界了发出声光报警。由于只有有限的报警灯可用，谁在什么情况下报警需要具体情况具体考虑。同样的原则在 DCS 时代依然可用。这样的报警设计功能明确、简洁明了，但这样"具体情况具体处理"的报警设计不仅费时费力，而且在不断挖潜技改的现在，很难适应过程变动经常化的需要。尤其是现代生产过程常常在设备不改变的情况下，通过对现有工艺重新排列组合，或者改变工艺参数，达到无投资挖潜的效果。但这对报警设计就纠结了，经常要推倒重来，这就太麻烦了，而且很容易出错，而错误的代价是不可接受的。

在 DCS 时代，增加报警参数没有物理限制，每一个温度、压力、泵机、阀门都可以报警。除了在图形上直接显示外，还有专用的表格式报警显示，显示报警参数的名称、性质、报警界限、实际数值、报警时间、操作人员是否已经确认等重要信息。表格随着新到的报警信息自动翻新，操作人员可以向前翻页，查看报警历史。不仅可以查看流水账，还可以针对特定参数或者装置查询报警历史，掌握工艺参数走向、设备运转和健康状态。

由于报警从硬接线变为软报警，可以报警的参数实际上是无限的，但这也带来问题。潮水式的报警一下子就灌满了几页甚至几十页，而正确判读和反应的时间可能以分秒计。要在压力和时间限制下正确判读，不说不可能，至少也是极端困难的。历史上的多次重大事故，就是由于潮水式报警导致操作人员不能正确判读当前情况，造成故障扩大。甚至可以说，绝大部分工业事故都有足够的征兆，都在报警历史上有所显示，但由于各种原因没有得到及时、正确的处理，最终酿成灾祸。

图 5-5-1：警报泛滥是很危险的情况，轻则弄得人头痛，重则在潮水般涌来的警报中错失真正重要的警报，导致本来可以控制的异常状态扩大化

在设计的时候，由于造成报警的原因多样，不好一概而论，于是取最

保险的情况，只要可能报警的统统报警，宁可错杀三千，不可放过一个。这造成大量的重复报警，尤其是次生报警情况。比如说，泵机停机了，下游管道的压力和流量肯定要过低，再重复报警一遍并不增加信息量，额外的无用信息反而增加了操作人员的判读负担。次生报警还可以波及很远的下游过程，如果进料泵机停机了，不仅进料管道受影响，反应器都要断粮，所有后道工序都会由此造成更大面积的次生报警。在理想情况下，应该只对原生参数报警，在这里就是泵机停机，次生参数的警报应该屏蔽掉，避免重复报警。这对炒股也一样。平日里要监视手里每一只股票的涨落，但要是发生股市崩盘，最需要知道的是股市崩盘和股指暴跌这个事实，而不是每一只股票都在暴跌的具体信息。

但在实际上，这个事情说起来容易，做起来难。比如说，进料泵机有两台，互为备用，那就要有另外的逻辑单独判断，只有一台泵机停机还不足以屏蔽下游报警，要两台都停机了才屏蔽下游报警。但这里又有两种情况：一种是冷备份，也就是任何时候只有一台泵机在运转，另一台停车待命；另一种情况是热备份，也就是任何时候都有两台泵机同时运转，每一台的容量都足够应付过程需要，这样即使有一台故障，另一台不需要起动就自动保证过程运行，这样可以提供最高可靠性，比如核反应堆的冷却水泵就需要这样的可靠性，双发客机的两台发动机的推力要求也是这样确定的。但热备份时，任何一台泵机停车都要报警，提醒操作人员原有的保险系数现在没有了，要赶紧把故障泵机修复，恢复热备份。对于冷备份，要定时起动备用泵机，或者定时轮换使用，确保备用泵机在需要的时候不会掉链子；还有就是维修情况，需要启停几次，但都不是故障，这只是测试，不需要报警。或者在大修期间，两台泵机都停了，但辅助泵机或者外来接入的流量在供应下游管道，这时不能屏蔽下游的次生报警。还有就是断电情况，这时不仅泵机会停车，造成下游的次生报警，泵机停车本身也成为断电的次生报警。这些不同原因的排列组合使得警报屏蔽设计高度复杂化，而错误的代价又十分巨大。

为了不挂一漏万，最保险的办法是无论原生次生，只要状态偏离设计，统统报警，但这样会造成大量的重复报警和无用信息。应该做的是动态警报屏蔽，对典型故障和异常情况系统地规划和实施不同状态下的警报屏蔽，但在非典型状态下，还是只能取最保险的情况，宁可错杀三千，不可放过一个，错误的代价太大了。当然成功的收益也是巨大的，避免无谓报警和虚警有助于抓住原生报警，避免一次重大事故的好处不言而喻。正由于警报屏蔽的高风险、高收益特点，这成为警报与异常管理中最活跃的课题之一。

只对原生参数报警的原则可以在设计的时候就体现出来。还是以泵机为例，泵机本身是可以手动起停的，也可以由于下游超压、超温或者其他原因而在联锁保护作用下自动停机。传统上，泵机停机本身就作为报警信号，但问题是这并不说明问题，还要和其他参数结合起来，才能判断停机原因。在原则上，由于联锁保护而自动停机的话，只需要对联锁保护的触发信号报警，比如超压、超温，泵机停车本身不必再报警，因为超压、超温才是原生警报。操作人员手动起停泵机也不需要报警，因为这是操作人员的有意行为，自己知道，不必再告诉一遍。但泵机故障停车是要报警的。不仅该运转的时候停车了要报警，该停车的时候自说自话运转起来了，也要报警。换句话说，对于泵机违反指令的状态（Command Disagree 或者 Command Mismatch）需要报警。这样的设计不需要动态屏蔽，就可以大大减少次生报警和无用信息。这样系统分析报警目的的设计过程称为警报因果分析（Alarm Objective Analysis，AOA）。

更加广义的 AOA 要对每一个参数都确定：

1）是否需要报警？有的参数只是参考信息，或者系统组态的中间状态，没有必要报警；有的参数已经有类似参数报警，不需要重复，比如反应器从上到下十几个壁温不需要每个都报警。

2）如果需要报警，有多少反应时间？如果是一般提示，那有很多时间，只需要尽快处理，但不一定立时三刻；如果可能引起重大过程异常，那就没有多少时间，需要立刻处理；如果可能引起爆炸或者重大泄漏或者人身安全事故，那就要丢下所有其他手头事情，立刻全力应付。这些不同性质的报警确定了不同报警等级。报警等级的准确确定非常重要，不同报警等级决定了操作人员的处理优先等级，什么大事小事都是最高等级的话，等于什么都不是最高等级。一般来说，紧急警报、高优先警报和低优先警报应该像金字塔一样，只有很少的紧急警报，高优先警报依然较少，而低优

先警报可以较多。当然，这里的较多依然是相对的，不必要的警报哪怕是低优先级的，依然要尽量避免。另外，报警等级可以动态变化，在某些工况下低优先，在另外工况下高优先，这也相当于另一种形式的动态屏蔽，只是不彻底屏蔽，而是只改变报警等级和响应优先程度。

3）产生报警的可能原因是什么？报警的原因可能是报警的优先等级、鉴别虚警和应对策略的基础。原因很多不怕，一个一个罗列分析清楚，分别对待，但说不出原因的报警是不可取的。

4）报警极限是什么？这个比较简单，设备的超压、超温的极限是有明确数据的，这个数据应该明确罗列在 AOA 数据中，便于查找和比较，理解当前状态。

5）如何确定报警不是虚警？这个非常重要，对虚警贸然反应，不仅浪费时间和资源，有时候还会无事生非，弄出点事情来。工业过程的每一个环节都有来龙去脉，与上下游相关参数或者同一设备的其他参数相比较，通常是鉴别虚警的第一步。但最有效、最直接的相关参数不能要操作人员到时候再拍脑袋自己找，在 AOA 数据中明确提示，可以大大加快鉴别过程，增加鉴别的可靠性，避免疏漏。如果这个参数有记录，观察过去一段时间里的走势，也是判断虚警的有效做法。

6）确定为真实警报后，如何处理？有些警报的处理很显然，有些就不那么显然，甚至可能触发一系列复杂反应。很复杂的过程有操作规程，在简单和复杂之间，也应该有明确的处理指令，AOA 数据也应该包括发生警报后如何处理的明确提示。

7）如果处理不当，或者不作为，后果是什么？为了帮助理解相关警报的重要性和处理时的优先等级，不作为或者处理不当的后果也应该明确列出。

8）如果有动态屏蔽，应该指明在什么情况下受到屏蔽，或者报警等级自动更改。

9）有条件的话，还应该标明 AOA 数据的产生时间和当事人员，有利于确定这是否为已经过时的信息，或者有疑问可以向当事人直接查询、确认，而不是谁也不知道这是猴年马月、怎么得出的结论。

AOA 数据库是警报设计和处理的依据。AOA 应该由工艺工程师、有经验的操作人员、自控工程师联合进行，工艺工程师提供设计依据，操作人员提供实际操作经验，自控工程师则负责具体实现。在必要的时候，还应该把机械、仪电和其他方面的专家结合进来，比如电动机转轴振动或者线圈升温极限数据只有机电方面的专家才能提供，这不一定是单一数值，可能是超过 xx 达到 yy 分钟后才触发联锁保护，这些信息对操作人员的应对非常重要。

另一个情况是根据不同工艺状态，需要不同的报警极限。比如说，物料的流量报警上下限应该随产量或者产品配方不同而变化。在特定产量或者产品配方要求下，上下 10%以内都算正常，固定的上下限反而失去意义。换句话说，有时候流量、温度、压力的绝对值并没有太大意义，而是偏离设定值多少才需要报警。这是随工况自动改变的一种“灵巧”报警的做法。这对股票也一样。炒股是靠差价赚钱的，涨卖跌买，重要的是涨幅和跌幅，实际股价反而是次要的。因此用当日开市价或者当日的某一基准价作为基准，按涨幅、跌幅触发提示，这样更加合理。这也是避免无意义的假警的一种方法。

故障诊断和容错系统

警报是被动的，事态发生了才会报警，更加主动的是对生产过程的故障诊断，当故障或者过程异常还在蛛丝马迹状态时，就提前发现、主动处理。故障就是异常情况，异常就是和正常不一样。所以故障诊断的核心在于如何探测这“不一样”。

图 5-6-1：故障诊断和看病一样，医生要是知道往哪里查，病根已经知道一半了

故障总是有蛛丝马迹的，问题在于工业过程的数据量太大，在大海里盲目捞针，等终于捞到的时候，常常已经海枯石烂了。知道往哪里看，常常是故障已经找到一半了。

传统方法是用大量的图表，观察主要参数的走向。如果电动机轴温持续升高，这可能是电动机要出问题的征兆；如果某一段管道的压力降持续升高，这可能是开始发生堵塞的迹象了。问题是，单一参数的监测常常不能发现复杂现象的故障迹象，有时几个主要参数单独看都看不出异常，但结合起来综合地看，异常就明显了。比如说，GDP 增长率、通胀和就业率都略有下降，每一项指标都降幅不大，说不出到底是不是有问题；但三者一起下降，就说明经济可能出了结构性问题，接下来就有可能进入经济危机了。但要是等到三者都大幅下降再采取措施，那就晚了。

如果有已知的少量参数需要观察，简单的观察还是管用的。但如果需要观察的参数很多，走势很复杂，简单观察就不管用了，需要有更加有效的数学工具辅佐。

在数据分析中，PLS（Projection to Latent Structure，也有称之为 Partial Least Square 的，但听“懂行”的人说那是“野路子”的叫法）和 PCA（Principal Component Analysis，主元分析）是很流行的方法。对于 PCA 来说，以二维空间为例，在数据空间里，数据集差不多可以粗略看成为一个椭圆区域，长轴代表最多的数据，短轴代表剩余的其他数据。

这实际上和前面提到的现代控制理论里状态空间的标准型变换有点相像。比如说，在三维空间里，数据不是随着“高度”和“深度”变化的，而是“斜躺”下来的。在传统的直角坐标上看，数据变化都不明显。但搬一个楼梯，爬上去，斜着向下看，数据变化就明显了。在数学上，这就是坐标变换。当然，PCA 做到的不只是坐标变换，还根据“主要贡献”把数据集降低维数，抓住主要矛盾，不被次要变化所迷惑。比如说，斜过来看的时候，发现数据主要沿新的“纵向”变化，但“横向”没有多少变化，那可以把“横向”坐标索性忽略，把三维问题降低到二维。

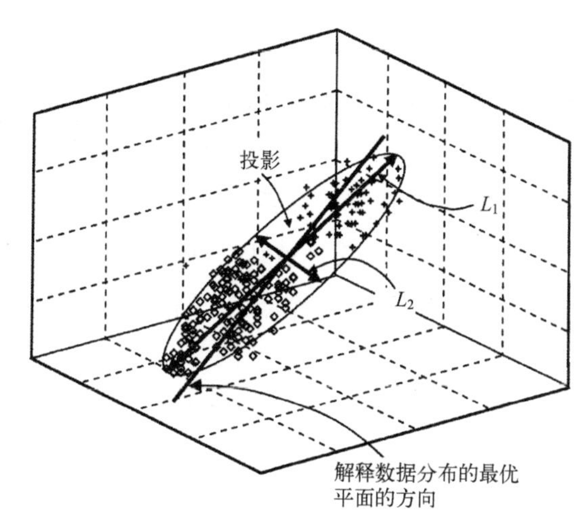

图 5-6-2：在通常的直角坐标里看起来乱七八糟的数据，换一个角度，比如说在斜面上看，就有序多了。其中，长轴 L_1 方向上揭示了数据的主要变化，短轴 L_2 方向上揭示了次要变化。换句话说，L_1 方向是“主要矛盾”。只抓主要矛盾的话，L_2 方向上的变化是可以忽略掉的

这个概念也可以扩大到 N 维空间，意思是一样的，只是图就没法画了。PLS 在 PCA 的基础上进一步发展，但基本概念是相近的，也是把众多相关的变量归拢到少数几个“合成”的变量，这有点像股市中的各种指数。这样处理后，一个有大量相关变量的复杂大系统就可以简化为一个只有少量独立变量的小系统，抓住主要矛盾，就从大海捞针变为碗里捞针了。捞出来的针不再是单个的变量，而是变量的组合，需要还原成原始变量，才能确定真正的元凶。

PLS 和 PCA 还可以和图形方法结合起来使用。比如说，将那些合成变量标称化（也称归一化），就是除以正常值。那所有合成变量的标称值就是 1，大于 1 或者小于 1 都是异常情况。把所有变量画成“蜘蛛图”（Spider Chart），每一个蜘蛛脚代表一个合成变量。由于合成变量的标称值都是 1，蜘蛛图就大体是圆的。如果哪一个脚变长了，或者缩短了，蜘蛛就不圆了，非常容易看出异常来，接下来就可以有的放矢地，寻找故障的早期迹象了。

图形数据分析的另一个路子是所谓“共线性”（co-linear）分析。这是 IBM 早年琢磨出来的一个东西。理论上简直没有东西，但要求换一个思路，正所谓退一步海阔天空。人们对数据点在通常使用的直角坐标系里的表示很熟悉，一维就是直线上标一个点，二维则在平面上标一个点，三维要在

xyz 轴的三坐标空间上标一个点，三维以上就无法画了。但是，如果把三维空间的所有数轴画成平行线，而不是常见的直角坐标，那三维空间里的一个点，就是连接三根平行轴的一根折线。如果仅此而已，那也就是一个简单但愚蠢的数学游戏罢了。平行坐标系的妙处在于，平行轴可以尽量画，所以 5 维、20 维、3000 维，只要纸足够大，都可以画，而且可以直观地看见，而不是只能想像。*N* 维空间的一个点在平行坐标里就变为连接 *N* 根平行轴的折线。

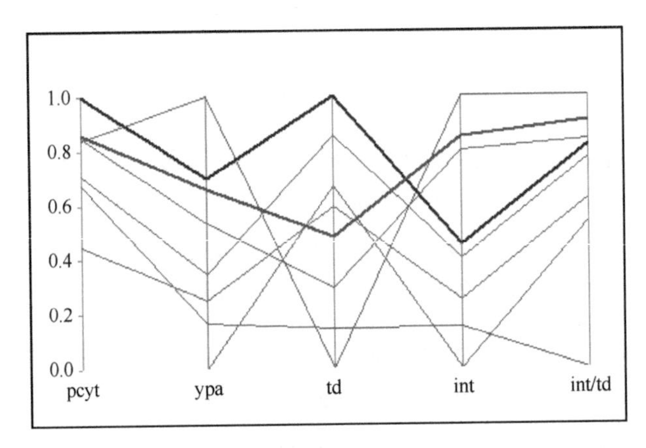

图 5-6-3：平行坐标可以直观地画出高维数据，这里是 5 维坐标里的 8 个数据点

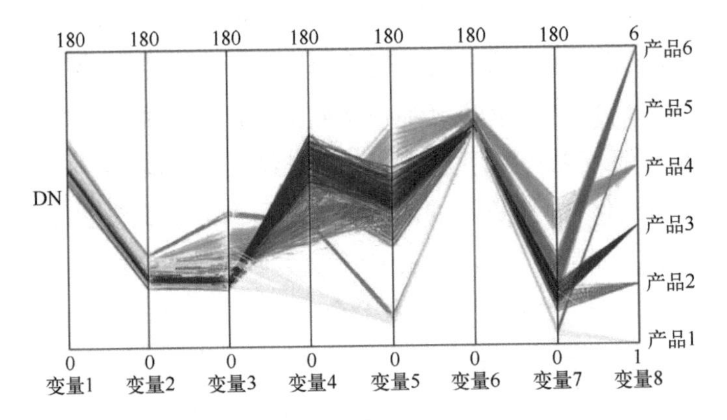

图 5-6-4：通过查询，找出某一坐标上下界内的所有数据点，可以直观地看到数据的特征。比如说，产率在多少以内的时候，所有过程参数在什么范围。如果“数据簇”是散乱的，那就是说，过程参数是什么数值都可能，那就根本无法找到导致这样产率的工艺条件；相反，如果“数据簇”很密集、齐整，这就指明了达到这样产率所需要的工艺条件了

平行坐标只有一个缺点，就是只能表述离散的数据点，很多数据点形成一大堆线簇。但连续变化的数据就不是线簇，而是一摊密不可分的墨迹，没法看了。但对计算机采集的数据来说，离散不是问题，计算机采集的数据本来就是离散的。这样，用平行坐标把大量的数据点画成折线簇，可以很直观地看出数据中的模态来。

如果共线性分析用于数据分析，可以从最关心的参数（比如产率）着手，规定上下界，通过简单的分类查找，迅速而且直观地找到所有导致目标产率的过程参数的范围。这实际上也是通常做法的系统化。如果把所有主要参数都画成按时间的趋势曲线，把产率曲线中最好的部分标出来，把所有达到最好产率的时间段记录下来，然后回到各个参数曲线，把相应的参数范围查找出来，这实际上是在做同样的事情，只是共线性方法快捷简便得多。

如果把正常工况的线簇单列出来，甚至提炼出边界包络线表示正常范围，把实际线簇与“正常线簇”或者包络线相比较，实际线簇在正常线簇包络之内的，那就是还处于正常工况；实际线簇落到正常线簇之外的话，那就是出现异常了。进一步查找还可以确定哪些参数组合偏离了正常，尽管参数本身尚未出界。这就是把共线性分析用于故障诊断了。

故障诊断的另一个思路是对整个过程进行辨识。辨识出来的模型是系统行为的表述，故障当然就是行为的改变。将实时辨识出来的模型和正常模型相比较，也可以判断系统是否出现异常或故障。辨识方法的好处是不仅可以发现异常，还可以判断异常的走向。但小过程的辨识都不容易，大型、复杂、高度关联而且时变的过程要精确辨识，就更难了。通常大型过程辨识中不可避免的各种校正因子和经验参数进一步使得辨识结果的灵敏度成问题。但不够精确、不够灵敏的辨识对于故障诊断没什么用，无论它说有事还是没事，都不敢相信它。

故障诊断是针对特定事件的，比如说压缩机喘振。同样的方法还可以扩大到特定过程。比如说，很多化工厂要生产多种产品，转产过程冗长、复杂，所有主要参数都在变，而且根据不同转产组合，变化幅度和趋势都会不同，要及时发现偏离正常或者最优真是难上加难。用故障诊断的方法，也可以“抓出”偏离正常或者最优，关键还是要首先建立何为正常，然后再与当前实际进程相比较。这还是故障诊断的基本思路，只是加入了时间因素。

故障诊断还在早期发展阶段，有很多理论方法，实用上还有可靠性和灵敏度不足的问题，但这是具有很大潜力的发展方向。成功地避免一次重大故障的经济效益是巨大的，大型炼油厂、乙烯装置停产一天的损失数以百万计，再财大气粗的大公司也不可能对这样的效益无动于衷。

故障诊断的另一方面是容错系统。一旦发生异常，如何在不停产的情况下继续安全、有效地运转。在有的时候，这是由生产效益驱动的；在其他时候，这可能是性命攸关的问题。比如说，若双发动机民航客机发生垂尾方向舵卡死的话，必须继续保持足够时间的可控飞行，至少要坚持到备降机场，完成安全降落，比如用两台发动机的不同推力控制方向。这就牵涉到容错控制系统了。

容错系统有两个层面，一是控制系统的软硬件层面，另一个是自重构。现代控制系统大多以计算机为基础，硬件冗余是很成熟的技术了。硬件冗余说起来简单，就是有备用系统，值班系统故障了，备用系统自动顶上去。但实际上不简单。双重冗余有热备份和冷备份，也就有前面在警报处理里提到的双泵机互相备份一样的问题。更加可靠的有三重冗余，三套系统同步工作，三个结果进行表决，三取二，落单的作为故障嫌疑，自动屏蔽出去，不再参加表决。剩下的两个系统也不再表决，而是降级为双重热备份，依然有一定的冗余度。更加可靠的三加一冗余，在三重冗余基础上，增加一套冷备份系统，定时轮换。值班的三重冗余中有一套系统故障时，被自动排出，备用系统加入，恢复三重冗余。同样的思路还可以增加到五重冗余，在表决中五取四或者五取三，然后视排除系统的数量，自动降级到三加一或者三重。显然，重数越高，其可靠性越高，成本越高，复杂性也越高。复杂性提高的另一个代价是可靠性可能不升反降，因为系统内成员越多，系统内某一成员发生故障的机会也就越高。复杂性本身也带来可靠性降低的问题，所以不是重数越高就一定越好。

硬件冗余的另一面是软件。多重冗余系统的软件也要同步，否则就成了人为的不同步了，没有故障活生生制造出故障来。但软件同步是很恼人的问题。要保证系统连续工作，常常不得不把系统统统停下，一次性上传软件更新，确保同步。有时需要对在线运行系统上传软件更新，那就要有特殊机制，确保在一个一个系统上传软件更新的时候，其他系统不做同步，等上传完成后再同步，或者只对已经上载完成的系统做同步。这个事情说起来容易，做起来难，系统内不同成员的执行周期不可能绝对同步，一点点差异可能造成同步失败，然后就是无穷无尽的头痛。还记得 KISS 原则吗？最简单、最笨的办法反而是最好的，对于高可靠性系统来说，有时候还必须统统停机才能软件更新，确保同步，但这就违反多重冗余提高在线率的初衷了。

系统冗余技术已经比较成熟了，使用与否、需要什么样的冗余度或者冗余机制主要由实际需要和成本决定。超出控制系统软硬件的话，容错系统主要指自重构系统。在模型预估控制的章节里，对多变量控制有所提及，其中包括主要控制作用和次要控制作用。自重构就是在主要控制作用失效时有意利用次要控制作用的方法。

在通常的多变量控制里，主要控制作用是主要的（这不废话嘛），次要控制作用常常要加以抑制，避免干扰主要控制作用的有效发挥。但要是主要控制作用由于机械故障或者其他原因失效了，次要控制作用不管多次要，总比没有强。比如说，飞机的偏航控制主要靠垂尾的方向舵，但要是方向舵因为机械故障或者外物撞击而损坏，通常的偏航控制就不管用了。但如果飞机是双发动机（或者四发动机），利用左右两侧发动机的不同推力也可以控制偏航。事实上，有人这样做过，并安全地降落了下来。当然，如果能在飞行控制系统里预先设计这样的容错模式，就不需要靠飞行员的急智和所有人的运气了，妥善设计的容错系统比飞行员临时抱佛脚要可靠、有效得多。

容错系统也是一个新兴发展方向，随着计算机控制技术的发展，正在从理论走向实用，但现在还只局限在救命的场合，未来可能会扩大到提高在线率和避免停产的场合。

数据融合

在现代化的高强度、单系列生产过程中，主要设备不仅购置价格高昂，安装、检修、更新也都价格不菲。相对来说，增加传感器、加强监测，确保对设备健康的全时掌握，并及时排除故障症候，也充分解放设备能力。

尽管还是存在关键参数漏测或者缺乏监测手段的情况，现代大型设备和生产过程常常面临“过度监测”问题，有不少传感器测量相似但不尽相同的信息，理论上从多方面揭示过程参数的真相，实际上使用不足。不过这些重复的监测手段提供了一定程度的信息冗余，可用于互相校验。这也带来一个有趣的问题：什么时候用哪一个测量值最合理，如何把众多大同小异但不尽一致的测量值综合起来，得出最优观测？这在军事上称为数据融合或者信息融合，在工业上也开始应用这样的概念。

以F-35战斗机为例，战斗机上装备雷达、红外等探测技术已经有很长时间了，雷达和导弹预警也提供被动探测。传统上，各种探测系统分别显示，飞行员在检视所有相关探测系统信息后，在头脑里整合成完整的战术态势。这不只是简单的互相印证，而是根据目标特征和不同探测系统的技术特点而整合出来的。比如说，当敌机还在远距离时，雷达的精度较高，红外的精度较低，或者探测距离不足，这时雷达信息的加权就要大一些；当敌机已经进入近距离，并且打开电子干扰，试图扰乱雷达跟踪，这时红外探测反而更加可靠，而且打开加力准备进入空战使得目标红外特征更加强烈，这时更加倚重红外就比较妥当了。但归根结底，飞行员最关心的是敌机的位置、速度、航向等，而不是雷达回波或者红外图像。F-35的信息融合正是这样，实时、灵活地将不同探测技术的信息整合成战场态势，而不是简单地提供原始信息。

另外，隐身主要针对雷达，但在不同方向上不同雷达对同一个隐身目标的回波不同，而真正没有目标存在的空间位置应该是所有雷达都看不到任何东西。如果不同方向的雷达看到的回波不一样，这里就可能有鬼。另一方面，隐身目标对不同雷达波长的回波也不一样，分米波、厘米波、毫米波要是在同一个地方看到不同的东西，这里很可能有鬼。红外也是一样，从不同方向观察到不同的结果，或者在同一个方向用红外、紫外和可见光不同频段观察有不同的结果，这个地方也有鬼。把不同信号通过数学手段叠加起来，可以“抓出”隐身目标。这是信息融合的延伸应用。

信息融合在工业上也很有用。反应器的器壁上下有一排温度传感器，反应器的搅拌功率也实时测量，还有压力、黏度等其他测量手段。所有测量值都有正常范围，但反应器出现混合不匀甚至局部热点的话，壁温就不再是正常情况下沿高度方向均匀上升，而是出现局部热点、冷点，严重的时候，可以出现温差逆转。传统上，DCS 上直接显示这所有的测量值，由操作人员决定反应器是否处于正常工况。但采用数据融合之后，壁温分布异常加上搅拌功率增加、进料口背压增加等，就可以定量地直接指出反应器内混合不匀的程度，直接供操作人员做出操作决定，大大缩短操作人员的反应时间和提高反应的正确性。

在“信息泛滥”的现代环境，信息融合可以去芜存菁，动态地提炼出最精确、最可靠的信息。这是很值得关注的一个领域。

工业 4.0

瓦特发明蒸汽机后，世界进入了机器时代，现在有人把这称为工业 1.0；爱迪生发明电力，又一次改变了世界，这是工业 2.0；诺・依曼发明了计算机，从此人类进入数字时代，这是工业 3.0；现在有人提出，人类将进入工业 4.0 时代。

工业 4.0 的确切定义并不统一，这也是欧洲（尤其是德国）的说法，在美国，这称为“工业物联网”（Industrial Internet of Things，IIoT），这是工业层面的物联网（Internet of Things，IoT）。一般认为，这不仅包括高度互联的各种工业系统、环节，还包括云服务、大数据，自动化和机器人更是其中的重要环节。

图 5-8-1：工业 4.0 的定义并不统一，但一般认为，这是指高度互联、高度智能的工业生态

图 5-8-2：机器人和自动化是其中的重要环节

到现在为止，自动化还大体是单干式的，尽管这单干户的一亩三分地越来越大。以自动驾驶为例，现在的重点还是在汽车周身装满摄像头，然后用人工智能判断周围路况，然后自动行驶、自动避让。IoT 首先就是要把所有的装置互联化、物资信息化，这是“协作”式自动化环境的开始。街上所有的汽车都上网了，甚至行人都通过随身携带的手机上网了，自动报告自己的位置、速度、方向等典型信息，那车辆之间和车人之间可以自动建立通信，互相通报状态，避撞就容易实现了。要是车辆进一步报告前方道路状态，比如是否堵车、路上有行人和动物、路面结冰打滑，那后面的车辆也能受益。这是对团队协作式驾车的自动化。在军事上，导弹饱和攻击也可以智能化，在引导攻击、佯攻和迂回主攻之间自动分工，不仅有效攻击规定的目标，报告毁伤效果，还可以报告目标的雷达、光学、红外特征，丰富目标数据库，或者报告发现的其他目标、攻防态势等。这是对小分队协同攻击的自动化，也是“蜂群”攻击的重点技术。

在工业层面，DCS 一直就是高度互联的，现在从系统到具体环节，互联的程度更高。很多子系统都具有 OPC UA（OPC Universal Access，最新的 OPC 标准）的能力，可以直接与云服务相连。另外，互联包括自下而上和自上而下，还包括横向的扁平联系，真正形成纵横交错的全面互联。

随着计算机和网络技术的高度发展，高度互联不是太难的事，难事在于如何可靠、安全、保密地存放、调用和共享数据，这就是云的事情了。典型的云服务为云数据，这是远程、分散但关联的数据库，寻访数据不需要用户指定数据库地址和路径，只要给出要求，云服务会自动到各地数据库里把相关数据调出来。远程、分散的数据库不仅充分利用各地资源，还可以最大限度地互相备份，提高数据的可靠性。但数据是死的，好比一大堆矿砂，还需要有办法把金子从这一大堆矿砂里淘出来。云服务最大的贡献正是便于大数据分析。

大数据和云一样，是发展十分迅猛的数据业务。简单化来说，大数据可以比作“数据淘金”，也就是在海量的数据里，寻找特有的内在规律，并与当前实际数据对比，帮助辨认异常、寻找机会，供用户作为决策的依据。工业上的典型应用包括设备监测、故障预报与分析、库存自动管理、市场预测等。军事上的典型应用则包括反恐作战中对路边炸弹埋设规律和武装分子活动规律的识别。

图 5-8-3：大数据是工业 4.0 的重要部分

图 5-8-4：在浩如烟海、疾如潮汐的数据里淘金，这是工业 4.0 的又一个亮点

大数据与传统数据分析最大的不同不仅在于数据量的大小，还在于数据筛选。传统数据分析要预先筛选数据，剔除无效或者“坏”数据，否则分析结果会被误导。大数据分析则不然，并不刻意剔除无效或者“坏”数据，而是来者通吃。这不仅是大数据的数学方法更加强大的缘故，还因为有一个重要假设：在海量数据的情况下，无效或者“坏”数据将被淹没或者互相抵消，不影响数据分析或者机器学习。如果无效或者“坏”数据占比太大甚至主导，那这数据的矿砂里本来就只是一堆沙子，没有金子。

大数据并不取代传统的数据分析。传统数据分析有纯黑箱的，但如前所述，成功率不高，真正成功的还是灰箱甚至白箱。这样的传统数据分析是结构性的，结构来自对过程特质的理解，如果实际观测数据也有代表性，那建模结果就具有良好的内插与外推的能力。大数据是非结构性的，不基于对过程特质的理解，或者说依赖数据来反映过程的特质，模型的有效性取决于数据的可重复性，如果不是严格重复的话，至少要近似重复，但对变化体现的是短期异常还是长期趋势无从知晓。比如说，某人搬新家，在淘宝上集中购买了一大批厨具，从这一段时间的购买记录就容易得出结论：这是一个喜欢下厨的人，于是推荐更多的厨具和相关的东西。但他原本是个爱好户外运动的人，历来多买运动器材，近来大买厨具只是因为刚搬家的缘故，以后不会常买。但大数据分析是无法判别这是暂时购买习惯的改变，还是将会长期持久的习惯。在理论上，通过更长时间的积累和观察，最终可以得出更准确的判断。问题是商家的“关注区间”有限，模型的作用在于预测，要的就是先见之明，而不是事后诸葛亮，等不了那么长的时间。在这里，大数据分析的作用就在于向他推荐商品，错过了促销窗口，就是失败。但是如果对他的喜好和个性有结构性的理解，同时掌握了最近搬家这个信息，这样的错误就容易避免了，而喜好和个性、最近搬家这样的信息正是结构性数据分析的重点。

物联网的理念在军事航空上已经开始使用。美国 F-35 战斗机的软件代码工作量 2～3 倍于 F-22 战斗机，其中很大一部分来自自动后勤信息系统（Automatic Logistics Information System，ALIS），这就是 F-35 专用的物联网。ALIS 包括机上和地面两大块。机上包括各种实时监测和自检，随时监视各种机载设备，报告异常。实时监测和自检在 F-18 时代就开始有了，F-35

当然做得更加深入、更加广泛，但在理念上没有原则性的突破。

ALIS 的奥妙在于机上与地面的互联，而地面块不仅包括后勤供应链，而是把前线机修、兵站仓库一直到备件制造、元器件供应链统统纳入网络。ALIS 还提供云服务和大数据，每一架在天上或者地上的 F-35 都与洛克希德的云相连，事无巨细，数据统统上传到云上。不只是飞机，发动机、雷达、光电系统、重要特设等关键系统的数据也上传到云上。不仅装在飞机上的，在维修工厂检修、测试的，在仓库里等待调用的，正在发运到各地的，各自的状态（完好、小修、大修等）和目前位置等数据统统上传。

另一方面，从洛克希德到各级分系统制造商、专业技术服务机构，它们根据每一架 F-35 和整个机队的数据，不断进行深入分析，发现具有普遍性的问题，并对每一架 F-35 的状态、维修要求和更换要求进行具体分析，预测维修、更换要求。飞机还在天上，ALIS 已经自动生成了系统状态报告、视情维修请求、维修或技术服务任务书、弹药和备件补充请求等。飞机一落地，所有相关工作立刻接上，甚至消耗性备件、弹药、航材的补充也已经自动启动。ALIS 还自动生成维修升级计划书、维修建议、地勤人员技能和上岗资质管理等，技术手册、自动登记和器材 ID 这些更是不在话下。

ALIS 全球一盘棋，所有盟国之间一盘棋，极大地提高了 F-35 的维修效率和周转速度，降低了航材库存，缩短了运输周期，管理专职保障地勤人员的训练记录和专业资质，提高了完好率和出动率，实际上相当于增加了 F-35 的等效数量。

当然，ALIS 不是没有问题的。除了高度复杂的软件研发和使用，ALIS 要求把每一架 F-35 在任何时候的数据都上传到洛克希德的云上，不仅包括发动机运转、结构剩余寿命等技术数据，还包括出动时间、地点、航线沿线的天气条件、机动动作及强度和延续时间、作战挂载与重量分布等战术技术数据，只有这样，大数据分析才能有效、准确地进行。但这不仅针对美国空海军和陆战队的 F-35，还包括盟国的 F-35，实际上相当于全程监控全球所有 F-35 的一切运作。美国军方对自己 F-35 的使用数据都上传到洛克希德的云上或许还并不忌讳，它们有足够的办法确保数据不会落入敌对国家的手里，但这样事无巨细的数据上传实际上将盟国对 F-35 的使用也暴露无遗。即使是最亲密的盟国，在战斗机运作这样事关国家安全的大事上，也不希望在美国面前裸奔。

另一方面，ALIS 至少在理论上有能力迫使任何一架 F-35 因为维修或者机务状态而停飞，这种手眼通天的本事也是一个潜在威胁，一旦遭到恶意入侵，那就不战而败了。问题是 ALIS 的终端不仅遍布美国和各国军方的空军基地，还遍布全球的后勤、供应系统，甚至遍及 F-35 备件和消耗性器材生产体系中，其中很多不仅是一般企业，还是外国一般企业。据说 ALIS 终端总数高达上万个。这使得 ALIS 的网络安全面临空前的挑战。美国海军有专门模仿网络红军和测试美国军方与军工系统网络安全状态的“红队”，它们就在演习中攻克过 ALIS。细节当然是保密的，但 ALIS 存在巨大漏洞这一事实早已不是秘密。

更加一般的工业物联网也有 ALIS 的优点和问题。比如说，设备制造商提供云服务，用户将使用数据上传，便于设备制造商提供大数据服务，包括研究发现一般问题、监测特定设备的运转、预测故障概率、提出维修升级建议等。但数据的知识产权归属并不明确。在理论上，用户的数据属于用户，设备制造商只有使用权。但设备制造商的预测模型含有这个用户数据的贡献，用户不再使用这一设备，同时要求收回历史数据所有权和对制造商的用户数据使用授权的话，如何剥离“寄放”在设备制造商的原始数据是一个问题，如何将预测模型中用户数据的贡献剥离是更大的问题。

另外，关键设备的运转数据本身并不能说明全部问题，比如压缩机的运转不仅要有转速、转轴的温度和压力、振动、电流、转矩等直接数据，还要结合物料性质比如温度、压力、流量、重度、黏度、气液相甚至组成才有意义。但对业内人来说，这些数据可能是遮挡窗户的最后一层纸，捅破了就可能反推出用户的产能、能耗、运作成本、工艺条件等数据，容易泄露商业机密。

家用层面也有这样的情况。主要网购和服务运营商大量收集用户数据，根据用户习惯推断用户喜好，从衣物、家用零碎，到网文、音乐、影视的下载，做出各种推荐。如果家里的冰箱能自动判读里面冷藏、冷冻的东西，并根据主人的日常餐饮消费习惯和周期，自动清点内容，自动搜索促销，在授权的极限内自动下单，连日常的柴米油盐酱醋的购物都可以自动化了。

汽车行业也在琢磨如何利用互联和大数据的问题，使汽车成为移动的信息平台。比如说，根据车主的出行规律和时间，如果经常在下班时间路过超市时会停一下，多半是顺路采购食品和家用杂货。以后在快要路过超市的时候，自动送上促销广告，既方便车主，又为车厂或者服务商提供了一条财路。

人们对这样不请自到但正中下怀的推荐和服务充满矛盾的心态，一方面是“你怎么知道得这么准？这正好是我喜欢的”；另一方面是“你知道的太多了，你还知道些什么没告诉我”。

当然，工业设备数据上传到云的好处是可以更加容易地得到设备制造商的技术支持，有利于让外部专家来预测故障、解决故障。用户不仅把头痛外包出去，也减少保持自身专家队伍的压力。一般来说，设备制造商对于自家设备的机电性能最了解，对设计基础和使用极限的理解更是独有的。多年支持不同用户的经验也使得它们见多识广，有条件触类旁通、举一反三。

但一般使用经验和特定条件下的使用经验不能混为一谈。比如说，奔驰对自己的汽车最了解，奔驰汽车出了问题，送到奔驰的指定 4S 店去，这对一般人是对的。但对于使用奔驰技术的 F1 赛车队来说，情况就不一样了。不仅赛车队的人马本身具有顶级技术水平，它们对设备也经常是超极限使用，使得奔驰基于一般使用的经验并不适用。F1 赛车队碰到技术问题的话，一般问题自己人早就解决了，高难问题实际上奔驰也一时半会解决不了。在这样的情况下，奔驰更适合作为技术后援，至少需要与赛车队的人马紧密配合，了解具体使用中的细枝末节，共同攻关。

对于艰难的技术问题，提出正确的问题常常是解决问题的一半，而提出正确问题只有本身具有最高技术素养的用户才做得到。因此，消费级的应用不谈，对于追求把潜力挖尽榨干的工业界，这就陷入一个悖论：大部分设备用户都希望把手头设备用足，甚至超极限使用，而把故障预测和诊断的难题外包给设备制造商；但后者对于动辄超极限使用的用户信息不甚了解，因此也难以对症下药、开出妙方。还记得回路自动整定吗？没有难度的不需要，高难度的干不了。设备故障预测和诊断完全外包到最后可能也是这样。说到底，这像人一样，看病可以找医生，但健康只有自己照管。

高度互联后的整个产业链对原料、库存、出货、备件、消耗品等的掌握更加精确、更加实时，还可以根据大数据对用户需求进行预测，便于可靠地实行最短物流时间和最小库存运作策略，提高经济效益。这和 ALIS 或者智能冰箱是一个意思。但互联只是物联网的第一步，这可能会开拓一片新天地，这是值得密切关注的新领域。

自动化与 IT

在大部分人还没有听说过计算机的时代，或者计算机还只是邦德电影里科幻级的存在时，计算机已经用于自控了。20 世纪 60 年代的“阿波罗”飞船就是早期计算机控制比较有名的例子，采用 DEC PDP11 小型计算机的特制缩微加固版。那时还没有 IT 的说法，但自控与 IT 已经成为一对欢喜冤家了。在办公室 IT 还只是简单局域网和公用硬盘时代时，自控已经进入集散控制时代了。两者在物理上有了连接的条件，但在很长时间里，办公室 IT 和控制系统 IT 是两条道上跑的车，各走各的道。两者的硬件、软件互不相通，基本上没有交集。

传统 IT 部门一般只管办公电脑系统和商务网络，不涉及和生产过程直接相关的 IT。所谓企业级资源规划系统（ERP，产品中有有名的 SAP）归 IT 管，但 ERP 不是实时的，只涉及库存、维修计划、生产调度、人事、采购等。控制系统 IT（也称自控 IT）的内容则完全不同。

计算机控制系统（DCS）的网络管理、防火墙是控制系统 IT 的重要内容，但控制系统 IT 的范围要大得多。过程数据记录系统（Process Historian）将所有实测工艺参数、警报发生及回位时间、操作指令和其他信息记录下来。这不只是化工厂的黑盒子，也是至关重要的经验数据，不仅可以用作事后数据分析，也可以在 DCS 上实时调用，用于和以前类似工况进行比较，确定下一步工况调整，或者实时发现过程状态的漂移或者仪表、机械故障征兆，防患于未然。对历史数据的分析是工艺工程师和操作人员的基本功，不仅是进一步优化过程操作的依据，也是发现设备老化或者物料性质杂质退化变质的基本手段。早年实时记录的硬盘容量有限，几十 M 就很牛气了，只能有选择地记录，有时还要先进先出，为后来的数据腾地方。后来有了将 DCS 数据通过通用接口上传到办公室局域网的能力，商用硬盘的容量要大得多，从前些年的GB级到现在动辄几个TB，硬盘已经卖成白菜价，攒上一堆换着玩都不是个事，可以很容易地把所有记录数据永久保留。这不仅对数据分析非常有用，现在还成为法律要求，要作为事故调查和赔偿时的法律依据。早年计算机的硬盘空间还比较有限，需要时不时把硬盘上的数据倒腾到磁带上，需要的时候再把磁带调出来。随着硬盘容量的迅速增加，现在已经没有这样的麻烦了，统统存在硬盘"云"里，几年、十几年前的数据也可以直接就调出来。

过程数据记录系统从DCS里上传实时数据，还可以通过OPC接口反向向DCS下载数据。现代工业在线分析技术已经比较发达了，但很多复杂分析还是要靠现场实地采样，然后送到中心分析室人工进行仪器分析。即使采用在线分析，有时也有额外要求，要定时用人工分析进行校验，确保精度。传统上，分析室的结果出来后，一面输入SAP那样的商务数据系统里，一面电话通知当班操作人员，后者手工输入DCS，然后操作人员和DCS的控制系统就有最新分析数据作为操作依据了。这样做不仅烦琐、容易出错，而且放着现成的联网能力不用，简直就是捧着金碗要饭吃了。分析室在将分析结果输入SAP的时候，通过OPC直接送入DCS，精确、可靠、迅捷，这是现在通用的做法。

这个OPC能力还可以用于更加高级的功能。学术界、工业界有很多现成的科学计算包，用于计算纯物质或者混合物质的物性数据，比如重度、黏度、热焓、蒸气压、雾点、露点、临界点等，这些物性数据可以进一步用于能量平衡、物料平衡、相平衡、高分子链长、反应速率和其他计算。能量平衡、物料平衡、相平衡、反应速率和其他化工计算是学化工的人的基本功，过程分析、过程设计都用这套东西。但过程分析、过程设计都是围绕静态的参照点，而实际工况总是变化的，有时会偏离设计点很远。这时用实时能量平衡、物料平衡、相平衡和其他计算作为指导，对优化生产或者测算生产过程实际性能有莫大的意义。特别精确的科学计算包还可以作为在线测量仪表的核算，两相对照，确保精度。如果发生显著偏差，要么在线仪表出问题了，要么计算的输入（主要也是各种在线仪表）出问题了，都不行，就要查找问题了。

DCS具有一定的计算能力，但DCS不是做复杂计算的地方。DCS使用的程序语言和通用语言经常有点不一样，现成的科学计算包通常不能直接在 DCS 上编译运行。DCS 的 CPU 和操作系统特别强调实时多任务处理能力，但纯计算能力并不一定强。计算量过大后，每一周期内要是不能保证完成的话，累计欠账到一定程度就会造成系统出错。另一个问题是，DCS 的 CPU 要求高度可靠，通常采用久经考验的“老爷爷”技术。比如说，Honeywell 的 TPS 到现在还在使用 Motorola 68040，这是近 30 年历史的老 CPU 了，纯计算能力可能还不及如今强悍一点的多核手机。大名鼎鼎的 F-22 的基型电子系统使用的只是老版 PowerPC，运算能力也被今日台式计算机的多核 CPU 甩出几条大街。B-2 的电子系统所用 CPU 是保密的，但美国空军在公开的升级计划任务书里指出，具体型号（没有指明）已经停产了。另一方面，过程数据记录系统在服务器级 PC 上运行，这是通用平台，容易更新，CPU 的运算能力成数量级地提高，在处理海量数据的记录的同时，有大量富余能力以 DLL 方式运行现成的科学计算包，执行复杂运算。也可以用专用的服务器执行这样的运算，那样计算能力更加有保证。一方面有现成的实时数据，另一方面有强大的 CPU 和通过 OPC 向 DCS 下载数据的能力，这是现成的高级计算平台。将研究和设计级的计算能力实时化，可以极大地提高实时过程计算的层次，使很多以前只能离线计算的数据可以实时提供给中控室操作人员或者先进控制应用，用作在线操作和复杂自控的依据。原本只能离线使用的科学计算包可以与实时环境连接，捅破这层窗户纸后，没有做不到的，只有想不到的。更进一步，控制回路性能监控和自动整定、高级模型预估控制、RTO 等通常也是通过 OPC 与 DCS 连接的。具体平台的运作由自控负责，但平台本身的硬件、软件和 OPC 支持还是要靠控制系统 IT。

控制系统 IT 还可以扩展到更大的实时信息服务。AOA 的警报阈值、发生原因、核实方法、应对处理、不当处理的后果都记录在数据库里。DCS 采用图形显示，在设备、管线上标上数据点，实时显示重要工艺参数。在屏幕上单击数据点可以检视相关数据点的组态细节，右键点击则可以调用相关的 AOA 数据，帮助操作人员准确处理异常情况。右键点击还可以调用联锁保护因果关系和阈值的文字或者图示描述，甚至可以调用操作规程、培训手册、设备数据、紧急电话号码等各种有用信息。另外，仪表和控制数据库的交叉检索可以看到哪个控制点用到哪些仪表，涉及多少控制应用，仪电需要检修的时候做到心中有数，该放到手动的放到手动，该锁定的锁定，不会因为“带电检修”而造成意外。控制应用的文字描述或者使用手册也可以这样调用，帮助操作人员理解和正确使用。这些准实时的应用已经超过传统 DCS 的范畴，属于控制系统 IT 的范畴了。

随着计算机应用的飞速扩大，控制系统 IT 的范围还在扩大。比如，传统过程数据记录系统只记录数值数据（温度、压力、流量、液位、组分等）和逻辑数据（开/关、启/停等），现在要扩大到文字数据，比如产品牌号和批号。另一方面，过程事件（警报触发和确认时间、人工介入动作和时间、自动介入动作和时间、控制应用生成的文字提示及时间等）也成为过程数据记录的一部分，这些数据对于重构故障或者过程异常的前因后果非常关键，将各种数值、逻辑和事件数据可视化显示是一门艺术，这也是控制系统 IT 管的。比如说，传统上过程数据记录系统单独显示过程参数的趋势图，这就是典型的连续变量按时间关系的曲线。但过程事件是离散信息，另外列表显示。现在可以做到在曲线上“打标”，扩展窗口里同步显示这一时间点前后或者指定时间段里的过程事件，大大便利分析和查错。另外，传统上把很多曲线叠加在同一个趋势图窗口，便于比较不同参数的影响。但参数多了，一大堆东西根本无法看清楚谁是谁。现在可以打开几个窗口，但互相之间同步，在一个窗口里“打标”或者“拉亮”或者在时间轴上滑动，在其他窗口里同步执行，这样就容易看清楚了。

控制系统 IT 可以说是自控的向上拓延，也可以说是传统 IT 的向下拓延。但这也是纠结之所在，控制系统 IT 到底算一般 IT，还是 DCS？这对用户关系不大，但对系统管理很重要。

说起来，这两者都是计算机网络，在技术上都有很多相通之处，不少公司的 IT 总管也时常有大动作，要把 DCS 纳入管辖范围，但弄到最后，基本上都不了了之，关键在于两者的思维和运作方式有本质的不同。IT 的管辖范围高度宽广，网络上什么应用都有，包括“官方”指定的和例外的，还可能有半合法甚至“非法”的；用户什么水平都有，从至少不亚于 IT 人的专家到近乎“文盲”。但除非遭到病毒入侵或者恶意操作，用户导致整个网络崩溃的可能性不大。另一方面，IT 虽然对公司的运作高度重要，停转一天公司基本上就停摆一天，但停摆的还是在商务和办公层面，工厂运转和安全不受影响。IT 的保障高峰是在每周工作日的白天，夜间和周末是低谷，也是系统后备、打补丁甚至暂停服务以修补、更新软件的好时机。

DCS 则不同，这是一天 24h、一周 7 天、一年 365 天、一连运转几年全时工作的，没有休息或者低谷时间。DCS 停转一天就是公司没有盈利但开支照旧的一天，灾难性系统崩溃的问题更大。安全倒不一定是问题，所有 DCS 在设计时都必须考虑系统崩溃时还有独立的安全联锁，确保生产过程能安全地“紧急制动”，“紧急制动”后的重新启动更是非同小可，可不是按一个总开关的事。要 DCS 首先恢复到各单元运行的单机状态，然后恢复到网络同步状态，然后恢复到基本控制回路执行状态，然后恢复到高级应用执行状态。每一步都要确认恢复到最近备份的有效状态，必要的时候要把最近备份与崩溃前的最后更新像补丁一样打上。控制应用有的能从备份文件状态直接运行，有的要重新初始化后才能运行，最理想情况下也要个把小时，这还是所有技术支持人员各就各位的情况。

这是在生产过程平稳等待 DCS 恢复的情况，实际上很多情况下，DCS 崩溃意味着生产过程被迫全面紧急停车，管路、容器里的原料、半成品很多是不宜久存的，为了安全，必须放空，这样到恢复正常所用时间就更长了。这样的硬性“紧急制动”后，所有主要设备都要试运行确认设备状态，所有主要高压管路和阀门也要检漏，这才谈得上开始复工程序，才能重新装料，一切顺利的话也得一天到几天甚至更长。

但 DCS 的范围高度专业，能接触到系统文件和有系统级读写特权的用户都是训练有素的少量专业人员。系统上的应用没有“闲杂人等”，不是“只要没问题就可以装上系统”，而是“必不可少而且确认安全可靠的才装上系统”。比如说，常用的微软 Word、Excel 这些不得装上 DCS 上的 PC 服务器，Outlook、Skype 这样的更是被隔在 *N* 道防火墙之外，Internet Explorer（以后可能要改 Edge）要用作显示 AOA 信息、控制应用描述、联锁保护逻辑描述等技术文件的载体，必须有，但只用于 DCS 级防火墙内的内网，不连外网，公司内部的办公网和商务网都不行。

有的 DCS 允许公司内部的办公网应用（如 Word 和 Outlook）可以传送

到DCS终端，但下传放在“视频容器”内，相当于开一个电视窗口，所有的运行都在“那一端”，根本不在DCS里，确保与病毒和黑客攻击通道相隔离。上传键盘指令走专用的单向通道，只能向上走，不能向下走，所以也不怕病毒和黑客攻击。即使这样，这都是属于胆子大的，一般还是一刀切地彻底隔离。

高度专门化的硬件、软件环境和严格控制的数据通道使得病毒入侵的可能性大大降低，这是与一般IT很大的不同之处。事实上，自控工程师的操作错误或者编写糟糕的应用对过程的危害还高于DCS硬件、软件故障的可能性，或者受到网络攻击的可能性，但工作错误一般只造成局部问题，恶意操作才会造成全部崩溃，这已经不是网络管理和网络安全的问题了。

武器级的病毒和网络攻击到底能造成什么样的破坏，谁都说不好，也不想发现。说实话，防止这样的攻击已经属于“非人力所能为”了，这和向化工厂打一枚导弹一样，什么安全设计都不管用。

由于这些细微但重要的差别，控制系统IT和一般IT通常还是分开的，两者有紧密的联系和协调，但前者划入自控部门负责，后者才属于公司IT。这好比军队和警察，两者都是拿枪的，但军队的职责是保家卫国，和外国入侵者打；而警察的职责是维持公共秩序，服务公众，震慑和管束少数违法乱纪的人和事。军队和警察的管理不可能放到同一部门。

不过当前的大趋势是DCS与IT网络进一步紧密整合，很多传统上只留在DCS内部的数据也要上传到IT层，使得公司上下在商务网络层次就能全面深入地掌握生产情况，这就是现在流行的“仪表盘”（dashboard）概念。公司高管好比这艘大船的船东，本来是委托船长（工厂级管理）运作，现在可以直接有仪表盘显示，船长看到什么，船东也能看到什么，准实时地掌握全船动态，更加有利于通盘管理。更进一步的话，在大数据和云时代，有一个趋势是把尽可能多的数据放到公用的云上，供公司上下甚至外部第三方（获得授权的设备供应商、咨询和研究机构等）进行数据分析，及时发现异常动态，预防性地组织维修计划，或者提供挖潜增产方案。如何保持数据流动畅通，而同时确保网络安全，这对控制系统IT是更大的挑战。

另一方面，IT 层也有越来越多的信息下传到 DCS，比如说，公司经营和销售的商务指令直接下达到 RTO 层，主导 RTO 的计算，RTO 再调度具体控制回路，把生产过程转向商务决策指引的方向。在理论上，IT 与 DCS 的结合使得公司总裁可以直接按按钮，操纵轮机舱，不过实际上很少有这样做的。这好比战区司令直接遥控坦克炮的瞄准一样，理论上并非没有这个技术可能性，但除非司令闲得没事做了，战区里只有这一门坦克炮在打仗，否则没有这样做的。

这一切使得 DCS 与 IT 网络更加广泛、紧密地相连，两者之间当然有一层又一层的防火墙隔离，但网络安全使得工作重点在确保生产运作还是确保网络安全之间犹疑不决。对于 IT 来说，能不放开的尽量不放开，以避免留下网络安全的漏洞。对于 DCS 来说，大量的“后门”实际上是有必要的，允许不同平台通过 OPC 穿过防火墙与 DCS 连接，这才使得网络化发生效用。这与上述 DCS 变态的网络安全考虑似乎相反，但世界就是这样充满矛盾。

这些平台和 OPC 通道都是得到授权的，有专门通道和 IP 地址验证等安全措施。但这毕竟是完整鸡蛋壳上的缝，缝越多，招惹苍蝇的可能性越大。通常 DCS 和 IT 网络之间要设置至少两道防火墙，模型预估控制、RTO、数据记录、警报和过程事件记录等平台设在两道防火墙之间的过渡层，只有严格控制的平台和特定应用才有双向读写权，大部分平台和应用只有单向读写权，写的控制比读要严格得多。文件传递有严格控制，不仅有专人负责，还有各种密码控制，而且只能下层从上层读取，不得上层向下层写入。同时严格禁止使用 USB 等移动盘在层间传送文件，只有专盘专用的 USB 移动盘才允许用于系统重启、初始化等无法避免的系统级任务。

采用开放架构的 DCS 平台使得系统也面临不断的升级和补丁问题。从自控的角度来说，只要还在可靠使用，能避免的不必要升级应该尽量避免；从 IT 角度来说，应该尽量升级到最新版本，不仅及时封闭网络安全漏洞，也避免未来硬件、软件过时甚至无法升级或者没有备件可用的问题。这是一对矛盾，也使得 IT 和 DCS 常处于不同的软件版本。比如办公网络已经升级到 Windows 10 了，但 DCS 层还在用 Windows XP，甚至这都是不久前才不得已从 Windows 2000 升级过来的。这些版本差异进一步增加了控制系统 IT 的挑战。

在仪表控制时代，是没有控制系统 IT 这个行业的。在 DCS 时代，也只有 DCS 管理。现在，DCS 之上已经有若干层次 IT 架构，产生了专门的控制系统 IT 行业。在未来，控制系统的互联程度进一步增加，工业 4.0 和工业物联网（IIoT）正在到来，这使得控制系统 IT 的深度、广度和复杂度进入了全新的境界。随着大数据、人工智能等新工具渗入实时环境，控制系统 IT 的地位和挑战必将进一步增加。

下篇
自动化与我们

对于自动化来说，数学和计算机只是工具。但对于人和社会来说，自动化何尝不是工具呢？但工具不等于可以想用就用、想丢就丢。只有善用工具的人，才是工具的主人，否则没准哪一天就被反客为主了。卓别林的电影《摩登时代》说的就是机器时代的人不由自主地苦恼。但自动化不是自己真的会动、人们可以做懒人了，人工智能不是机器真的比人聪明、人类动脑筋也白动了，机器人时代不是真的机器代替人、人人都要失业了。事实上，越是高度的自动化，对人的要求越高；原来用人的地方现在用人少了，但新的用人地方又生长出来了，而且不少，只是要求更高。历史上，拖拉机大批替代了只会手工耕作的传统农民，但工业革命也在同时创造了大批产业工人；现在，自动化和机器人大批替代了只会在流水线上重复劳动的传统蓝领工人，但信息革命正在创造新的产业和新的工作岗位。历史从不简单重复，但历史的启示不能忘记：与时俱进，永远弄潮，而不是原地不动，被潮水淹没。老话说劳心者治人、劳力者治于人，这是陈腐观念了。未来可能是劳心者治机，劳力者……与机器拼体力和耐力是很辛苦的。越是自动化，越是不能做懒人，勤动善动的可能不仅是手脚，更是头脑。这才是自动化、人工智能、机器人对我们的意义。

拥抱自动化

曾经有一个时候，自动化是很高大上的东西。如今，自动化虽然还算不上傻白甜，但已经是深入寻常百姓家的平常事物了。从空调、电冰箱、电饭煲，到汽车、地铁、民航客机，自动化与人们的生活紧密相连。自动化在工业上的应用也越来越广泛，越来越重要。我们已经离不开自动化了，自动化更离不开我们。

为什么要自动化

一般认为，瓦特发明的离心调速器是现代自控的始祖，但过程工业也是现代自控的重镇。从继电器和PID控制开始，现代过程控制已经走过了很长的路，但人们对现代过程控制的认识并不完全与时俱进，学术界还是工业界都容易对现代自控作用的认识有偏差。学术界对现代自控的概念在相当程度上还局限于无约束连续过程，约束和间隙过程是作为特殊情况考虑的。工业界则经常存在把自控当成水电气一样的一般保障性服务设施处理，没有多少要求，只要不出毛病，随叫随到。水电气一旦出了故障，天下就要大乱，但这不等于水电气就比什么都重要。在正常情况下，这只是“视而不见”的部分，甚至被看作必要的负担，但现代自控的作用已经超过一般性保障，而是安全、高效生产的有机组成部分了。

在传统上，自控只是工艺要求的被动执行者，“领导叫干啥就干啥”。工艺和操作确立了最优工艺条件后，自控把过程维持在这个条件，这就尽责了。但自控和工艺实际上是互动的。在收益固定的情况下，产品质量不是越高越好，而是越逼近正品指标的下限越好，因为“刚好达到正品”一般和最低的能源、物料、时间消耗是一致的。实际过程都有自然的波动，最大限度地缩小波动幅度，就可以最大限度地逼近下限，提高经济效益。这是对自控的经济效益的传统理解。但这有时还不足以提供改善自控的经济动力，因为在对产品质量和经济效益要求不高而且劳动力成本低下的粗放式市场，降低开支、增加产量对总体效益的作用更大，增加劳动强度对产量的作用更加直接，不需要自动化。这也是自动化在技术和经济相对落后的地方不容易得到重视的重要原因。

对发达国家和成熟的市场来说，现代工业已经过了粗放经营的阶段了，容易收割的都收割得差不多了，简单地扩大再生产的边际效益下降，劳动力成本上升也使得用劳动力投入和劳动强度换产量的做法成为死路，需要最大限度地挖掘设备和工艺的潜力，才能保证最高效益。换句话说，设备能力最好都要用到极限。实际上，设备在对于不同产品和不同生产条件下的极限是不一样的，所以不大可能出现所有设备同时达到极限的情况，卡住整个生产过程进一步发挥效能的瓶颈是随产品和工况转移的。工艺上会设法在某一瓶颈设备达到极限时，使其他设备也尽量靠近极限，达到总体最高效率。但这对自控带来很大的问题。从自控的角度来说，所有设备都处于50%的工况最好，控制的自由度最大。自控说到底是把外界的不利扰动转化为自己可以主动运作或者吸收的无害扰动。主动运作或者吸收的空间越大，控制能力越强，对控制律的要求也就越低，控制系统的性能越容易保证。天气变化的时候，随时增减衣服，可以保持体温舒适。扰动说到底就是变化，就是对“正常”的偏离。天气变化是外界扰动，增减衣服是可操作的无害扰动，但如果再也没有衣服可以增减，那就只能硬挺了。

接近极限的情况正如没有衣服可换的情况。实际的控制阀是不可能超过100%或者低于0%开度的。电动机转速也是一样，全速了就是全速了，再多一点也不行；低于最低转速也一样不行，再低的话电动机索性罢工了。但控制量受到约束只是一个情况，被控变量受到约束是另一个情况。比如核反应堆的温度不能超过极限，超过了就要灾难临头，这个时候只有采取极端措施和紧急疏散了。在损坏极限之前，一般设定一个警报极限，到达警报极限就要采取额外措施，确保温度不至于升高到损坏极限。在警报极限之前，通常还要设置一个控制极限，达到控制极限的时候，需要加强控制，以避免升级到警报极限的情况。加强控制可以通过复杂控制律实现，也可以通过辅助变量实现。比如说，在淋浴的温度调节中，热水流量是主要手段，但热水不足时，调节冷水流量也是可用的辅助手段。工业上常有主要手段“黔驴技穷”时还有辅助手段可用的情况，但这对控制律的要求大大提高，不仅要避免主要控制手段和辅助控制手段打架的问题，还要考虑两者之间经济效益差别的问题。比如说，热水开过头了，用冷水辅助降温，温度是达到要求了，但热水烧热是需要能源的，这样的温控就浪费能源了。辅助手段之所以是辅助手段，控制效率是一个方面，经济效益常常是另一个方面。约束控制是现代大生产的一个普遍挑战，做好了，这可以把设备效率发挥到最大限度；做不好，要么束手束脚不敢放开发挥设备潜力，要么时不时失控，影响生产甚至安全。这是自控彰显英雄本色的一个重要场合。

自动化常常被简单化地理解为节约人工，这是不对的。但高度自动化也确实可以由较少的人完成较多的事。而且这不仅仅是节约员工开支，更重要的是强化了任务完成的整体性。

人们常说：人多力量大。但更多时候，尤其是头绪繁多、时间紧、任务重的时候，人们也会感慨：人多手杂，互相碍事，还不如自己辛苦点，一个人统统干掉得了。人不是越多越好的。几个人干一件事，不仅要分工明确，交代清楚，还要分别监督执行，确保完成，这样才能在最后整合成完整的结果。一个人统统揽下来，该干什么，不该干什么，什么时候干什么，反而可能头绪清楚、条理分明，避免了三个人三个主意争执不休或者沟通不灵、执行不力的烦恼。但前提是一个人能够干得下来。

传统上，这要由一个有经验的工头或者工段长负责，指挥几个得力的人手，分头干活。但人是活的，升迁、调动、跳槽、生病、家务都可能造成得力的人不在，只能由不够得力的人顶班，影响合作和工作质量。这就是自动化的用武之地了。自动化系统不管是不是能达到得力人手的水平，至少行为是始终一致的、可靠的，永远时刻听从调遣的。连续过程的自动控制加上复杂规程的自动化，配合以有效的人机界面和警报管理，是较少精干操作人员有效控制一大片过程的关键。这样的高层次“大权独揽”是现代大工业高效运作的关键，而自动化在这样的环境里不是水电煤气那样默默无闻的配角，而是操作人员的眼睛、耳朵和手脚。离开高效的自动化系统，操作人员比海伦·凯勒还不如，她又聋又瞎，但至少手脚不瘫。

自控的另一个用武之地是间隙过程。现代生产过程很多都是连续过程，也就是说，进料和出料连续不断，工厂常年连续运转。这和基于连续动态过程的传统控制理论是一致的。问题是，即使在总体上连续的大化工中，也有具体的间隙过程。比如说，设备需要定期大修，就需要停车、开车。过程越复杂，热效率和物料利用率越高，开停车的程序越复杂。不仅整个生产过程有开停车问题，连续过程内的主要设备也有轮流开停车问题。比如乙烯装置有多个裂解炉，从七八个到十几个不等，乙烯装置大约每 4～5 年大修一次，但裂解炉需要定期除焦。假定七八个裂解炉，典型除焦周期为三四个月，七八个裂解炉轮流除焦的话，也就是每两三个星期就要做一次，这就是间隙操作。除了除焦过程本身是间隙过程外，除焦的前后还有把除焦炉退出生产和重新加入生产的过程。把一个裂解炉退出生产前，需要有序地降低总产量，这样除焦炉退出生产时，其他裂解炉才能重新平衡，补足空缺，避免下游过程经受不必要的波动。重新加入生产时，其他裂解炉也要重新平衡。所有裂解炉都回到正常工作状态时，再有序地增加总产量，恢复全速生产，直到准备对下一个裂解炉除焦。整个过程需要确保无扰动。这是一个很复杂的间隙过程，其中大间隙过程里还要套小间隙过程。

裂解炉除焦的步骤多，但没有时间上太紧迫的环节，聚乙烯装置就不一定有这样气定神闲的机会了。聚乙烯过程的产品品种多样，如果需要用到的不同催化剂之间互相有毒化作用，两者难以共存，产品转换就需要把反应器停车换料后重新启动。为了降低积压资金，同时保持较短的交货时间，装置只有频繁开停车，转换产品线，有时每两个星期甚至更短就要来一次。停车过程有很多步骤不说，还有一个关键期，在这段时间里要迅速、正确地采取一系列步骤，否则可能造成设备物料沉积甚至固化，后面就无法正常工作了。开车时更有关键的几分钟，聚乙烯是放热反应，整个过程的热平衡取决于及时建立正常的反应。如果在建立反应的过程中中途熄火，或者反应不死不活，必须果断采取措施，要么加火烧一把，要么撤火重来，最忌讳的就是犹豫不决。聚乙烯反应器的自动停车、开车不仅步骤复杂，还有严格的时间要求，必须动作快、动作干脆，否则会弄巧成拙。

裂解炉除焦和聚乙烯反应器开停车是两个典型的间隙过程例子。由于操作的复杂性和操作错误后果的严重性，人工操作常会由于过于谨慎而动作犹豫，不仅延长时间，损失了本来可以用于生产盈利的时间，增加了不必要的能源和物料消耗，也延长了设备处于非设计状态的时间，增加磨损、积垢和其他不利后果。复杂过程的自动化不仅可以减轻操作人员的负担，缩短非盈利运行时间，减少能耗、物耗和设备损耗，还有助于延长设备寿命。这是自控彰显英雄本色的另一个地方。

聚乙烯装置的主要产品就是乙烯，但在乙烯制取过程中，有很多副产品，乙烯和副产品的产出比率可以通过改变生产条件来调整。聚乙烯装置的通常要求是乙烯产率最大化，但并不是永远这样。市场的情况在不断变化，乙烯和副产品的相对价格也在不断变化。为了使收益最大，应该不断调整乙烯和副产品的比率，有时增加副产品的产出反而总利润更高。另外，最高产量和最低成本并不一定重合，如果产品卖得好，就可以相对少考虑成本而尽量增产，甚至可以推迟除焦而抓住眼下市场价格高的窗口尽量生产；如果市场销售不好，就应该降低产量而以最低成本模式生产，或者提前除焦，为后面机会窗口重开时开足马力做准备。这就是全装置的综合实时最优化（RTO）的用武之地，市场和设备状态成为输入变量，全装置工艺条件成为输出变量。这是比传统的狭义自控更高的层次，属于广义的自控了。

超出过程工业，自控的作用就更加高调了。传统的飞机是按静稳定设计的，由于重心在前，升力中心在后，遇到气流扰动而上扬或者下压的话，会自然恢复平衡。静稳定性随速度增加，高速飞行时容易造成过稳定问题，那样飞机的机动性很糟，而且有显著的配平阻力。降低静稳定性的话，高速飞行时依然自然稳定，但不再过度稳定了，机动性改善，阻力也降低。但在低速飞行时，就可能稳定性不足，必须有先进的飞控才能保持稳定飞行，否则还没到高速飞行进入自然稳定状态，已经七歪八倒了。

另一个例子是鸭式三角翼飞机。无尾三角翼的优点在 20 世纪 50 年代就熟知，但起飞着陆速度大，持续盘旋容易掉速度，用鸭式前翼能够补偿。但鸭翼的气动作用比较复杂，容易弄巧成拙，所以早期只是把鸭翼当作固定的扰流片使用，像瑞典的萨博的“维京”和以色列的“幼狮”就是这样的。只有与先进飞控相结合，采用全动，鸭翼才能完全发挥作用。飞控水平越高，鸭翼的作用发挥得越充分。欧洲“两风”、成飞“两龙”都是成功的例子。

自控对于导弹和宇航的作用更是自不待言，没有自控，就谈不上导弹，那只是按照固定弹道飞行的无控火箭，有点风吹草动的各式扰动的话，连固定弹道都谈不上，说不定就布朗运动了。宇航对自控的要求更高，失之毫厘，差之千里，速度、加速度、指向、时机都要严格控制，否则宇航飞船就回不了地球，或者向月球发射而跑到火星去了。

人的素质问题

曾几何时，照相是门技术活，会照相就是会一门手艺，可以养家糊口的。但是，20 世纪 70 年代后，相机的曝光控制自动化越来越普及；20 世纪 90 年代后对焦也自动化了。从那时开始，相机技术呈现一个奇怪的特征：越是高级的相机，手动控制的功能越是齐全；越是入门级的相机，越是全自动，甚至到了没有多少功能可以去手动控制了。“连傻瓜都能抄起来就用。”这就是傻瓜相机。如今，傻瓜相机的说法已经不用了，低端相机基本上只有全自动功能似乎成为天经地义了，而且全自动拍出来的照片也挺好。自动化似乎意味着傻瓜化，傻瓜都能操作，这不仅对相机是这样，对一般工业技术也是这样。但真是这样吗？

一般认为，自动化能做到几件事：

1）提高产品质量。

2）节约生产线上的劳动力。

3）降低对熟练劳动力或者技术人员的需求。

4）理想的全自动生产方式中，系统还具有自学习功能。

在实际上，前两件事是有条件的，后两件事在很大程度上不是人们想象的那回事。

自动化的生产方式可以达到非常高的可重复性，因此产品的一致性较好。但原料品质不是绝对一致的，生产设备也有磨损和状态的变化，在实际使用中，全自动的生产线也是需要经常调整的，高度自动化并不自动保证高质量。自动化生产的产品可以达到相当高的一致性，但不能达到最高质量。想要得到最高质量只有根据原料和设备的情况实时做出最优调整，这在可预见的将来只有手工才能做到。这不是廉价劳动力的手工，而是熟练技工的手工。这不是锉刀、钻头的手工，而是借用加工机械甚至数控精密机床的手工。在工匠级的大师手里，根据每一件产品的材质精细加工，这才是质量的极致。罗尔斯·罗伊斯轿车和百黛翡丽手表不是用自动化生产线制造的，这里面有传统的原因，但更大原因正在于此：只有手工才能达到最高质量。但对于大宗产品和普通用户来说，自动化生产达到的质量已经足够好了。事实上，奔驰在汽车行业里的自动化、机器人化程度属于最高之列，但人工的工作量也属于最高之列，这并不完全是工会的原因，也有人工参与才能达到最高质量的因素。

图 6-2-1：在高度自动化的时代，人的因素是复杂的问题，
远非自动化 = 节约人力那么简单

节约生产线上劳动力就不这么简单。在劳动密集型产业里，生产线上的劳动力是劳动力的主体，自动化生产在很大程度上替代了劳动力，无疑大大降低了对劳动力的要求，这不是问题。问题在于自动化生产的设备维修、工艺设计和生产改进本身带来了新的劳动力要求。广义的设备包括硬件和软件。以典型的大型化工厂为例，精馏塔、泵、管道、容器、反应器这些不会因为自动化生产还是人工控制而改变，但控制系统（包括 DCS 和 PLC）及相关的仪表、阀门是自动化的产物。围绕着 DCS 和 PLC，化工厂“多”出来一整条支援链：一般仪表工、专职的 DCS 仪表工（负责 DCS 硬件）、专职的 PLC（专用于程序逻辑控制和安全联锁保护）仪表工、专职的分析仪表工，仪表工程师（负责仪表选型、安装设计、故障分析、与工艺过程的整合、与 DCS 的整合等）、自控工程师（负责从 PID 整定到先进控制应用）、DCS 工程师（负责系统软件、性能监控、升级和系统整合）、控制系统 IT 工程师（负责 DCS 到商务/办公网络中的过渡层和通过 OPC 等软件接口协议与 DCS 连接的先进控制、数据管理系统）。这些人加起来总人数差不多和生产操作人员相当，包括坐在控制台的和现场巡回的。

这只是在工业过程里的用户这一头。相关系统厂商还有一整套研发和技术支援体系，从硬件到软件到全面应用支援，它们当然还有各自的上游支援体系，还有相关的专业和普通教育培训体系。这样一整条产业链的人力是很可观的，技术要求和收入水平都较高，属于高质量就业。当然，系统厂商及上游厂商的支援体系是在全行业共享的，而不是具体工业过程或者用户专用的。这只涉及控制系统相关的部门，还有机械、电气等其他支援部门。如果自动化相当于神经的话，机械、电气就相当于肌肉。在某种程度上，自动化大大减少了生产线上的简单劳动力，但大大增加了支援保障体系的复杂劳动力。亨利·福特时代美国产业工人占人口的比例无疑大大高于现代美国，但由于现代美国的总人口大大高于亨利·福特时代，产业工人和支援体系的绝对人数是显著增加的。

自动化能降低对熟练技工的需求吗？从表面上看，一切都自动了，人的存在都是多余的，当然能降低对熟练技工的要求。实际上不是这么回事，自动化程度越高，对人的要求越高。不只对技术支援人员如此，对生产操作人员更是如此。高度训练、急智和稳定的心理素质相结合，可以使人做到自动化系统无法做到的奇迹。1970 年 4 月，“阿波罗”13 号发射，在登月的途中发生氧气罐爆炸，宇航员被迫用登月舱返航。在导航系统无法正常工作的情况下，宇航员用手上的“欧米茄”手表控制火箭点火时间，成功地实现了返航。“奥米茄”当然不会放过这样绝好的广告机会，但这是宇航员与地面控制人员的成就，不是“欧米茄”的成就，换上“西铁城”或者“海鸥”未必不能做到同样的事情。2009 年 1 月 15 日，全美航空 1549 航班刚从纽约拉瓜地亚机场起飞，就撞上鸟群，两台发动机都故障熄火，无法起动。事故的空客 A320 有高度自动化的飞控系统，有完备的各种巡航和起飞降落模式，但没有水上迫降的模式，事实上在这之前也没有过大型喷气式民航客机在水上迫降成功的先例。但机长切尔西·萨利·萨伦伯格凭借特别高超的技术和特别强的心理素质，成功地降落在哈德逊河上，挽救了机上所有 155 人的生命。这一次迫降除了被好莱坞拍成大片，没有任何飞控制造厂商敢贪天功为己有。

自动控制系统可以控制正常生产条件，并处理有限的、已知的非正常情况。但只要在现实世界中生活过的人都知道，未知的非正常情况不仅可能出现，而且总是在最要命的时候出现，只有训练有素和善于应变的熟练技工才能对付。所以人的存在不仅是必要的，而且是救命的。但自动化正在产生新的问题。自动化系统能够自动处理绝大多数正常和低度异常的情况，容易使操作人员产生麻痹和懈怠，并忽视潜移默化的重大异常征兆。

一旦出现明显异常的情况时，通常已经很紧急了。这时首先要经过一个惊讶和反应阶段，然后才是判别现状，回忆起或者翻出种种应急操作规程。由于这样的异常情况很少见，和平常的正常情况的反差太大，心理素质不够好的操作人员常常不能正确处理，幻想像平常一样继续依赖自动化系统替他解围，没有正确判别这已经超出自动化系统的能力范围，造成故障升级，甚至演变成灾难性的事故。

图 6-2-2：自动化越成功，过度依赖自动化的问题越大

图 6-2-3：全美航空 1549 航班在双发失效的情况下，在机长的准确操作下，成功地降落在哈德逊河上，这是只有人在丰富经验指导下急中生智才能做到的

图 6-2-4：阿波罗 13 号登月飞行中氧气罐爆炸，宇航员被迫用登月舱返航，用手上的欧米茄手表控制火箭点火时间，成功返回了地球，这也是高度自动化时代下只有人工才做得到的奇迹。这是当时使用的欧米茄手表，现在 NASA 博物馆展出

2011 年 5 月 27 日，法航 447 航班从里约热内卢飞往巴黎，途中空速管冻结，失去飞行速度读数，飞行控制系统自动增加飞行高度和速度，在理论上可为飞行员争取更多的反应时间和空间。失去速度指示，自动增加速度和高度，这是通常做法，但在这特定情况下实际上是最错误的做法。飞机超过正常升限，机翼开始失去升力，最终造成失速。飞行员接过手动控制时，飞机尚在 13000m 的高空，本来适当浅俯冲就可以改出失速，但飞行员机械地搬用低空失速时的标准操作规范，继续增加推力和爬高，非但没有改出失速，反而进入深度失速，最终坠机。在 2010 年 4 月 20 日墨西哥湾里英国石油公司“深水地平线”钻井平台事故中，也有操作人员惊慌失措的因素，当断不断，造成事故升级和人员伤亡扩大，酿成墨西哥湾历史上最大的生态灾难。

自动化程度不高的话，操作人员时时刻刻需要对过程“把脉”，反而容易察觉异常现象的蛛丝马迹，不容易错过故障升级的征兆。对自控的过度依赖、不能正确判别和处理自控已经失控的状态，这已经成为工业界的一个共同头痛。工业上通常使用仿真系统（也称模拟器）训练操作人员的异常情况处理，但训练的成功与否取决于是否能正确预测典型异常情况，超出训练课程的异常情况依然要靠操作人员的随机应变，但高度自动化的系统非常容易钝化人的随机应变能力。

图 6-2-5：法航 447 在遇到仪表故障时，飞行员依然盲目相信仪表，最终造成惨剧

图 6-2-6：高度自动化的“深水地平线”平台也是因为操作人员惊慌失措、当断不断，最后造成事故升级和人员伤亡扩大，成为墨西哥湾历史上最大的生态灾难

还有一个问题是高度自动化后，工作负荷高度集中，极大增加了异常

状态下的峰值工作负担。在手动操作时代，很多操作人员分兵把守，各自为政，有事没事都是这一摊。自动化之后，很多机械的、重复的工作被自动化系统取代了，操作人员在更高的层次监控自动化系统。在体力上，这更加轻松；但信息量实际上大大增加，需要关注的事情多得多，精神负担大大增加。这好比交通警察，在一个交通警管一个路口的时候，他只根据这个路口的车流情况开关红绿灯，指挥这个路口的交通。交通控制自动化后，他的工作岗位转到交通控制中心，具体路口的红绿灯控制转为自动控制。在正常情况下，他要眼观六路、耳听八方，从确保一个路口交通畅通变为确保一大片路口交通畅通。平时没事，有自动交通控制应用的帮忙，这还忙得过来。一旦自动控制不力，出现大片交通受阻，他需要在短时间内做出大量的人工干预，正确疏导，而不是加剧堵塞，峰值工作负担就极大地增加了，对心理素质和专业技能的要求也大大提高了。

图 6-2-7：交通指挥网络在大多数时候自动控制，监控人员几乎无所事事；可一旦发生问题，必须在短时间正确疏通，否则堵塞会迅速扩大、恶化。这对人的素质是很具考验的。这是北京交通指挥中心

高度自动化的另一个问题是操作经验的流失。随着人员流动，有经验的老资格操作人员被缺乏经验的新操作人员取代。新操作人员从一开始就依赖自动化系统，缺乏离开自动化系统的人工操作经验，甚至对超越自动化系统的人工干预产生畏惧，到时候想随机应变都无从入手。这就好比用

GPS 导航和自动驾驶的汽车，在正常情况下不需要人的干预，“驾车人”坐在车上打游戏、翻微信都能安全自动地从 A 开到 B。驾车人在原则上是可以手动超越驾驶的，但在正常情况下没有这个必要，也没有这个动力。问题是，久而久之，驾车人的驾驶技术和对路况的判读就生疏了，或者只有理论上的能力，真的到了 GPS 或者自动驾驶失灵的时候，必须手动接管驾驶，想临时抱佛脚都不知道往哪里抱，不把车开到沟里或者撞上电线杆才怪。

图 6-2-8：在较小层面上，自动驾驶也有一样的问题，平常边行车边刷微信、看视频都没问题，但危急的时候，驾车人是否及时接管控制、能正确处置，就要看素质了，有可能长期不开车，根本都不会开车了，更谈不上在危险时刻的正确处置

操作经验流失的另一个坏处是针对未来自动化系统的研发的。自动化系统不是天上掉下来的，更不是纸上谈兵拍脑袋拍出来的，而是丰富操作经验的物化。熟练技工的经验不仅对于现有生产过程十分重要，对于把全新（包括大改）生产过程开出来更加重要。只有通过他们把新过程的运作摸出来了，才谈得上高度自动化。自动化的难点通常不在关键过程或者操作动作的自动化，而在于大量琐碎的异常情况处理、人机交互处理、不同状态之间的无缝转换，这些都不是理论或者空想可以解决的，必须要靠丰富的经验。问题是，熟练技工对自动化是鸡生蛋的关系，但自动化又不是真正的蛋，这个蛋长大了，是孵不出鸡的。自动化降低了对非熟练技工的需求，但不降低对熟练技工的需求；而熟练技工不是天上掉下来的，也是

从非熟练技工中成长出来的；熟练技工过硬的不只是技巧，更是素质。自动化使得非熟练技工队伍萎缩，这有可能使得自动化带来的技术进步难以为继。生产技术和产品技术在不断进步，而熟练技工成了无源之水，下一代的自动化从哪里来？过度依赖自动化的制造业振兴有可能成为一次性的，这不是空洞地自己吓唬自己。

这个问题在工程技术人员中也存在。生产和工程第一线技术工作大量外包，一般性设计和工程管理都承包给专业的工程设计、采购、施工（Engineering Procurement Construction，EPC）公司，过程和系统分析及运作也有外包给专业公司的，以降低用户公司的负担。这对用户公司是有利的，有项目的时候请人来做，没项目的时候不需要养一支专业队伍，更没有福利、养老等长期负担。外包公司里都是资深专业人士，比用户公司里的人经验多、见识广。问题是 EPC 公司对用户公司的工程标准和项目程序有一个熟悉过程，这中间的磨合常常令人抓狂。更要命的是，现在可以依靠 EPC 公司，但大家都没有从第一线出来的工程师了，下一代 EPC 的人马从哪里来？这种“我死后哪管他洪水滔天”的短视做法和试图片面依赖自动化振兴制造业一样成问题。

自动化是一个工具，这个工具是要人来使用的。换句话说，这是一个力量倍增器，但基数是人。经济和科技可持续发展的关键还是人。绕过人力资源的现实，用自动化来创造奇迹，这条路是走不通的。这是一个无法回避的事实。我们需要自动化，自动化更需要我们，这不是说说而已的空话。

要弄潮，不要被淹没

从瓦特蒸汽机时代开始，自动化的作用越来越大。在数字化的今天，自动化已经深入千家万户，无论是显意识还是潜意识，人们已经很难离开自动化了。每天早上，闹钟把我们叫醒；上班路上，红绿灯指挥交通，保证车辆行人出行安全；办公楼里，电梯迅速准确地停靠在指定的楼层，热水机烧好了滚滚热水，供人们泡茶；回到家中，扫地机器人已经把地板扫干净，自动设定的电饭煲已经把饭做好，恒温控制的冰箱里还有更多的食物可供食用；临睡前冲个澡，电热器把水自动烧热，防烫伤水龙头确保冲澡的人不会烫伤自己。在不远的将来，家用机器人可能还能做更多的家务，比如自动切菜配菜，再做个糟溜鱼片、麻婆豆腐、罗汉斋什么的；或者自动洗好烘干衣服后，还会自动熨烫、叠好放好；不仅能自动扫地吸尘，还会随手把乱丢的书报、玩具放好，把散乱的椅子放好。再进一步，还能端茶送水，甚至聊天寒暄。

很多这些方面的功能已经能够实现，只是成本还不能“白菜化”。不能进入寻常百姓家的话，这样的家用自动化只是新奇玩意，没有多少实际意义。但技术进步和消费水平的提高是会把这个差距拉近甚至消除的。到了那个时候，保姆、钟点工有可能成为夕阳产业。现在已经出现了写字机器人，可以模仿主人笔迹，自动书写圣诞卡、新年卡和感谢信，连人性化、个性化也自动化了。自动化对社会肯定是有影响的，而且可以很大，这只是家政方面。在商业保洁方面，商场、工场、餐馆清洁机器人取代清洁工可能更早，只要机器人成本（购置、使用、维修和更新）低于人工，就会发生。

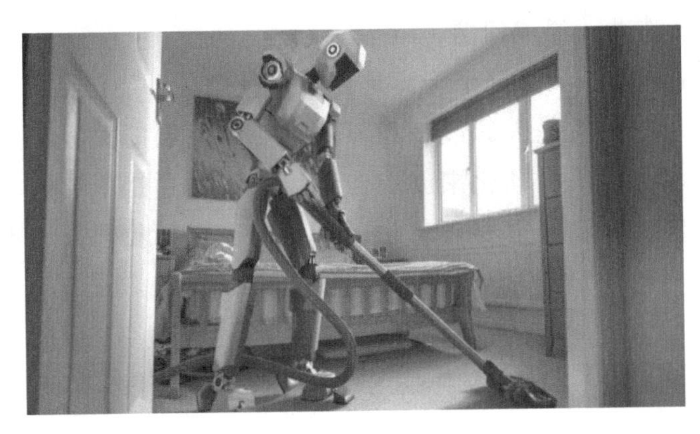

图 6-3-1：只要迈过成本关，机器人首先威胁的是低门槛、劳动密集型工作。到了家务机器人的功能强大而成本低廉的时候，钟点工这样的岗位就要消失了

在工业上，劳动密集型产业已经开始被技术密集型产业所取代。传统技术密集型产业有的需要高度熟练技工，如大型客机组装，有关工作高度精细，而且非常多样，在可预见的将来还难以用机器人大量代替，而是熟练技工与先进机器人互相配合。另一些的用人已经降低到最低限度，比如

现代大型化工厂的中控室只有两三个人在操纵整个装置，另有三五个人负责巡回检查现场，或到现场人工开关、起停关键设备（关键设备必须在现场检查确认后才能起动，确保设备安全），这些人手已经降低到最低限度，无法进一步降低了。但大量重复性且相对简单的人工被机器人取代只是时间和成本问题。

图 6-3-2：在高盈利行业，机器人容易迈过成本关，需要迈过的是性能关，造成的是产业工人岗位的流失

新技术对技能的要求也是显著的。Photoshop 之类的图像处理软件已经高度发达，还具有一定的自动美化图像功能，彩色打印机也可以打印出低成本但高度逼真的图像，但没有人仅仅因此而成为画家，有所成就的都是本来就有美术才赋并掌握高度计算机技巧的人。3D 打印也是一样，没有扎实的立体几何和空间想象力，加上过硬的计算机技巧，并对材质特性有深刻理解，有实用意义的 3D 打印也根本玩不转。

这一切对劳动力构成有重要启示：简单体力劳动的市场越来越窄小，即使传统上“还是得靠人”的地方，很多也未必非要靠人。顶级厨师还是要靠人，但家常小炒甚至批量生产的大众餐饮用机器人未必不能对付。事实上，现今街头小馆的大厨也何尝不是按照规定的配料和烹煮做菜，实际上只是起到人工的机器人作用。在自动化高度发展的时代，高度教育和高度培训不仅提供高起点的技能，还提供学习和自我改善的能力，这才是长期生存的必要条件。或者可以反过来问：在自动化高速发展的今天，你认为自己现有的技能和正在从事的工作有可能几十年不变吗？如果发生根本变化，你准备怎么适应？地铁、公交、出租、快递也会无人化、自动驾驶化，从餐饮、零售到物流、仓储，还有更多的简单劳动力工作岗位会被机器人取代，这是必然的，只是时间问题。

高度教育不是一大沓文凭。教育不是被动地接受知识，而是在教育体系和老师的指导下，通过研习前人的思路，掌握学习和研究新问题的方法。牛顿说过："如果说我看得比别人更远些，那是因为我站在巨人的肩膀上。"有人考据说，这是牛顿在调侃当时的皇家科学院院长、大学霸胡克，胡克是个矮子。但牛顿也确实是在哥白尼、伽利略、开普勒等人的成就基础上建立他的成就的。教育的目的正是帮助人们站到前人的肩膀上。由于时代和科技的发展，这肩膀越来越高，这是没有办法的事情。自动化使得简单、重复而且具有不错收入的劳动成为濒危事物。只要是简单、重复的，就是可以自动化的。要与自动化竞争，只有做自动化做不到的事情，或者比自动化更加廉价，后者显然不是办法。自动化将迫使人们改变谋生方式：学习才有活力，进步才是生命。

高度技能也是一样，这不只是一个熟能生巧的问题，只有在熟练中勤于思考，才能完成从熟练到技工的飞跃。技工与工程师没有高下之分，只有工作角度与思维方式之分，两者是相连的。工程师从科学原理出发，结合长期观察，基于分析，发现问题的机理，从深层解决问题；技工从长期经验出发，结合当前观察，基于有科学依据的联想，发现当前的问题，解决当前的问题。科学原理与长期经验在本质上是一致的，长期观察和当前观察也在总体上是一致的，工程师和技工只是从不同的背景和角度探索同一个问题，最后的有效解决往往是两者都认同的方法，因为真理是不需要强加的，真理也总是说得清楚的，甚至不必依赖高深的数学，用大白话就可以说清楚。水平越高的人，越能用浅显直白的大白话解释清楚深奥的道理。系统的理论研究和实验观察是学习，在长期实践中观察和总结也是学习。无论是工程师还是技工，都必须不断学习、勤于思考、善于发现，才能赶在自动化的潮汐之前，弄潮而不是被潮水淹没。只有不断进步，才能更好地生存。

不过，计算机技术、人工智能的高速发展给人们以新的遐想，说不定以后高度智能的系统可以自学习了，那就彻底摆脱对熟练技工的依赖了，在某种程度上，工程师也可以不要了。摩尔定律依然在发光，计算机的速度依然在以不可思议的速度增长，种种人工智能实验也爆出震撼的惊喜，计算机早就打败了国际象棋冠军，现在更是在以前认为不可能的围棋世界里打得世界顶级大师愁眉不展，“你怎么知道以后计算机就不能比人聪明呢”？如果这样的人工智能还能做到自主进化、自我复制，那人类就坐吃享福了。这是坐吃而山不会空的极乐世界，因为人工智能在终日为人类造山呢。但这可能是科技版的乌托邦，只存在于空想之中。

就现有认知而言，人工智能达不到人类智能的水平。也就是说，依然是工程师驾驭人工智能，而不是人工智能使得工程师下岗。但迅速发展的人工智能也确实有潜力或者已经在替代越来越高级的智力劳动。高度自动化的制造体系只需要人类的顶层输入，自动化系统凝聚了人类的累积技能和重复性思维，这样的制造体系极端高效，使得很少的人就掌握了极大的生产力，这将带来值得深思的社会问题。在这样的环境下，高度的专业技能与大量的资本对生产力具有同等重要性，掌握专业技能与掌握资本的人对社会财富的产生具有不成比例的贡献，使得平等、权力、分配等概念面临新的挑战。如果无爹可拼，也不敢指望空手套白狼的本事，那就只有在专业技能的赛跑中跑在前面了。

图 6-3-3：人类智能有一天可能会落后于电热咖啡壶，那是说笑了。
但人工智能的功能越来越强大，而成本会越来越低，这是肯定的

图 6-3-4：人类只有勤于学习，善于创造，

才能为机器人创食，而不是被机器人夺食

人工智能对人类的挑战是巨大的。可以设想，在未来某一时刻，人工智能有能力取代人类的简单和机械式思维，未来人类的“生路”在于创造性思维。这和写文章一样，现代软件已经有能力自动挑出拼写错误甚至语法错误，批量替换某一特定用词更是不在话下，而以前这都是要人工做的（比如秘书工作），以后还可能有近似联想（“你是不是这个意思啊？”）的功能，像谷歌搜索一样，对不完全或者部分错误的输入给出选择建议，但写文章最终还是要靠人来写，创意、结构、风格、要点都还是要人来确定的。智能功能将把越来越多的人“逼”上动脑筋的路，纯粹体力和简单脑力的活确实要被取代，蓝领或者低端白领工作会被大量挤占，这将引起深刻的社会变化，但未必是人类的末日，就像汽车代替了人力大车，拉车夫成了司机一样。这其实是一个很好的话题——教育和抽象思维对未来人类的意义。不过这是另外一个话题了。

自动化和人工智能将使体力上或者智力上的懒人日子更加难过。高度自动化甚至实现了某种机器自学习的世界属于驾驭自动化和机器自学习的人，思考和勤奋是他们最大的特征和特长，而不是饱食终日而又无所用心。

图 6-3-5：人会沦落到被机器人施舍、帮忙打滴滴吗？

如果坚持过时的技能和思维，被动地抵制变革，还真不是不可能

学好自动化

自动化的世界很精彩，学习自动化很有挑战。学习自动化有工程科学的一般特点，也有独特的地方。

巨人的肩膀

在中小学阶段，学好自动化和学好其他学科没有多大差别。这是打基础的时候，重要的不是哪一门课需要学得特别好，而是要均衡发展，不要偏科，尤其重要的是要保持广泛的兴趣。人们对题海战术口诛笔伐，认为这是扼杀学习兴趣的罪魁祸首，但保持兴趣与题海战术并不必然冲突。大量做题是必要的，这就像打球必先练球、游泳必先体能训练一样，没有大量做题的基本功，理解和变通无从谈起。大量做题，甚至有意超过教学范围，有意超过考试范围，在做题中有所顿悟，有所发现，反而会带来发现的乐趣，加深对学习内容的理解，尽管这对考分没有直接作用。单纯以考分为目的的题海战术才是有问题的。这把思路弄死了，把动机弄歪了，更是把学习热情和兴趣弄没了。这就像打篮球一样，不做体能训练，单练投篮和三步上篮，投篮准确率或许提高了，三步上篮在体育课考试的时候也好看了，但篮球就打好了吗？肯定不是。

考分是重要的，没有必要的考分，进不了心仪的学校和专业。但考分也不是万能的，尤其是在达到一定程度后，不再成为能力的衡量。拿到 96 分的人就比拿到 94 分的人学得更扎实吗？拿到 100 分就意味着对本学科的完美掌握吗？未必见得。在这个层次上，细微的分数差别未必代表实质性的知识掌握和能力的差别，更可能是运气和发挥的差别。90 分以上可能还是必要的，但这以后的每分必争就未必有实质性的意义。工程上有一个 80:20 法则，意思是说，要达到 80%的成就常常只需要 20%的努力，但要达到余下的 20%成就，就要多花 80%的努力。这最后 20%有时是值得的，有时不一定，或许把精力花在其他地方更值得，比如上面提到的超过教学和考试范围的习题。当然，这里面有一个国情问题，大主意还是要自己拿。

上重点中学，进顶级大学，最终目的应该是学会学习，不断学习。进一步升学，求职的敲门砖，这些反而应该是顺手牵羊的副作用。人人向往名校，就像人人希望自己帅气盖世、国色天香一样。但名校不是成功的充分条件，甚至不是必要条件。人生是一个过程，名校只是路上的一个站。不懂得学会学习、不断学习的道理，只把名校成为学习的顶点，这不是成功，而是失败。名校是起跑线，是敲门砖。起跑后只有不断加速，才能领先。敲开门后要拿出成绩，而且要不断学习，不断拿出新的成绩，门才是一直打开的。

图 7-1-1：只有站得最高，才能看得最远。好好学习的目的正是为了站到更高，好看到最美的风景

学校的学习负担确实越来越重，这是时代的必然。还记得牛顿老爷子说的吗：“如果说我看得比别人更远些，那是因为我站在巨人的肩膀上。”科学技术还在迅速发展，巨人还在迅速成长，要站到巨人的肩膀上，就有更长的路要爬。另一方面，大部分路一代一代的前人早就爬过，后人再爬轻车熟路，可以少走弯路，这也算后发优势。但是再优势，还是要爬，不可偷懒。即使爬上了巨人肩膀，还是不能懈怠，懈怠了是有可能从巨人肩膀上滑下来的。这对中小学生是这样，对大学生、研究生也是这样，哪怕是名校博士。人生长路，不进则退。

但人生长路不是漫漫苦旅，那样这人生也就太没劲了。这是一条充满风景的路，每个人经历的风景都不一样，只有精彩是一样的。只是要上路，不上路哪能看到美景呢？

理与工，分与合

进入大学，才谈得上如何学好自动化。曾经有一个很流行的说法叫边缘学科，特指那些介于传统学科之间的新兴学科。比如说，物理化学介于物理和化学之间，生物物理介于生物和物理之间，计算流体力学介于数值分析和流体力学之间。边缘学科的说法现在比较少见了，因为大部分学科已经高度交错，“纯”学科已经少见，但边缘学科的概念依然存在。工程技术作为科学技术的一部分，通常要涵盖多个科学分支，是天然的边缘学科，自动化也不例外，属于典型的边缘学科。换句话说，学习自动化必定要涉及学习多种学科。

科学与工程技术常常混为一谈，但两者是有区别的。科学的特点是从已知探索未知，根据已有科学结论或者科学假设，探索新现象，提出新理论架构，解释以前不能解释的问题，把未知变成已知，并指导未来科学探索的方向。工程技术则不然，出发点不是已有结论或者假设，而是一个一个具体的问题：这个房子怎么造，这座桥怎么架，这架飞机怎么飞起来，这辆汽车怎么跑赢大赛。

如何用已有科学理论解释，或者形成系统的工程设计理论来指导未来工程实践，这些很重要，但常常并不是最重要的，解决问题才是首要的。因此，科学与工程技术之间有脱节是常态。有时是由于科学发展超前于工程实践，有时则是由于工程实践超前于科学发展。

有意思的是，人们似乎都知道理论科学存在大幅度超前于工程实际的问题，很多科学成果要很多年甚至几个世纪后才有实际应用。但人们常常没有看见的是，很多工程技术问题缺乏合适的科学理论和方法来解决，迫使工程师们采用经验方法，也就是从过去的成功实践基础上适当外推，并加大安全系数来保险，而理论科学要很多年甚至很多世纪之后才从理论上弄清为什么这样的工程设计管用。事实上，这就是工程实践超前于理论科学的事例。由于工程实践的需求量大，后一种情况实际上比前一种情况更多，只是不大为人们所注意而已。

比如说，造房子、造桥是古已有之的工程实践。但在古时候，人们对材料、结构都没有科学认识，只有凭经验。这样的木材石材造这样跨度的结构已经有很多先例了，没有塌下来，照猫画虎没问题。但要造更大跨度的结构，除了放宽安全系数，并没有多少有效的理论指导，也没有必要的实验条件。米开朗琪罗在造罗马圣彼得大教堂的巨大拱顶时，既没有先例，又缺乏实验条件，只有加大安全系数，最后拱顶底圈的厚度差不多达到 1m，异常沉重。安全是安全了，但无疑也是巨大的浪费。

现代材料科学和力学计算已经高度发达，又有大量历史数据垫底，建材规范和建筑规范都是在这些科学计算和历史数据的基础上建立的，既保证安全，又避免浪费，但这里面依然留有可观的空间。最明显的事实就是大量居民住房在装修中，违规拆墙，打通房间，或者重新划分空间。这方便了居住，改善了观感，但是违反原设计的，而且在很多情况下是违反建筑规范的。然而，在大多数情况下，这并没有造成结构坍塌。这要归功于建筑规范留有很大甚至“过度”的安全系数。安全系数是典型的工程方法。安全系数需要考虑材质不均匀、建造工艺标准不均匀等因素，更要考虑科学计算对假定和计算方法的敏感度。

不定或者不可控因素的敏感性是工程设计的重要考虑。上海地铁大体能够保证每 2min 一班，一站路的行车时间大约 2min，因此是可以相对精确地计算出行时间的。但要是车太挤、上不去，必须等下一班，或者换车的地方人山人海，挤都挤不过去，原先精确计算的时间就不一定管用了。这还没有考虑到地铁故障的情况，尽管这样的情况比较少。人们在日常生活中都懂得留有余地的道理，要向最好的方向努力，但做好最坏情况的准备。不过最坏情况的“坏度”还是有限的，不能无限扩大。比如说，在山顶造的房子不必考虑大水淹没这样的最坏情况，热带雨林里造房子不必考虑大雪压塌屋顶的情况。但对最坏情况错误估计的话，后果也是惨重的。福岛核电站在遭到海啸冲击后，备用发电机被淹，造成事故扩大化，就是对最坏情况低估的后果。

不过现实中大量存在的拆墙改建明显超过了常理中的不定因素，依然没有导致结构性破坏，只能说明现有建筑规范中还存在过度安全系数。建筑技术在一定程度上还是“艺术”，或者说有可观的发挥余地，而不完全是科学。这其实是符合一般工程实践特点的。这不完全是规范制定者不想精确化，而是必须为考虑不到的意外情况留有足够的余地。即使在理论计算高度发达、实验数据高度充足的航空领域，计算机设计出来的飞机要首先到风洞里吹一吹，验证基本气动特性，然后造几架原型机上天飞一飞，才能最后确认符合设计要求。F-35 就是这样，即使采用保守的设计，在试飞中依然发现大量的问题，需要亡羊补牢。

自动化作为工程实践，也有这样的问题。安全系数不仅存在于仪表设计和安装规范，也存在于回路整定，通常不按最高性能（如回稳时间、超调、衰减比等）整定，而是适当放松，略微牺牲一点性能，以达到较大地降低对不定因素的敏感度，在非理想情况下依然有足够的稳定性。

真正的最优不一定是绝对性能最高，而是最靠谱，最不受风吹草动的影响，在什么时候都不会掉链子。这是学习工程的人必须牢记的。

皮之不存，毛将焉附

自动化不是孤立的学科，而是依附在具体专业上，比如化工自动化、冶金自动化、轻纺自动化、食品加工自动化、电站自动化、电网控制、航空航天控制、武器火力控制、车辆发动机控制、车辆行驶控制等。这些不同的自动化门类有很多相似之处，但也有不同的地方。这些特点决定了学习和掌握自动化不仅遵从一般工程技术的学习过程，还有一定的独特性。在某种程度上，自动化可以与医术相比，不同的自动化子类型则可以类比于不同专科的医学。

医生当然要首先熟悉人体，肝脾心肺肠胃都分不清的人，是断然做不好医生的。这不仅指人体解剖和一般生理，还包括更加基础的化学、生物科学。如果做专科医生，还需要掌握神经生理、生殖生理、微生物等。医生还要熟悉药理，对各种相关药物的作用、局限、副作用谙熟于心。还要熟悉对各种化验、X 光、超声波报告的判读，并熟悉不同方法的特点和局限。除了这些“核心医术”外，医生是要和病人打交道的，需要能够与病人沟通，甚至说服病人把羞于启齿或者没有注意到的症状也说清楚。另外，医生除了自身业务，还有处理与同事、支援服务人员、上下级的关系，甚至可能处于管理位置，管辖一群医生、护士和行政辅助人员。然而，医生最大的本事依然在于医术，只有医术高明了，其他事情才谈得上，样样精通但医术不灵的医生还要吆五喝六是要被人轰出大门的。这些道理对于干自控的人也一样。

如前所述，自动化通常“依附”于某一工程技术领域，如化工自动化、冶金自动化等。因此，学习自动化首先要学习相关领域的基本功。以化工自动化为例，除了基本的有机化学和无机化学外，物理化学特别重要，因为这是研究物质性质和变化的科学，比如物料的沸点、雾点、冰点和相变。以干燥过程为例，加热是人们熟知的干燥方法，但冷冻是另一个方法，这就是为什么高寒地带与炎热沙漠一样干燥的道理。因此洗衣后的烘干机有传统的加热除湿型，也有冷凝除湿型（这时应该称为干衣机而不是烘干机），后者特别适合在只有上下水但没有排风管的公寓建筑内使用。

相变是另一个重要的物理化学现象，从物质的一个相变化到另一个相，比如蒸发、凝结、结冰、融解。相变可以吸收或者释放巨大的热量，这是冰箱和空调机工作循环的基本原理。纯物料的性质还算简单，混合物料的性质就要复杂得多，不仅取决于各种组分本身的性质，还取决于各种组分的浓度、混合物料的温度、压力等。

流体力学是化工的另一门重要基本功。流体力学不仅描述流量、压力、温度、黏度等因素之间的宏观关系，还研究微观现象。一条大河在总体上是从上游向下游流动的，但在某一段具体的河道，可以有漩涡、紊流甚至逆流。这些微观现象对河流的总体流动影响不大，但对于这一段具体河道里的流动表现有很大的影响。如果有人掉进正常稳定流动的河里，除了一身湿、狼狈一点，可能自己就游上来了；但要是掉进了漩涡，可能就不只是狼狈的问题，说不定命就丢了。稳定流动的水流对河岸的作用比较平缓，但湍急的紊流对河岸的额外冲刷就可能是发洪水时河堤安全还是决堤的分界线。

在化工上，管道里的流场当然是流体力学的重要研究对象，容器内的流场分布同样重要，尤其是大型容器。反应器通常是一个大罐子，一头进料，另一头出料。理论上反应器内可以通过搅拌做到均匀分布，反应器内物料的性质（温度、浓度、黏度等）与出料口相同。在进料口，物料一越过“三八线”进入反应器，就立刻与反应器内均匀混合，性质与反应器内完全相同了。这就是理想的连续搅拌釜反应器（CSTR）。

但这种理想假定只是个理想假定而已，实际上没有这样“放下屠刀立地成佛”的事情。进料口附近的物性变化有一个过渡，甚至反应器内的温度、浓度分布也不均匀，而且其与进料口、出料口的距离和反应器内搅拌叶片的形状、出力都有关系。在微观层次，局部温度、浓度异常可能造成反应热点、冷点，形成有害产物，造成次品。这和煮浓汤一样，如果搅拌不匀，容易在局部烧焦，尽管总体来说汤罐里依然有很多汤水。黏弹性流体的性质更加逆天，和过面的人都知道。这些都是流体力学显身手的地方了，可以分析计算流场分布，并指出改善流场分布的措施。

热力学是化工基本功的另一方面。能量守恒和物质不灭是人们熟知的基本科学原理，这在化工上称为热量平衡和物料平衡。一切化工计算的出发点都是热量平衡和物料平衡。更进一步的话，还可以加上动量平衡。自控讲究一个数学模型，对于化工来说，大部分模型都来自某种热量平衡或者物料平衡，动态模型只是在静态的热量或者物料平衡上加上一个动态蓄积/消耗项。化工计算是化工设计的基础。远的不说，小酒坊要做烈酒，酿酒只是第一步。清汤寡水的时候，酵母很活跃，可以把糖分大量转化为酒精。但酵母的活性随酒精度提高而下降，酒精度太高了，酵母就被杀死了。所以单靠酿酒是做不高度数的，要提高度数只能靠蒸馏。蒸馏用加热达到挥发提纯。但一步蒸馏受到气液平衡的限制，浓度提高是有限的，需要多级蒸馏，才能达到很高的度数。串联起来的蒸馏实际上就差不多是化工上常用的精馏了。到底需要多少级才能做出土烧的度数，需要再加几级才能达到茅台的度数，这就是热力学计算的问题了。

在这些基本原理之上，化工原理就是集大成而且与实际工艺过程相连的关键过渡。化工原理涉及各种典型工艺设备的原理、计算等，包括泵机、管道、精馏塔、反应器等。只有掌握化工原理，才能在干化工的地方有发言权，其重要性不言而喻。

干化工自动化必须具有良好的化工基础，这是皮，皮之不存，毛将焉附。化工自控工程师的化工基本功最好不亚于化工工艺工程师，在过程动态行为和输入输出关系方面甚至更加熟悉。但学习和掌握化工基本功的目的不是要和工艺的人抢生意，而是为了更好地解决自控问题，这需要完整的自控理论和工具基础。

自控理论在本质上是微分方程稳定性理论及其延伸，还要结合最优化和数值分析。微分方程当然是微积分的一部分，但这好比是一扇窗，打开窗户，外面是一个大世界。

微分方程从单变量线性定常开始，向多变量非线性时变发展。直接按照高等数学里的微分方程分析方法还是不太方便，自控里从复变函数开始，由傅里叶变换演化为拉普拉斯变换，在复变空间里分析单变量线性时不变常微分方程就方便多了，形成完整的分析和设计工具体系，这是经典控制理论的框架，也是自控工程师的基本功。

但物理世界是多变量的，这就牵涉到矩阵微分方程，需要用线性代数的方法把单变量的方法推广到多变量。在状态空间方法里，这样的推广也相对直截了当。到了多变量复频域，这样的推广就不那么直截了当了，但线性代数依然是基本工具。计算机控制已经成为当代主流，计算机控制一方面把连续域的自控方法推广到离散域，另一方面使得多变量控制便于实现，因此凸显线性代数作为数学工具的重要性。

经典控制理论基本上围绕着集中参数系统。对应于均匀混合的反应器，在数学上用常微分方程表示。但实际世界以分布参数为主，不仅反应器内每一点温度是一个动态过程，反应器里还有三维的温度分布、从上到下、从里到外、从进口到出口，温度都不一样，也有不同的动态过程。这样的问题只能用偏微分方程表示，极大地增加了数学上的难度。

现在对分布参数控制问题，基本上采用集中化的做法，也就是忽略温度分布的因素，当它是均匀分布的。考究一点可以用分段集中的方法，也就是把圆筒形的反应器像洋葱一样从内到外分层，再从上到下分段，这样整个反应器就由众多的“环”叠加而成，每一个环内是均匀的，简化为集中参数问题，但在边缘与邻近环的边界条件衔接，组成状态方程。这样，分布参数问题就转化为多变量问题，能用现有方法解决了。这在理论上不够优美，但在实际上够用了。

计算机控制也大大强化了最优化方法在控制中的应用。最优化在概念上并不复杂，按照一定策略搜寻操作变量，使得最优化指标达到极值（根据要求，可以是最大或者最小）。简单的最优化问题有解析解，复杂的最优化问题多用数值解（也就是迭代搜索）来解决，但数值解依然要求对最优化方法的本质有深刻理解，这样才能够掌握各种加权因子、比例因子的作用，而不被名目繁多的各种调节参数弄得不知所措。

进入非线性或者时变之后，所用的数学工具就要复杂多了，但在很多情况下，可以简化为线性或者分段线性来处理。

另一方面，PID 依然是最常用的控制方法，学习自控千万不能在高级数学控制理论里转不出来，反而把 PID 忘记了。PID 在数学上不复杂。分析是可以分析的，但分析完了也就分析完了。PID 的奥妙在于应用。不过 PID 的应用要和具体情况紧密结合，用好了，有奇效；用不好，就成了隔靴搔痒。这有点像拔火罐，要对准穴位，这穴位就是对过程特点和深层工艺原理的精准理解。

在计算机日益成为自控基本工具的今天，掌握计算机硬件软件技能更是必备的。事实上，在自控工程师的日常工作中，与计算机硬件软件相关的工作多于涉及化工原理或者自控方法相关的工作。除了一般应用，用 Visual Basic、Java、HTML 或者类似的程序语言编制专用自控应用或者图形设计，用 Access 甚至 SQL 进行数据库维护和查询，这些都是基本功。

钢铁是怎样炼成的

数学甚至控制理论只是自控的工具，化工基础和计算机技能也同样如此。马克思说过："哲学家只是用各种方式解释世界，而问题在于改变世界。"改变世界正是工程技术与科学探索的不同之所在。科学探索的基本方法是把复杂的问题分解成细小的子问题，并且用简化的假定进一步"纯化"，直到问题可以破解。

工程技术的问题则不同，面临的问题是现实世界中的，永远是完整的，或者说天然带着所有的不完美与不确定。工程问题经常面临信息不完全或者不精确的问题，或者实际情况超出现有工具已知使用范围的情况。造房子的砖的强度性质只有一个范围，每一块砖的质地事实上都不可能绝对均匀，但房子还是要造。控制回路的仪表测量也有一个精度范围，还有测量噪声的问题，关键回路不仅要考虑这些问题，还要考虑测量仪表故障时回路也不能发神经的问题。实际问题超过现有工具已知使用范围的情况更加考验人，米开朗琪罗建造圣彼得大教堂穹顶就是这样的情况，如果没有科学的实验方法支持，这时候只有靠经验和合理推测（Educated Guess）了。

工程问题还有一个特点：解决的方法常常不是唯一的，巧办法和笨办法的优缺点也不是绝对的。巧办法有时对不定因素比较敏感，聪明反被聪明误；笨办法则眼不见心不烦，反而不容易受到不定因素的干扰。事实上，KISS是工程方法的第一原则。这里KISS不是人们喜闻乐见的接吻，而是Keep It Simple Stupid的简称，意思就是能简单就别弄复杂了。这一点很重要，鼓风机要是断电就没戏了，风叶用久了还会松动，但烧火棍就没有这些问题。另一方面，鼓风机毕竟比烧火棍的效率高得多。所以工程上最忌讳教条主义，能用烧火棍的地方就用烧火棍，但效率要求大大提高时，该用鼓风机还得用鼓风机。

这里又涉及工程方法上的第二原则：80:20原则，也就是说，最后20%的效果常常要占80%的努力。反过来说，最初80%的效果常常只需要20%的努力就做到了。换句话说，只要有可能，不必强求100%完美、只追求80%的效果可能是最事半功倍的。当然，事情总是有一个要求，需要达到100%的，只做到80%就是偷工减料了。做到100%尽管比80%要多付出*N*倍的努力，但有时非至善至美不可，再大的努力也要做到。这个事情不能绝对化了。

不被手头拥有的工具牵着走，不是举着榔头找钉子，而是从具体问题出发，克服信息不完全或者不精确的困难，按照KISS原则和80:20原则选用最合理的工具，在实际情况超过现有工具已知使用范围时做出合理外推，这才是工程师的基本功。

这也要求在工程学习的过程中，不能死读书，要时刻牢记把学习的内容串起来，明确学习内容在最终解决工程问题中的位置，建立对工程问题的判断和工程方法的感觉，而不是被课程设置牵着鼻子走。这最后一点很重要，但工科学生尤其难做到，因为缺乏实践经验，难有感觉。真的到有实践机会的时候，课堂教育已经基本结束了。这里涉及工科教育了。

工科是要动手的。这是指在科学理论指导下的动手，但毕竟是要动手的，没有动口不动手的工程师。工科大学有毕业设计，传统的毕业设计要占一个学期，要下工厂车间，熟悉工艺过程和控制系统，理解设计背景和实施特点，然后在原基础上加以改进、重新设计。这样的过程有助于学生把所学的知识和工程实际结合起来，并熟悉工业设计过程和规范，包括图纸阅读、规范查询等。

另一个做法是间隙见习，在西方称为 Coop。也就是说，当课堂学习到一定程度时，比如大学三年级，抽出一定的时间，比如 8 个月，甚至 16 个月，在工业界（包括公司研究中心）见习，在资深工程师指导下，见习日常工作，可以是简单的数据采集和分析计算（需要熟悉技术报告的格式和技术汇报），甚至可以负责简单的工程设计项目。

Coop 使学生对工程师的作用和日常工作有了直接的理解，对工程实践有了零距离的认识，有助于从分门别类的单科课程学习中抬起头来，完整地认识工程问题的特质和各学科的位置，把已经学习的内容通过实际问题串起来，预先见识专业课程的作用，甚至带着问题学习，极大地提高专业课阶段学习的目的性和效率。

另外，Coop 期间学生从公司得到津贴，数额上不及正规工薪，但供养自己生活并补贴一点学费是没有问题的。Coop 期结束后，学生回到学校，继续学业。Coop 不代替毕业设计，一般要使得学制延长一年，还要“损失”暑假寒假，但这一年非常值得。Coop 对于以学术界为目标的学生没有多少用处，但对于以工程实践为目标的学生的职业养成有巨大作用，公司也对这些见识过工程实践而又能完成完整工程教育的学生特别赏识。

Coop 与毕业设计最大的区别在于，这是一对一的师徒式方式，而不是大家做一样东西的团队式。这需要大学和工业界有一定的对口关系，而不是任由学生漫无边际地去找机会。但学生也有“找工作”的过程，实际上相当于就业求职的见习。对于公司来说，Coop 期间正好是零距离考察学生的机会，如果有中意的，就直接“订货”，说好了毕业后就来工作。这样的试用期实际上对学生和公司都有好处，双方都对对方有所了解，如果满意，学生在最后的专业学习期间就没有了就业的顾虑，公司对于招募新人也知根知底；如果不满意，期满大家好聚好散，也是心平气和，都不需要解聘，学生还对求职过程练习了一遍，有助于将来有的放矢。有些西方公司非 Coop 毕业生不要，尤其是已经廉价试用过的 Coop 毕业生。Coop 这一做法非常值得借鉴。

自控世界很精彩，学习自控极富挑战。以化工自动化为例，实际上相当于要学化工，还要学自控加计算机。不仅有一大堆理论要学，一个学位要学相当于一个半学位的课程。还要具备工程师的养成，不能光动口不动手。但是值，因为得到的乐趣也是一倍半，甚至两倍。如果用军队相比，干工艺的好比是正规军，大兵团作战，但实际上自己捞不着打枪放炮，工艺参数改动要通过操作人员，设备改动要通过机修人员。但自控好比是特种部队，从筹划到行动，都是自己包干，乐趣的肥水不流外人田，当然捅了娄子也都是自己兜着。工艺上要对过程做改进，除了单纯更动工艺参数而不动工艺过程的情况，首先要立项，申请投资，进行工艺计算和设计，采购设备和管道，等到大修时才能实际动工。然后才谈得上按照新的工艺过程开工。动静很大，时间很长，耗资更是巨大。如果效果不如预期，那损失就大了。但自控不一样，除非需要新增测量仪表或者控制阀（这一般已经不是自控项目而是工艺过程改造项目了)，技改实施起来基本上都是在计算机软件上做文章，说干就干，立竿见影。而且效果不好的话，基本上都可以很快改回来。所谓很快，短则几分钟，长则几小时，与工艺过程改动动辄几天甚至更长而且通常不可逆的情况截然不同。

学自控的另一个问题是学到什么程度。本科毕业够用了吗？攻一个硕士有必要吗？如果不想当教授，有必要攻博吗？自控专业由于边缘学科的关系，本身需要学习的内容就多，大学四年留给控制理论学习的时间不可能充分，即使是已经成为主流的多变量模型预估控制通常也属于研究生课程。DCS 的计算能力使得现代过程控制超越了 PID 打天下的层次，各种以数学控制理论为基础的先进控制方法正在大量投入使用。有的以商业性的先进控制软件包的形式出现，有的需要利用 DCS 的软件语言环境自编软件，即使外包，也需要理解人家在干什么。因此要在自控行当里顺利发展，研究生资质是很有利的，而不是多余。但到底是硕士就够用了，还是需要攻博，这就不好一概而论了。

从学用对口来说，硕士更加对口。博士比硕士的学习时间更长，论文的深度广度更大，在工业界直接找到对口工作不容易。但这个事情要辩证地看。博士的价值不仅在于论文和研究方向，而且在于学习及研究的方法和独立展开工作的能力。研究方向有活跃的，也有最终证明为死路一条的。写出了论文、通过了答辩不等于这就是阳关大道，可以一直走下去。学术方向和学术大潮常常不由个人所控制，即使在学术界，博士论文方向与终身工作总是一致的情况其实也是少数。但掌握了学习和研究方法，这可以应用于不同的研究方向，包括学术性的研究和工业上实际问题的研究。由于 DCS 强大的计算能力和数据采集能力，先进数学控制理论的实用化不需要等靠要，实际上需要的工具和数据都在指尖，就看你是不是会用了。在粗放耕作时代，自控的作用是维持过程稳定，只要能保持高速生产，就是效益。在质量、产量、环保、安全、节能、降低劳动强度、提高工作环境质量等要求日益提高的现在，自控是投资小、见效快的改进手段，日益成为核心技术的一部分。现有装置自控水平的不断改进和高层次应用越发重要，走在别人前面才能拉开差距，而这正是博士及其研究方法和独立能力的用武之地。

在学习自动化的另一面，是自动化的教学。相比于其他工程学科，自控专业的学习有独特的挑战性，但自控专业的教学倒是很具工程教学的共性。工程技术的特点是从问题出发，而不是从方法出发。在还没有科学方法的时候，工程方法以经验为主；引入科学方法之后，工程方法日渐科学化，使得工程教育也日渐科学化。科学化把问题分解，各个自然科学学科正是从不同角度研究自然而产生的。随着科学研究的深入，学科划分越来越细，工程教育的课程划分也越来越细，这是工程方法科学化的必然。但在教学中，应该抓住工程实践的具体问题并以其为主线，把科学方法串起来，而不是把工程教学变成具体方法的堆积。工程方法和工程实践是个纲，纲举目张。这个事情说起来容易，做起来不容易，尤其是如果教授自身从学校来、到学校去的话。教授们才高八斗，学术渊博，但在学术象牙塔里待久了，一路读书、科研上来，博士毕业留校，缺乏工程实践经验，容易使得工程教学碎片化，把本来完整的工程实践碎裂成学科和工具的堆积，使得学生见树不见林。或者按照想象，见过猪跑，以为养猪也是那么回事了。

工程教授大多有与工业界合作科研的经验，但这与工程实践经验是两回事。公司与大学的科研是带着实际问题的，但公司和大学的出发点不同。公司的出发点是解决问题，能不能出文章是次要的。如果有现成方法一点就破，这是公司最中意的，因为这样的做法最成熟、最可靠，也见效最快。实际上即使能出文章，关键数据常常要进行处理，避免竞争对手从中读出商业机密。大学的出发点则是推进学术前沿，要出文章，用现成方法就能解决的话，缺乏独创性，不能出文章，这样的项目对大学意义不大。由于这样的认知差距，工业界与大学的合作与通常的工程实践还是有本质差别。

在理想情况下，工程教授在学校和学校之间，有一段从事工程实践的经验，见过猪跑，吃过猪肉，这样再来教工程就有血有肉。如果做不到的话，还有一个办法是邀请工业界人士到大学客串讲座，尤其是资深甚至刚退休人士。他们经验多，熟悉工程实践，没有在学术界长期发展的跑职称、跑经费的负担，不必受论文数量的制约（当然，有东西可写的话，还是会写的），并且可以对学生的就职和职业发展提供切实建议和帮助，还可以利用自己的人脉在毕业生和工业界牵线搭桥。

干好自动化

在战斗中，赢得战斗的是武士，不是武器。自动化的工程实践中也是一样，成功的关键在于干自控的人，而不是价值千金的计算机，或者“放之四海而皆准”的数学控制理论。人总是最重要的。

自控的组织与管理

自动控制，顾名思义就是不需要人干预的，但自控也确实是需要人来规划、实施、管理的。有人的地方就有江湖，有人的地方就有山寨。自控的组织和管理关系到自控的成败，这就牵涉到分权还是集权的问题，不可不察。

小公司、单一工厂的问题不大，但公司一大，自控的人事组织就比较复杂了，既要兼顾“深入基层”，又要兼顾统一管理和资源共享。这不只是自控，技术线上都有这个问题。但同一公司内不同工厂、地区之间自控领域因为共用技术的相似度较大，使得集中还是分布的问题尤其纠结。

广义自控的大类有很多，过程自控是其中很重要的一类，涵盖化工（包括石化、化纤）、造纸、冶金等连续生产过程的自动化。过程自控可以大体分为三个层次：回路级仪表控制、单元级集中控制和装置级先进控制。

所有自控都是从回路级开始的，这包括单回路控制、串级、前馈、选择性、分程等，这是传统 DCS 的范畴。这一般涉及一个具体的温度、流量、压力、液位，也可以扩大到容器液位到出料流量的串级等。单元级集中控制的范围要大一点，比如精馏塔的综合控制。装置级先进控制的范围更大，通常涉及最终产品质量控制、产量控制、全装置能量/物料平衡等牵动全局的变量。

总厂通常是若干相关的装置的组合。比如一个总厂下可辖有炼油、乙烯、乙二醇、聚乙烯、聚酯、公用水电等装置，各装置在行政上就是各个厂。

分布式管理以装置为基点，这一般就是一个大型装置，如乙烯装置、聚酯装置、尿素装置等。分布式管理在装置级配备相对完整的自控人手，包括自控工程师和仪表工，从回路级到装置级都就地解决。好处是自控队伍与最终用户结合紧密，不仅用户反馈快，也责权分明，相关人员具有较强的主人翁精神，持续改进的主动性、积极性强，自控应用的在线率高。坏处是装置与装置之间人员重叠较大，不利于资源共享。

集中式管理与分布式管理的小而全相反，把自控人手的主力集中到总厂级，在各装置之间共享，具体装置只保留最低限度的人手，仅够最基本的日常监控和救火用。此处救火当然不是真的当消防队，而是与自控有关的现场的保障和查错排障。集中式管理的好处是人员配备紧凑，有利于资源共享，DCS 和广义的控制系统 IT 架构的互联程度迅速提高更是适合集中式管理。但是集中式管理的问题是“中央”与“地方”容易有隔阂，责权不清，谁都觉得“这”是对方的责任，缺乏主人翁精神，新建成的先进自控应用容易“毕业就失业”。

一般情况都是分布式和集中式的某种程度的结合，但是向分布式或者集中式的偏向还是存在的。在不同的专业之间，也常有不同的偏重。比如说，仪表工通常保持分布式，各装置保持自己的仪表工队伍；但自控工程师就可能分为基本自控和先进控制两摊，前者为分布式，后者为集中式；控制系统 IT 通常全部为集中式。

仪表工分通用仪表工和专用仪表工：通用仪表工负责一般变送器、控制阀等典型仪表的维修；专用仪表工负责分析仪器、PLC 和 DCS 硬件的维修。通常两拨人之间有轮换，大家都轮流弄点“好玩”的东西做做。但由于分析仪器、PLC 和 DCS 需要更多的专业训练和经验，有的地方实际上也是固定的人手，不轮换。

通用仪表工一般是定点的，直属装置级。他们不仅和操作人员紧密配合，必须“人头熟”，还需要“地头熟”，需要对具体仪表在装置中的具体位置和使用特点特别熟悉，而不是需要抢修的时候，还要顺着管线和设备找。每分钟都是宝贵的，停产 1h 的损失动辄几万、几十万，不可能等一个本事比天大但具体仪表在哪里还要对着图纸和设备找半天的人来抢修。另外，不同管线里的物料性质、温度压力不同，不是什么地方都可以直接抡起扳手大卸八块的，必须熟悉情况才能动手，这也要求只有“地头蛇”才适合。

分析仪器的共性大一点，但品种也更多，各装置经常有一堆“孤儿”仪器，都有点不一样。即使厂家和型号一样，分析的东西不一样，校验样品和方法也不一样。气相色谱和质谱的峰值和分离需要经验，也是定点支援比较好。

PLC 的共性更大，但这里和通用仪表相似，难点不在对 PLC 的一般维护与编程，而是在于对具体过程和控制逻辑的因果关系的熟悉，这只有长期驻厂才可能做到。不能到了要增减一个触发条件或者联锁动作的时候，还要在浩如烟海的逻辑里漫无边际地找地方下手。

但DCS硬件就不一样。DCS硬件的共性很大，而且硬件支援人员不涉及具体的控制应用，与装置里具体过程的交互比较间接，十分有利于集中式管理。

控制系统IT是一个新生事物。这是传统DCS管理职能的大大延伸。现代DCS本身已经高度IT化。从Windows NT时代开始，很多DCS开始放弃专用操作系统和软件环境，而改用开放系统，尤其是服务器级的Windows系列或UNIX，同时采用Ethernet网络架构。不仅便于与常用硬件软件通用，还有利于与控制系统之外的一般IT结构整合。

另一方面，底层（I/O处理、PID回路等）还是采用更加适合实时控制的专用环境。这样的混合架构需要很强的IT功力。负责DCS优化和软件维护、升级的DCS管理对于域、通信协议、防火墙这些传统IT的东西也要具有很强的掌握。但是和DCS硬件一样，DCS软件并不是针对特定装置环境的，具有很大的共性，这也是集中化管理的有利因素。

另一方面，由于开放系统的缘故，DCS数据已经与ERP（Enterprise Resource Planning）、MES（Manufacturing Enabling System）一级的系统高度整合。产量、开工率等营运管理方面的数据自不待言，还有各种辅助系统，典型的有过程数据记录系统、过程报警记录系统、回路性能分析监测、回路整定、先进控制（多变量控制、复杂计算、实时最优化等）、质量控制（产品测试数据管理、产品规格数据管理、产品批次管理等）等。这些五花八门的系统常常在不同的平台上运行，但数据需要共享，整合要求很高。这些平台通常都是商用平台，理论上“可以适用于任何环境”，实际上“魔鬼就在细节之中”，需要专业IT作为用户方和“主人”参加整合，否则肯定会出现很多三不管的事情，最后弄了个稀里哗啦。另外，与DCS的数据交换通常通过OPC（OLE for Process Control）进行，负责控制系统IT的人不仅要保证OPC通畅，还要合理规划流量，避免读写高峰造成堵塞和数据丢失，更要避免过于频密的访问造成DCS网路过载。在广义的现代控制系统中，控制系统IT的作用越来越重要，它们是必不可少的黏合剂。但由于他们工作的“普遍性”（适合总厂范围内的所有装置）和特殊性（只有总厂级才有这样的系统，在各装置之间共用），他们很适合于集中使用，分布使用既浪费，也没有必要。

但自控工程师就比较纠结了，这也是集中化还是分布化的焦点。

自控工程师需要集工艺过程、控制理论和控制应用于一身，不仅需要熟悉各种自控工具，还需要熟悉工艺过程，应该具有在工艺过程和操作规程上顶半个工艺工程师的本事，至少要熟悉工艺工程师和操作人员的语言，要“说得上话”。在工作上需要与操作人员和工艺工程师紧密配合，以建立必要的人脉。所以最适合分布式管理，直接驻厂。

自控工程师的职责包括现有控制应用的维护和新控制应用的开发。从简单回路到复杂回路，从图形界面到在线计算，新应用的范围很大。现有应用的性能监测和故障诊断、纠错、更新更是重要的日常工作。另外，工艺过程或者设备出问题的时候，也经常需要自控方面的参与，从调用 DCS 操作和警报记录，到从控制系统的响应反向推断故障的原因和过程，到如何用控制系统的技术手段提示或者预防未来故障，这些都是自控工程师可以做出贡献的地方。这些功能与工厂的日常运作关系紧密，分布式管理最为合理。

另外，操作人员和工艺工程师对于自控里的专业分类并不清楚，自控工程师常常是整个自控领域的“门脸”，有事首先找他们。如果是 DCS 硬件、软件的问题，或者控制系统 IT 的问题，再由他们呼叫有关人员援助。另外，隔行如隔山，工艺和操作人员需要更改控制逻辑，常常会发现“语言不通”的问题。自控工程师对工艺熟悉，对自控也熟悉，就是天然的中介，甚至成为所有与广义自控有关的项目中枢人物。事实上，越来越多的工艺改造并不需要大幅度的设备、管道、阀门的改动，而可以通过控制系统的精巧重组实现全新的功能。在航空上，先进飞行控制不仅增加了安全性，还通过放宽静稳定性减轻了结构重量，降低了阻力，改善了油耗。更先进的飞行控制甚至可以共用控制面，进一步降低结构重量，降低阻力，苏-35 用襟翼、副翼、平尾、垂尾的协同动作取代了减速板，节约了结构重量，降低了维修工作量，增加了燃油量，就是例子。在化工等过程工业上，这也开始了。这里，自控工程师再次成为天然焦点，进一步强化了自控工程师驻厂的好处。

更加理想的方法是把自控工程师有机地整合进入工艺决策和运作团队。工艺、生产、操作各管一摊的传统方式已经过时了，更有效的做法是由一个合成团队负责一个车间或者装置的日常生产，装置负责人、工艺工程师、操作工头、维修专家都在同一团队，在技术方面的支援下，统筹安排生产和维修，自控工程师也应该整合到这一团队里。这决定了自控工程师必须驻厂，而且驻厂自控工程师不能只是自控哨兵，还应有驻镇一方的大员。

另一方面，越来越多的先进控制应用开始出现，其主要特点在于多变量、约束最优、模型预估、非线性。这些基于数学模型和先进控制理论的新技术在技术要求上比传统自控技术更加复杂，在使用上也有很多专门技巧，纯分布式管理所要求的小而全不再合适，人力成本太高，适用于有一个面向整个总厂甚至整个公司的专家组负责有关事宜，为各装置提供技术后援。

在这样的分布式和集中式的混合构成中，总厂的专家组不是装置所属的现场组的上级，而是后援。在新项目实施时，还是以驻厂自控工程师为主导。先进控制应用的第一步是确认控制变量和被控变量，确认变量之间的动态关系和极限，以及异常情况处理等。这需要工艺工程师和操作人员的参与，驻厂自控工程师是天然的黏合剂与翻译官，最适合作为项目主导。在项目新建阶段，驻厂工程师还可算作"客户端"，在项目投运移交之后，他们反而成为"服务端"。在项目中担任主导也有利于这种角色的平顺转换，总厂的专家组应该保持后援本色，避免集中式管理容易出现的"空投效应"。项目外包的话，承包商的角色也应该是技术后援，而不能是主导，否则项目的"毕业就下岗"几乎是不可避免的。

自控工程师的英雄本色

自控说起来是摆脱人的干预，完全由机器自动运行。但自动化是为人服务的，自动化是由人实现的，自动化更是在人的指令下起舞的，自控工程师必须善于与人打交道，不能宅。

与人交往当然有人际的层面，但把人际交往片面地理解为称兄道弟、推杯换盏的话，那就庸俗化、狭隘化了。交往的目的是沟通，是建立互益的互信，是理解对方的真正需求，和使得对方理解你的真实能力。如果说工艺和操作像正规军大部队，自控就像特种部队。正规军对于特种部队是一种奇特的心理，对于那些"黑科技"既赞叹又不解，或者寄予过高期望，或者在真实需要的时候想不到，出了问题则是充满不屑。更重要的是永远弄不清那些独行侠到底在做些什么、怎么做的。去神秘化其实对大家都有好处。

工艺工程师比较好说，大家都是学校出来的，说不定是同一个学校里出来的，有类似的背景。但操作人员才是控制系统成败的关键，如果无法取得操作人员对你个人和你的控制应用的信任，那控制系统很可能就会永久性地变为摆设。这就像军队一样，军官与军官之间相对容易沟通，但最重要的是赢得士官和士兵的理解、尊重、信任，最终打仗是要靠他们冲锋陷阵的。

要打造一个得到信任并与之合作的控制应用，第一步是理解实际需求，这包括这个控制应用是干什么的，更要包括操作人员的操作习惯和合理预期，包括操作步骤和人机界面。文不对题的文章写得再好，也是废文。写得好不仅要内容有意义，还要符合受众的阅读习惯，这样的文章才受欢迎。这个道理说起来简单，做起来常常容易被忘记。

工程师受到的是理工科思维训练，习惯于把现实问题简化、理想化，然后应用工程工具，加以解决。在设计的时候，容易想当然，"按照这么做，一二三四，就没有问题了"，但对于用户的使用习惯或者合理预期不一定有充分考虑。比如说，法国人的雪铁龙 DS 轿车是 20 世纪 60 年代的经典，但方向盘设计很特别，圆环和方向柱的连接不像传统的三辐条或者四辐条，而是单辐条，像奔驰的三尖星缺了两尖。在直行向前的时候，辐条向下，在 6 点钟位置，其他所有方向统统是空心的。说起来，三辐条或者四辐条在结构上并无必要，单辐条就可以把方向盘的圆圈与方向柱可靠连接了，大体空心还便于看清方向盘背后的仪表盘。但很多驾车人在开车时有手搭在横辐条上的习惯，而不是总是抓着圆环。横辐条保持水平也强化了车子正在直行的感觉，手一摸就知道，不需要低头看。另外，一圈一圈打方向的时候，也有人喜欢抓住辐条，不容易打滑。但是只有 6 点钟的单一辐条时，这样的习惯就打破了。要改习惯是可以的，但为什么要改无害的旧习惯、而适应并无优点的新习惯呢？瑞典萨伯轿车也曾经有过一个饱受争议的做法：发动机点火钥匙插在中控台旁脚边的地板上。说起来，只要有钥匙插孔，在什么地方都能发动车子。但隐藏在这么一个不容易发现的地方，出乎大多数驾车人的预期，也不是一个好设计。这样的设计在原理上没有什么不可以，但违背主流使用习惯，对于一般驾车人容易造成不必要的困扰。除了制造上的简便，或者设计上的恶趣味，对于使用者没有好处。这样的设计变化就是设计者"自私自利"的典型，不考虑用户感受。

这些设计还只是习惯问题，但要影响操控就有问题了。空客的飞控设计就是一个例子。空客的客机采用电传飞控，优点非常多，不仅大小飞机的操控感觉都一样，操控动作都一样，使得A320的飞行员可以直接上A330飞。空客飞控还在飞行员操控动作与飞机控制面的实际动作之间加了一层过滤，飞行员的粗暴操作会被滤去，但合理动作都会有效传递。这样的“无忧虑操作”是电传飞控的一大优点，但处理不当的话，也会成为致命陷阱。比如说，在低空低速飞行时，贸然猛拉操纵杆、突然增大迎角，容易因为速度不足而进入失速，因此空客的飞控律里不容许飞行员过度拉杆。这在正常状态下是正当的无忧虑操作，但在紧急情况下，飞行员需要强行拉起以避免撞山，只要有足够的动能，避开后还有足够的高度和速度改出失速，但死板的飞控律会强行禁止飞行员的这种异常操作，只好眼睁睁地看着撞山，至少有一起空难就是这样发生的。相比之下，波音的飞控律会设置一个“软极限”，飞行员在拉到这个极限的时候，有明显的手感提醒，但在紧急情况下，是可以强行拉过极限的，这就是更合理的设计。

控制应用的人机界面设计必须考虑操作习惯和紧急情况下的直觉反应，而不能为了设计便利而想当然。尤其是后者，紧急情况本来就罕见，如果正确的操作动作和直觉反应拗着来，非常容易把异常情况扩大化。直觉是非常强大的，严格的训练只能解决一部分问题，成功的关键还是合理的人机交互设计。特斯拉汽车自动驾驶接连出问题，经常是由于驾车人没有按照要求双手放在方向盘上，并保持观察，随时准备接管操控。这样的要求是不符合合理预期的。作为日常出行使用的家用轿车，驾车人对于自动驾驶系统的异常情况缺乏辨认能力，也缺乏及时处置的训练。这使得特斯拉的自动驾驶成为“问题应用”，其他公司的自动驾驶也必须过这个坎。

控制应用要管用，要符合操作习惯和合理预期，还需要可靠。隔三岔五就出问题，或者经常需要呵护关照，这样的控制应用是没有生命力的。可靠性是一个大问题。对于过程控制应用来说，大多需要一天24h、一周7天、一年365天连续可靠工作。很多应用甚至在几年一次的大修中也不停下，继续保持运行。另一方面，绝大部分控制应用是可以放到手动状态的，这实际上就是停止运行了。问题是，这样的手动状态不能成为常态，常态了，或者时不时需要（由于控制应用可靠性而非工艺或者操作的原因）密切关注而随时切换到手动，这样的控制应用可能就被永久性地放在手动，实际上被“枪毙”了。操作工最不希望的就是不可预见性，不知道什么时候又要出问题的控制应用是不能允许的。

控制应用大多由软件实现。办公软件也有可靠性问题，不然公司、机构也不需要有一个 IT 服务中心了。不过办公计算机通常每天下班时关机，不关机的话办公应用也处于休眠状态。关机过程本身就是一个清零过程，办公软件的一些缺陷经常就在这样的清零中被掩盖了。事实上，办公计算机出问题的时候，IT 远程支持最先要求的也通常是关机重启。休眠应用没有这样的清零，但唤醒的时候也有一定的初始化过程，同样可以掩盖一些软件缺陷。但控制应用没有这样的好事，24/7/365 可靠运行是基本要求。一般工程原则为 80:20，但控制应用可靠性要求远远高于 80%，99%都不行。如果典型故障延续时间为 1h 才能恢复到正常的话，99%的可靠性意味着每四天零四小时就要来一次故障，这是不可思议的高故障率，根本没有投运的可能。千分之一的故障率都太高，必须立刻解决，才谈得上继续使用。

问题是软件是没有磨损的，在测试时通过了，在运转时没有理由出问题，但问题还是出了。于是人们会玩笑地说：软件也磨损了。当然，这只是玩笑话，真实问题是实际环境与测试环境的细微不同，可以是系统问题，信号噪声、读写速度跟不上而掉拍、硬盘信息丢失等。但通常这些不是问题。DCS 上没有专用测试环境，都是在实际系统和实际过程上实测的，投运后才出现系统问题比较少见，更多的是实际操作或者实际过程条件与设计或者测试条件有细微差别。单一差别常常还不太要紧，很多细微差别累加起来，问题就来了。尤其是操作习惯随着时间或者人员的变化而缓慢但确实地变化，“我们一直是这么做的”，实际上现在与三年前已经不一样了。因此，自控工程师要与工艺和操作紧密沟通，更新控制应用时（比如理顺或者优化程序、增减功能），要和工艺与操作方面及时沟通，工艺和操作方面更改工艺条件和操作规程也要和自控及时沟通。更好的办法是工艺、操作、自控为同一任务团队，大家一起研究问题、确定解决方案，制定协调的改进方案，这样使得日常运作不是各部门运作的堆积，而是有机的整体。自控、机修等部门本来就是要按照工艺及操作要求和反馈不断优化的，但毕竟比较被动；整合到一体化的任务团队里后，不仅被动地接受要求和反馈，而且主动参与目标的制定，从自控角度主动影响改进方向，这好比在控制回路里增加了前馈，要主动、有效多了。

这一切都是以与用户的沟通开始的，不仅了解现在的需求，还了解近期和远期的发展方向，以便在控制应用的研发中预留接口，到时候再被迫拆开重做就被动了，尤其是需要重新打造应用架构的话。需求其实有两种方式：一是自下而上，也就是说，工艺或者操作有实际需要，现有控制应用不能满足，需要开发新的控制应用才能解决；二是自上而下，也就是说，现在有一种新技术，具有惊天地泣鬼神的奇效，需要应用在现有过程上，作为增产挖潜提质的措施，也需要开发新的控制应用支持。前一种需求是土生土长的，对症下药，容易被接受，甚至可能是在工艺改造或者正常运行中发现新问题，继续控制应用更新。用户可能急不可耐地催促，自控需要做的是按时按质更新控制应用，根据用户反馈不断优化。后一种情况就比较微妙了，后面还要谈到。但无论是自上而下还是自下而上，理解真实需求只有来自沟通，需求是皮，控制应用是毛，皮之不存，毛将焉附？

理解用户习惯和得到用户支持更是离不开沟通。自动化在理论上减轻了操作人员的工作负担，但在实际上要看效果。如果娇气得很，动不动掉链子，经常需要人工呵护，操作人员就可能宁愿手工操作，也不愿意多费那个事，出了问题还是因为控制应用不可靠，你就等着里外不是人吧！但是取得操作人员的信任和合作后，事情会向相反的方向发展。操作人员会主动向你提出改进建议，或新的想法，主动找机会帮你测试新的功能，主动拓展控制应用的性能极限，出了问题也会帮你兜着，给你改进的机会。用户是上帝，操作人员（而不是部门主管）才是自控的上帝。主管是开工资发奖金的，但主管的业绩最终也是取决于生产的，而操作人员才是生产这艘大船的船长和水手，主管只是船东。

现代工业过程已经高度复杂化，牵一发而动全身，发生过程异常后的查错纠错，或者发现有挖潜改进的机会，这些越来越需要自控的参与。工艺工程师、操作人员和自控工程师都在不同程度上有监控过程行为的责任。工艺工程师从长期着眼，时间尺度常在几天、几个星期甚至几个月，有时还要比较过去一星期与几年前类似生产条件或者产品品种的情况。操作人员的重点在于当前，主要在小时级，可以延长到过去一两天，一般不会更长，但也较少关注到分秒级的微观程度。自控则重点关注当前微观情况，温度开始异常升高，阀门在几分钟内就应该有显著反应；发生联锁保护动作时，时间间隔更是在秒级，必须正确执行。因此经常需要两家或者三家联手调查。如果是过程参数缓慢漂移，则工艺和操作的事情多一点；如果是动态响应异常，那就是操作和自控的事情了。如果问题顽固地存在，经常需要三家联手，各自从自己的专业角度入手，分析问题，最后寻找联手解决的办法。

跳出单纯的生产保障，自控还是产研一体的重要环节。工艺工程师有大量的离线工艺计算，把大量工艺参数凝聚成少数几个关键的特征指数，用于对工艺过程的理解和分析。这些计算或者以 Excel 形式出现，或者用专用的程序包计算，从古老的 FORTRAN 到新潮的 Python 什么都有。把这些计算在线化不仅有利于工艺工程师实时监测过程，还有利于操作人员对过程行为获得更加深层的理解和预测。操作经验用控制应用的形式固化，也对减轻操作负担、提高操作效率、增强操作一致性有巨大作用。工艺和操作改进越来越离不开自控。自控不再被动地提供保障，而是主动挖潜革新。单打独斗的时代过去了，联手才是王道。自控的英雄本色不在于包打天下，而在成为团队中独特而不可或缺的关键一员，恰如特种部队一样。

自控工程师也要善于和头儿打交道，毕竟搞项目、要钱的时候，还是要找头儿的。项目启动后，还要打报告、做报告，与项目控制、采购打交道，并和高层管理沟通、报告进展，争取后续支持。当然还要外部的供应商打交道。这些都是必备的技能。

这一切都开始于沟通，开始于与人打交道。只有与人打交道，才能在人的世界里施展，体现自己的价值，自动化也不例外。

查故障，纠差错

使用时间长了，控制应用难免会出错。控制系统好比生产过程的大脑和神经，控制系统出错了，生产过程也就颠三倒四了。仪表、DCS 的硬件出错好查，系统软件出错也有迹可寻，最难缠的是控制应用出错。这就是福尔摩斯出动的时候了。

归根到底，软件是没有磨损的。如果长期以来一直正常工作，现在突然出问题了，一定是哪里发生了现在还不清楚的变化。有的是设计疏忽造成的，这在大多数情况下是没有考虑到某些特定情况，了解这些先前没有考虑到的情况只有靠沟通，常常还是要从操作人员的描述中解读出来，就像医生要解读病人描述的病情一样。程序错误当然是可能的，程序执行路径通常不会走到这个分叉，所以以前从来没有发现。更多情况是在设计的时候就没有考虑到这个情况。事实上，程序“走岔”到故障分支也是没有考虑到工艺情况和操作动作的组合才发生的。设计时没有考虑到，这是设计过程、设计审核和应用测试问题。更加严格、细致地执行标准设计过程、审核过程和测试过程，通常可以避免低级错误。尽力而为了但依然出现疏忽，应该是设计的基本假定（如福岛核电站低估了可能发生地震和海啸的烈度）或者知识所限（英国“彗星”式喷气客机由金属疲劳造成坠毁），而且应该是偶然出现的，这通常能够得到谅解，至少不是具体设计的责任。

最多的情况实际上是由设备磨损或者物料品质退化造成的。变送器使用时间久了，可能出现元器件老化，接线松动，甚至可能出现鸟啄造成断线或者冰雪雨水造成短路这样的奇葩事情。控制阀的阀杆常年不断地上下移动，密封圈、阀杆都可能磨损，弹簧、膜盒都可能老化。定期检修、更换可以避免很大一部分问题，但故障还是可能发生。变送器如果是断线，那倒容易诊断，信号一下子丢失了，或者出现不可能的数值。其他故障的典型症状是持续漂移，或者不规则振荡，夹杂着断断续续的丢失信号。这通常可以根据上下游其他数据判断，如果谁都在平稳状态，而某一个数值莫名其妙地乱变，这需要首先到现场检查，看看有没有目视可见的异常，否则就是变送器出毛病了，包括接线。

控制阀故障通常首先从过程参数发生失控漂移开始注意到这个问题。DCS 上看控制阀在努力控制，但没有产生应有的过程响应。同样，首先要到现场检查，比较阀杆位置与 DCS 上的指示，必要的时候切换到手动，人工移动阀位，观察响应，判断控制阀是否依然在正确工作。更科学的办法是由仪表工连上专用设备，做一个阀门曲线。但控制阀突然失效的情况较少见，常见的问题是阀杆黏滞，动作不利索。从回路响应来看，过程参数偏离设定值一点，积分作用使得控制输出逐步上升，但阀杆黏滞使得实际阀位没有变化，直到某一时刻，突破摩擦阻力，一下子开始动作，然而又动作过度，使得过程参数突跳和超调，于是积分作用反方向运动。最后就使控制输出像三角波一样，而过程参数像方波一样。密封圈过紧，也容易造成这种现象。但密封圈太松，要造成泄漏。在控制阀上安装阀门定位器可以缓解这个问题，阀门定位器相当于阀位的闭环控制回路，DCS 不再直接控制阀杆动作，而是指定阀位，由阀门定位器精确控制实际阀位。但阀门定位器的作用依然是有限度的，而且就像串级的副回路一样，有参数整定问题。最后说起来还是很考验仪表工手艺的，密封圈要松紧适度，否则就要容忍一定程度的阀杆黏滞了。

在设备和控制应用设计得当的时候，最有可能造成控制应用异常的就是工艺参数和操作规范的变迁。重大工艺变化通常都要与自控沟通，冷不防因为重大工艺变化而控制应用发生差错的情况较少，大多是因为操作动作或者顺序改变。最难办的是潜移默化的渐进改变，连当事的操作人员自己都没有意识到。这是典型的温水煮青蛙问题。

发生差错后，首先要查错。在查错过程中，最忌讳的就是首先想到推卸责任，但这却是很自然容易发生的事情。在缺乏沟通和自控神秘化的环境里，矛头首先所指的经常是控制应用。谁也不明白这东西到底是怎么运作的，这也因此成为最方便的替罪羊，一旦成为习惯，更加容易错怪。自控方面如果缺乏沟通，一味护短，只会白的抹成黑的，还越抹越黑。另外，回路响应出现不正常时，也要避免产生马上重新整定回路 PID 参数的冲动。回路不会莫名其妙就不正常了。不找出原因，直接重新整定 PID，首先容易掩盖真正的问题，其次在深层问题解决后还是要恢复原来的 PID 整定。在没有找出问题前先用 PID 整定过渡一下、争取时间，这是可以的，但不能以此作为万金油，凡事先拿上来抹一下，把这当作解决问题的药方了。

在确认设备和仪表运作正常之后，首先要了解故障前后的操作顺序和时间。如果控制应用的差错发生在过程异常期间，是在操作人员一系列应急处理动作中间发生的，更要具体了解所有过程事件和操作动作的先后顺序和时间。口头询问只是开始，通常需要调用系统记录，确定精确的时间顺序。不过即使有系统记录可以查询，口头询问依然是必要的，这不仅显示了沟通的诚意，更是理解操作意图的途径，只看系统记录是不一定看得出操作意图的，而理解操作意图是理解操作习惯的基础。掌握这些数据后，才可能确定出错原因，并找到解决办法。解决的办法有时是修改控制应用，补上逻辑漏洞，或者使之更加适应操作习惯；有时则是帮助操作人员修改或者强化操作规程，加强培训。

即使自控的可靠性信誉建立后，控制应用依然会出现不可解释的反应，操作人员依然会寻求自控工程师的帮助，但已经不是“你的应用又出问题了”，而是“我觉得我出错了，但我还是不明白到底错在哪里”。即使有的时候确实是控制应用出错，但实在找不出为什么出错，最好的办法是老实沟通：“我也不知道为什么，我们一起多加注意，下一次再出现的时候帮我留心一下，截获更多数据，可以抓住毛病。”这是能够得到谅解的。世界上不能解释的事情多得很，谁都有碰到的时候，关键是诚意和沟通。达到这样的沟通就容易形成互相帮助的正反馈，建立良好、互信的工作关系。

自己动手还是外包

在商业化的大潮中，有一个公司业务外包的趋势。公司业务分为核心业务和非核心业务，核心业务不只是拿手好戏，更是盈利的关键，机密不可示于人，更不可受制于人。比如说，公司高管、财务、采购、人事、研发、生产、销售等，这些都是核心业务，没有人把公司总裁或者财务总管外包的。非核心业务则是公司运作必须要有的，但没有什么可保密的，也在公司内部没有什么上升通道，比如保安、食堂、一般劳务等。外包还可以避免培训、医保、养老、福利等长期问题，这些负担都丢给外包方了。技术和操作一般认为是核心业务，但有些技术支持是可以外包的，比如特种分析仪，甚至有把 DCS 维修、升级外包的。关键生产工序的操作肯定是核心业务，但打包、装车这些就不是了，有时会外包。

自控应该外包，还是自己做？这是一个问题。如果外包与自主相结合，界面如何划分，这又是一个问题。自己建立和维持一支队伍是需要投资的，也需要成长空间。员工都是想要升级的，但只做低级工作的话，无法给予高级职称，这也是保安、打包、装车这些岗位最好外包的一个原因，不可能有高工级保安或者主任级装车的。同样，如果 DCS 永远只做系统维护和补丁升级，那也没有理由设置相应的高工位置；如果自控永远只是停留在单回路 PID 层次，那升级的空间也是有限的。如果缺乏高级需求的发展潜力，那就应该外包。

外包的另一个好处是可以利用商用软件。商用软件相对可靠，技术支援有保障，出了问题也有地方可以推卸责任。专业提供自控外包服务的公司（主要是先进过程控制，简称 APC）有专业力量，见多识广，有前面的客户经验垫底，有些还在同行业的其他公司（甚至本公司）干过，在加盟 APC 公司之前就有经验，对自己的力量是有力的补充，技术力量甚至可能超过自己。

自动化的作用有三个：

1）通过压榨设备极限和产能余量，提高产量。

2）通过压缩过程参数的波动，提高质量。

3）通过实时监控过程参数和程序执行烦琐操作步骤，降低操作人员的工作负担。

但公司存在的目的是盈利，自动化的所有作用首先都要通过盈利这个关。只要不是赔本赚吆喝，提高产量和提高盈利直接相关，以提高产量为目的的自动化项目要上马通常没问题。但提高质量后的效益就不那么明显。在理论上，更高的质量可以卖更好的价钱，但实际上质量相差不大的话，提高质量的作用更在于保护市场份额，是以避免损失的形式出现的，但这就比较难确切计量盈利了。另外，正品和次品当然是有差价的，但次品还是可以卖一定价钱的。牺牲产量保证正品率要与次品价格差平衡考虑，有时适当牺牲正品率以保证最高产量的总收益其实更高。在市场对质量要求不高而对价格特别敏感的情况下，提高质量的收益总体来说比较有限，这直接影响通过自控提高质量的动力。

降低工作负担的好处不只是改善工作条件，还使得操作人员有精力从日常操作的琐碎细节中解放出来，可以观察大趋势，发现深层问题，或者有时间思考进一步优化的问题，有时间尝试新的想法，最终提高产量及质量。但这与劳动力成本有关。如果劳动力成本很低，多用人就是了，没有必要在降低工作负担上多下功夫。

从技术唯美主义出发，自动化程度越高越好；但现实世界不是玫瑰色

的，技术不是为唯美而存在的，只有在跨过盈利关后，才谈得上自动化水平的提高。只有自动化成为核心竞争力的一部分时，才谈得上自己做还是外包的问题。

公司的生存与发展依靠竞争力，竞争力就在于差异，人无我有，人弱我强。无所谓有无、强弱的部门与公司的核心竞争力无关，这些才是外包的对象。没有任何公司会把生产工艺的关键技术外包，如果那样，那还要公司的存在干什么？把自控外包，事实上是在整体上把自控的重要性降级，作为无关公司核心竞争力的非核心业务。在自动化程度很低的劳动力密集粗放产业里，或许确实是这样。但在现代化大生产过程中，自动化的作用绝不是无所谓有无、强弱的，把自控外包出去相当于把关键技术外包出去，这是糊涂的做法。

但这不排除在具体项目上引入外包支援，只是主次要弄清楚：内部为主导，外包只是技术援助。什么时候这个主次颠倒了，就是自控项目出偏差的时候，或者在外包技术人员撤离时人走茶凉，或者是长期依赖外包技术服务，自身技术能力丧失，核心竞争力外流。

APC 公司相当于卖家，客户当然就是买家。作为买家，这和任何买家一样，对卖家的说辞不可不信，不可全信。照单吃进，那是你傻，不是他无良。要保持主导，就要有主导的样子，而不是被动地“配合”APC 公司。控制要求、控制架构、投运过程、指标考核，都要主导。外包方的建议要听，但主意要自己拿。外包方未必有阴谋心，先前的客户经验更是财富，但人不会两次走进同一条河流，再相似的工艺过程依然有显著差别，包括技术差别和操作习惯差别，更有企业文化差别，这一切都决定了 APC 实施不可能照搬前人经验，要结合具体情况。驻厂自控工程师就是这个结合作用的具体负责人和执行人。

外包的另一个理论优点是，公司里的人员流动决定了自控队伍难以保证连贯，控制应用的自主开发常常因人而异、人走茶凉，给可持续的技术保障和研发带来困难。外包方受到合同制约，必须长期提供稳定的技术支持。但是外包公司同样有人员流动问题，而且不一定是相关人员离开 APC 公司，原来主管项目的关键人员调到其他项目就是非常现实的可能性。越是能干的人，这样的可能性越大。换上新人后，即使与前任同样能干，也有熟悉环境的问题。不仅有技术层面的问题，还有与客户方各级人员的磨合问题，连贯性问题一点不小，实际上可能更大。

APC公司（或者一般工程咨询公司）的人员流动性通常大于生产型公司，尤其是资深专家。在APC和一般工程咨询公司的运作成本里，人员开支是大头，人员编制随手头项目数量迅速变化。项目多时狂找人，项目少了养不起人，只有请出。这和生产型公司人员开支只占运作成本较少一部分是很不相同的。外包方人员与工艺过程和操作人员在地理上和人际距离很大，不可能形成迅速有效紧密的反馈，更谈不上主人翁精神（根本就是雇佣军，不是主人翁，怎么可能有主人翁精神），天然缺乏能动性，能长期做到守成就不错了，不断优化是不能指望的。这是另一个问题。

这和身体健康有点相像。有病要看，医生的话要听，但说到底，自己的身体自己最知道。打针吃药能治病，但带来的不是健康，只有自己不断注意身体状态，不断养身健身，才有健康。自控是否外包的道理也是一样的。在具体项目的具体事务上利用外包公司的经验和特长是好办法，但把项目主导甚至自控主体承包出去，这是把公司的关键技术和核心竞争力丢失了，不可取。

在自控外包问题上，另一个忌讳是自上而下。早年宗教传教时，常常把一个国家的国王说动了，入教了，然后这个国家就入教了。老百姓到底是不是真信，这是次要问题。这种做法遗留了很多大问题，现代世界深受其害。APC也一样，在现实中，常有这样的事：APC公司把客户公司的上层打通了，然后懿旨下："咱们也要高端大气上档次啦，上APC！"于是公司上下轰轰烈烈，惊天地泣鬼神。对于基层来说，项目实施时的鸡飞狗跳还没有过去，操作上的相应更改是不必要的麻烦，后面无穷无尽的考核更是没事找事，但实际开起来是一线操作人员全时伺候。如果APC项目没有多少看得见摸得着的效果，花那么多时间和精力，伺候本来就没有觉得有必要的东西，实在是没有动力。县官不如现管，不人走茶凉，还能怎么样？无根的就是无根的，就是浮云。公司上层向下推动的APC项目，几乎肯定要把收益作为业绩。如果APC使用率不足，还要不断向上面解释原因，不断提出提高使用率的措施，只能增加一线的抵触。这是一个恶性循环。

APC公司把APC宣传为神油，这是卖家的天性，怪不得的。客户公司高层照单吃进，这是把APC作为“摘果子”的事情，以为实施了APC，立马可以有如何如何的收益，这是不现实的。APC最可能在高度成熟而且长期稳定的过程上成功，问题是对于任何有点追求的公司，这些过程也通常人工深度优化过了，APC很难实质性超过守成，很难大幅度取得新收益。如果本来就是粗放的过程，设备和员工素质必定可疑，APC也救不了命，任何大小差错，这是第一个替斩的对象。其次，APC要成功，底线是不能增加操作人员的工作负担，这一点和APC公司的推销通常相反。

这倒不是说APC无用，APC不是骗人的把戏，关键是出发点要对头。只有盈利压力已经把粗放操作的空间消灭了，工艺、操作、基础自控已经到位了，必须最大限度地精细运作、把最后1%的效益榨出来；或者是特别复杂的操作过程，只有向APC要效益或者操作精准度和一致性，这时APC才有生命力。因为到了这个时候，操作人员的不断的复杂人工干预已经变成“生命中不可承受之重”，降低工作负担成为提高产量和提高质量的关键了。这种“扎根大地”的APC不用兜售，不用求爷爷告奶奶，自然会开起来，而不是闲置。比如说，在聚合物生产中，通过进料配方、催化剂配方、反应温度、转化率等参数的重新设置，可以不停顿地从一个产品转换到另一个产品。问题是要在很短的时间里准确地设定几十个参数，错了一个就可能生产出一大堆次品，甚至造成反应过程异常，严重时可以迫使全线停车。因此工作强度大，心理压力高。实施转产的应用（Recipe and Transition Application）也是APC的一种，在使用中得到的接受程度就远远高于传统的多变量最优控制APC。如果半夜里多变量控制出毛病了，操作人员可能切换到手动了事，第二天想起来了报告一声，想不起来要等到自控工程师巡查才发现。但要是转产应用出毛病了，半夜里也会一个电话打过来：“产品转型转不了啦，就等你来修呢，坐等急要。”

APC有时是需要兜售的。需要兜售的是APC能干什么，这不是人们天然就明晓的，是需要教育的。但兜售之后要切记：只有自下而上的APC才是有生命力的。扎根于一线需求，这才谈得上APC的成功。而缺乏成功希望的APC，兜售越成功，失败越惨重。换一个角度：APC项目开始前和完成后，通常有一个评估指标，需要实现多少万元的收益，年底要核算，证明你达到了这个收益。一年里生产过程里发生的事情很多，经常出现很难计算这收益到底应该划到哪一个项目或者部门头上的问题。但是成功的APC常常相反，到年底的时候，生产一线的回答是“你随便填一个数吧，差不多就行了，反正这东西是金不换”。要是有人去查问，“你这个APC收益数字有问题啊，停了吧，还能节约点每年的许可证费用和技术支援费用。”生产一线一句话就顶回来了：“开什么玩笑，谁敢动就斩断他的黑手！”这才是成功的APC，而这是做得到的。

当然，教育一线、发掘需求，这是要有人做的。谁来做，谁来主导由此产生的APC项目，这需要一个团队，其中驻厂的自控工程师是最核心的黏合剂。离装置和生产实践越远，离APC的成功就越远。

常 用 缩 写

AI：Artificial Intelligence，人工智能

APC：Advanced Process Control，先进过程控制

AOA：Alarm Objective Analysis，警报目标分析

DCS：Distributed Control System，分布式控制系统

EPC：Engineering Procurement Construction，工程设计-采购-施工公司

ERP：Enterprise Resource Planning，企业级资源规划

FFC：Feedforward Control，前馈控制

IT：Information Technology，信息技术

MES：Manufacturing Enabling System，制造辅助系统

MPC：Model Predictive Control，模型预估控制

PLC：Programmable Logic Controller，可编程序控制器

RTO：Real Time Optimization，实时最优化